普通高等教育“十三五”规划教材

实用软件高级应用
实验指导书

李 慧 郁洪波 高明芳 毕 野
樊 宁 张明霞 陈云平 编著

電子工業出版社
Publishing House of Electronics Industry
北京 · BEIJING

内 容 简 介

本书是《实用软件高级应用》一书的配套实验指导与习题集，全书共16个实验和3个基础知识部分，并附有3个基础知识部分的自测题与答案，以及近两年来的等级考试真题，主要介绍Word、Excel、PowerPoint、Access和Visio五个实用软件，并融合了历年课程考试和计算机二级考试的知识点。

本书可作为大学一年级学生计算机基础课程的教材，也可作为计算机二级考试的指导书。

图书在版编目（CIP）数据

实用软件高级应用实验指导书/李慧等编著. —北京：电子工业出版社，2018.7
ISBN 978-7-121-34157-1

Ⅰ. ①实… Ⅱ. ①李… Ⅲ. ①应用软件－高等学校－教学参考资料 Ⅳ. ①TP317

中国版本图书馆CIP数据核字（2018）第088231号

策划编辑：杜　军
责任编辑：谭海平　　文字编辑：裴　杰
印　　刷：北京七彩京通数码快印有限公司
装　　订：北京七彩京通数码快印有限公司
出版发行：电子工业出版社
　　　　　北京市海淀区万寿路173信箱　　邮编：100036
开　　本：787×1092　1/16　印张：12.25　字数：313.6千字
版　　次：2018年7月第1版
印　　次：2018年7月第1次印刷
定　　价：35.00元

凡所购买电子工业出版社图书有缺损问题，请向购买书店调换。若书店售缺，请与本社发行部联系，联系及邮购电话：（010）88254888，88258888。

质量投诉请发邮件至zlts@phei.com.cn，盗版侵权举报请发邮件至dbqq@phei.com.cn。

本书咨询联系方式：（010）88254552，dujun@phei.com.cn。

前言

随着办公自动化应用研究的不断推进、高校创新创业教育改革的逐步深化、计算机在各行各业中应用的不断深入，为顺应社会信息化进程的变化，在大学计算机基础教育中实施分级分类教学势在必行。本书在大学计算机基础教学的基础上强化工程训练，注重提高学生综合应用水平，培养处理复杂办公事务和解决问题的能力，让学生能学以致用。

本书根据教育部高等学校大学计算机课程教学指导委员会关于大学计算机基础课程教学的基本要求，结合新形势下培养创新创业型人才的需要及教学实践的具体情况编写而成，主要内容包括 Word 2010、Excel 2010、PowerPoint 2010、Access 2010 和 Visio 2010 的高级应用技术。

1．本书特色

（1）以计算机二级考试为导向

淮海工学院实用软件高级应用课程组在编写本实验教材之前，已对计算机等级考试（二级）——MS Office 高级应用的历年真题进行了详细剖析，罗列了历年试题的考点，并对相似考点进行了汇总、合并，最后将所有考点整合到了后续的实验中。这样一来，通过本书的实验操作，就可以完全掌握历年计算机二级考试中出现的考点，真正实现以计算机二级考试为导向的教育理念。

（2）完善的体系架构

MS Office 2010 已经成为目前主流的办公自动化软件之一，熟练掌握 Office 的操作对提升办公自动化效率及通过计算机等级考试（二级）——MS Office 高级应用具有决定性的作用。然而，作为大学计算机公共基础教学的教材，如果仅局限于 Office 操作和计算机二级考试的内容，那么会过于简单和单一。因此，如何架构一个完整而又实用的课程体系，是淮海工学院实用软件高级应用课程组一直在思考和探索的难题。通过大量的调研和考证，最终确定了以计算机二级考试内容为主，以提升学生综合应用目标为辅的课程体系架构，在 MS Office 2010 内容的基础上，扩充了 Access 2010 和 Visio 2010 的操作指导，真正做到了基于计算机二级考试又高于计算机二级考试的教育理念。

（3）理论与实践结合

本书中的大多数知识点，都配以实例讲解，图文并茂，提供操作素材，读者可参照书中的操作步骤逐步练习。通过实际操作，读者可逐步理解相关的知识与原理。

2．本书结构

全书分为 Word 应用、Excel 应用、PowerPoint 应用、Access 应用、Visio 应用、Office 综合实验、公共基础知识、计算机基础知识、MS Office 高级应用、自测习题及历年真题等。其中，Word 应用部分介绍 Word 2010 的基本操作、表格和图文混排、长文档编辑及邮件合并与文档审阅等；Excel 应用部分介绍 Excel 2010 的基本操作、数据管理和图表化、常用函数和公式的使用，以及复杂函数和公式的使用等；PowerPoint 应用部分介绍 PowerPoint 2010 的基本操作及幻灯片中动画技术和多媒体技术的使用等；Access 应用部分主要介绍表和数据库的基本操作及关系数据库标准语言 SQL 和数据查询等；Visio 应用部分介绍 Visio 2010 的基本操作及复杂图形的绘制等。

3. 面向对象

本书可以作为管理、财经、信息及非计算机等专业课程的教材或教学参考书，也可作为办公自动化培训教材及自学考试相关科目的辅导读物，还可供有志于学习 Office 实用技术、提高计算机操作技能的各方人士参考。

本书由淮海工学院计算机基础课程管理组策划，由李慧、郁洪波、高明芳、毕野、樊宁、张明霞、陈云平编著。因时间仓促和水平有限，书中难免有疏漏和不足之处，欢迎广大读者批评指正。

编 者

2018 年 5 月

目录

第一部分　实验指导

第二部分 习题解析

第三部分 自测习题与历年真题

第一部分

实验指导

实验一

Word 基本操作

一、实验目的

1．掌握字体和段落格式的设置；
2．掌握项目符号和自动编号的使用；
3．掌握查找与替换的操作方法；
4．掌握文档样式和样式管理器的使用方法；
5．掌握封面和主题的使用方法；
6．掌握文档中页眉页脚和页码的设置方法；
7．掌握文档中水印和页面边框的设置方法；
8．掌握文档的分栏和首字下沉操作；
9．掌握创建超链接的方法；
10．掌握调整页面布局的方法；
11．掌握 Word 文档的创建、编辑、保存、打印和保护等基本操作。

二、实验内容

1．在实验一文件夹下，将“W1_素材.docx”文件另存为“W1-班级-学号.docx”，后续操作均基于此文件，效果如后面的样张所示。

2．取消文档中的行号显示；将纸张大小设为 16 开，页面上边距设为 3.2cm、下边距设为 3cm，左、右页边距均设为 2.5cm。

【提示】取消行号：选择“页面布局”→“行号”→“无”。

3．删除文档中的所有空格和空行。

【提示】删除空格：

（1）选择“开始”→“替换”，打开“替换”对话框。

（2）在“查找内容”中输入“^w”（也可插入“特殊格式”中的“空白区域”符号）。

（3）在“替换为”中不输入任何字符。

（4）单击“全部替换”按钮，直到显示替换了 0 处，如图 1-1 所示。

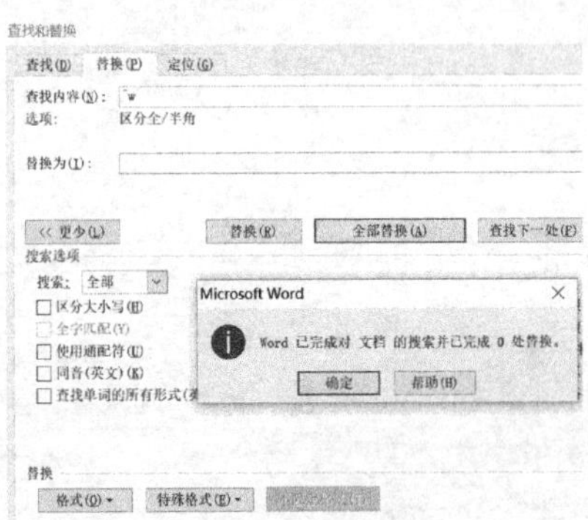

图 1-1　用“查找和替换”删除空格

删除空行：

（1）选择“开始”→“替换”，打开“替换”对话框。

（2）在“查找内容”中输入“^p^p”（也可两次插入“特殊格式”中的“段落标记”符号）。

（3）在“替换为”中输入“^p”。

（4）单击“全部替换”按钮。如果空行较多，就多执行几次替换，直到显示替换了 0 处，如图 1-2 所示。

【注意】若文档中的换行是软回车控制换行（显示标记为向下的箭头），则可在“查找内容”中输入“^l”，在“替换为”中输入“^p”，然后执行替换。

4．将所有文字设置为宋体五号字，行距设置为固定值 16 磅，左、右各缩进 2 字符，首行缩进 2 字符，对齐方式设置为左对齐。

【提示】选择“开始”→“段落”组右下角的按钮，在弹出的“段落”对话框中进行设置，如图 1-3 所示。

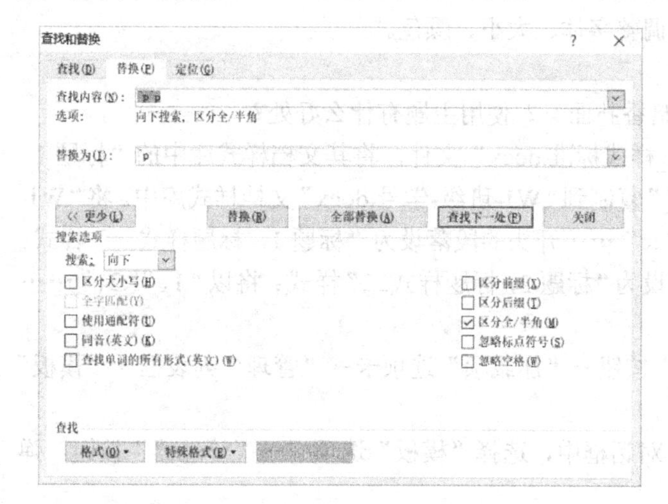

图 1-2　用“查找和替换”删除空行

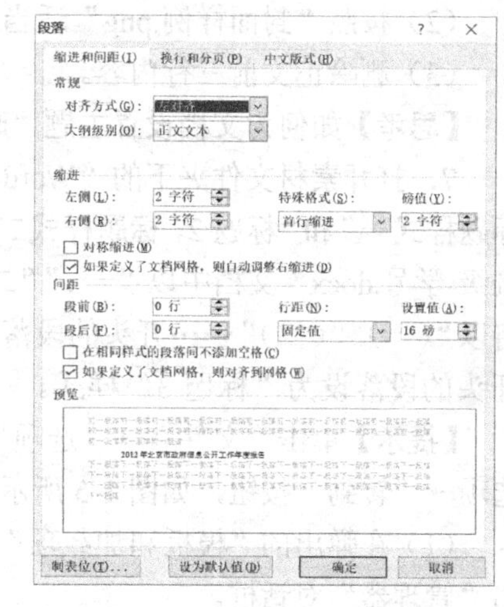

图 1-3　“段落”对话框

5．将文中以“（一）公开情况”开始的小节中的项目符号修改为❧。

【提示】

（1）先选中几个项目，选择“开始”→“段落”组中“项目符号”按钮右边的向下三角箭头按钮。

（2）选择“定义新项目符号”，在打开的窗口中单击“符号”按钮。

（3）在打开的窗口中，将“字体”选为 Wingdings，选择符号❧，然后单击“确定”按钮，如图 1-4 所示。

【思考】若将这四段的项目符号修改成自动编号【壹】、【贰】、【叁】、【肆】的形式，如何设置？

6．利用素材前三行内容为文档制作一个封面页，令其独占一页（参考样例见文件“封面样例.png”）。

【提示】选择“插入”→“封面”，在“内置”封面中选择“运动型”。

（1）把素材第一行内容中的“2012 年”复制到封面上部放“年”的位置。将文档标题

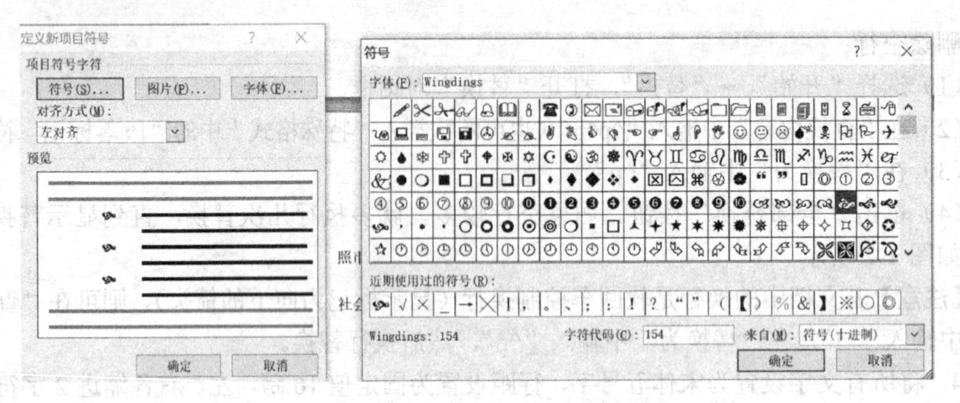

图 1-4　使用自定义项目符号

复制到“键入文档标题”的位置。将素材第二行内容复制到封面下部放“单位名称”的位置。将素材第三行内容复制到“选取日期”的位置。删除“作者”区域。

（2）按照“封面样例.png”适当调整字体、大小、颜色。

（3）删除正文前三行内容。

【思考】如何为文档设置主题“暗香扑面”？使用主题有什么好处？

7. 打开素材文件夹下的“Word_样式标准.docx”文件，将其文档样式库中的“标题 1，标题样式一”和“标题 2，标题样式二”复制到“W1-班级-学号.docx”文档样式库中。将“W1-班级-学号.docx”文档中以“一、”“二、”……开头的段落设为“标题 1，标题样式一”样式；将以“(一)”“(二)”……开头的段落设为“标题 2，标题样式二”样式；将以“1、”“2、”……开头的段落设为“标题 3”样式。

【提示】单击“文件”→“选项”按钮→“加载项”选项卡→“管理”列表框→“模板”选项→“转到”按钮，如图 1-5 所示。

（1）在弹出的“模板和加载项”对话框中，选择“模板”选项卡→“管理器”按钮，弹出“管理器”对话框。

（2）在“管理器”对话框中选择“样式”选项卡，单击右侧的“关闭文件”按钮，此时该按钮会变成“打开文件”按钮，继续在“管理器”对话框中单击“打开文件”按钮，如图 1-6 所示。

图 1-5　管理加载项

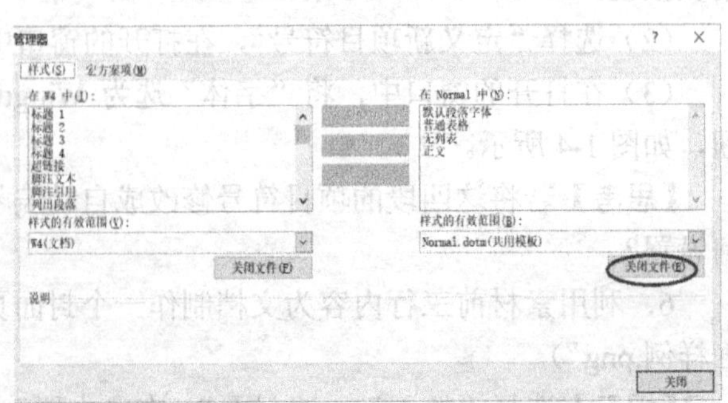

图 1-6　加载项管理器

（3）在弹出的“打开”对话框中，首先在“文件类型”列表框中选择“Word 文档（*.docx）”选项，然后在实验一文件夹下选择要打开的文件，这里选择文档“Word_样式标准.docx”，最后单击“打开”按钮，如图 1-7 所示。

（4）回到“管理器”对话框中，在“Word_样式标准.docx”列表框中选择需要复制的文本格式“标题一，标题样式一”和“标题二，标题样式二”（可以按住 Ctrl 键实现多选），单击“复制”按钮即可将所选格式复制到当前文档中。最后单击“关闭”按钮，如图 1-8 所示。

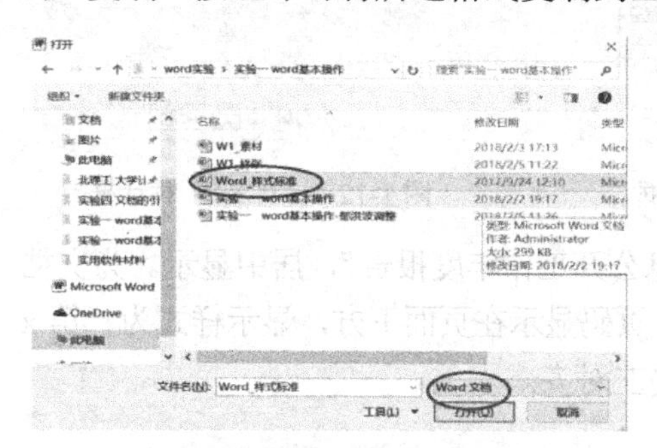

图 1-7 “打开”对话框

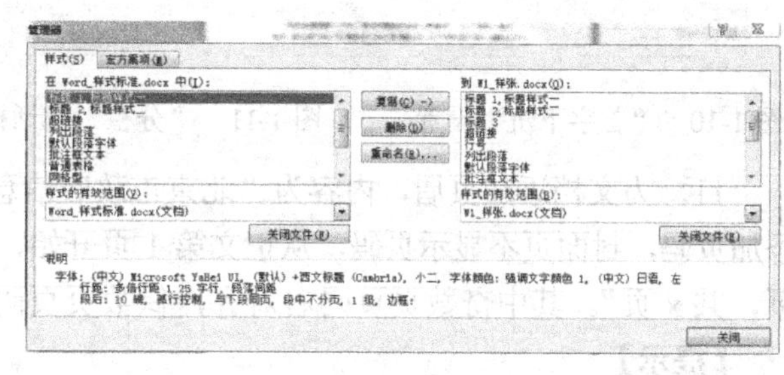

图 1-8 复制样式

【思考】如何修改现有的样式？如何新建样式？

8．为正文第 3 段中的红色文字“统计局队政府网站”添加超链接，链接地址为“http://www.bjstats.gov.cn/”。

【提示】

（1）选中红色文字“统计局队政府网站”，选择“插入”→“超链接”，打开“插入超链接”对话框。

（2）在窗口中选择“现有文件或网页”，在地址栏中输入“http://www.bjstats.gov.cn/”，单击“确定”按钮，如图 1-9 所示。

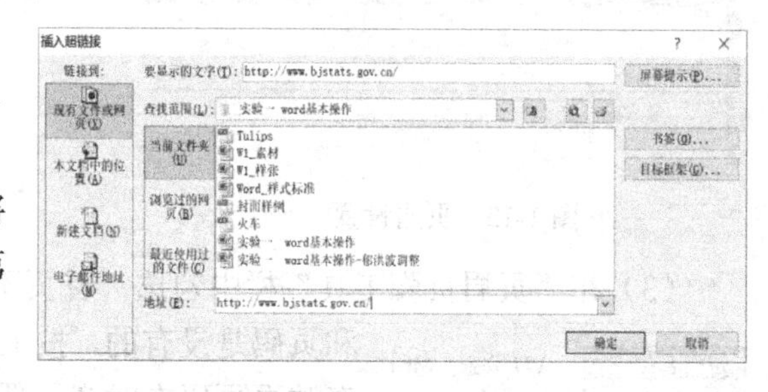

图 1-9 “插入超链接”对话框

9．为最后一段设置首字下沉 2 行，并将最后一段内容分为两栏显示，栏宽不等；第一栏宽 16 个字，间距 2 个字，加分隔线。

【提示】

（1）将光标定位到最后一段，选择“插入”→“文本”组中的“首字下沉”，打开“首字下沉”窗口，按要求设置下沉 2 行，如图 1-10 所示。

（2）选择“页面布局”→“页面设置”组中的“分栏”，按题目要求设置，如图 1-11 所示。

10．将素材文件夹下的图片“Tulips.jpg”设置为本文稿的水印，水印处于书稿页面的中间位置，图片增加“冲蚀”效果。

【提示】

（1）选择“页面布局”→“页面背景”→“水印”下拉按钮，选择“自定义水印”打开“水印”对话框。

（2）选择“图片水印”，单击“选择图片”按钮，找到实验一文件夹下的图片 Tulips.jpg，单击“插入”按钮。回到“水印”对话框，选择“冲蚀”效果，单击“确定”按钮，如图 1-12 所示。

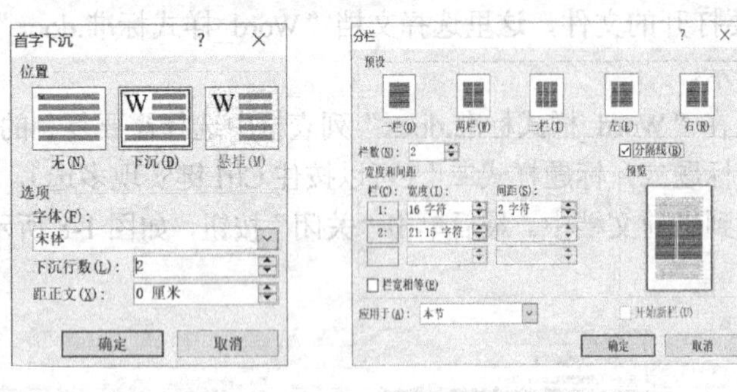

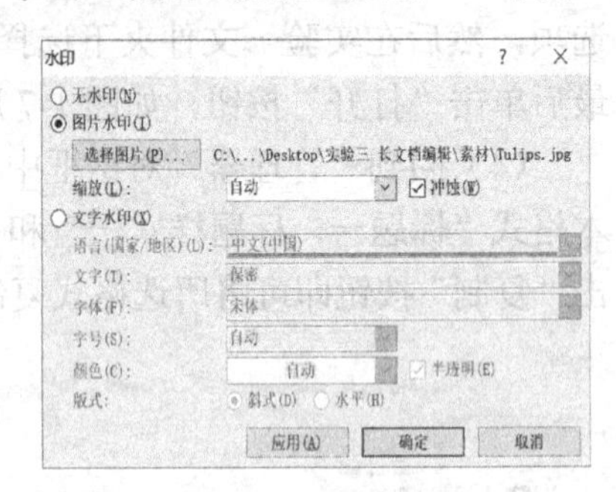

图 1-10 “首字下沉”设置　　图 1-11 “分栏”对话框　　图 1-12 “水印”对话框

11．为文档添加页眉，内容为“北京市政府信息公开工作年度报告”，居中显示。为文档添加页码，封面页不显示页码，从正文第 1 页开始，页码显示在页面下方，显示样式为“第 x 页，共 x 页”。其中奇数页页码右对齐，偶数页页码左对齐。

【提示】

（1）选择“插入”→“页眉”，选择内置类型中的“空白”，在页眉处输入“北京市政府信息公开工作年度报告”，结果如图 1-13 所示。然后单击“关闭页眉页脚”。

（2）选择“插入”→“页眉页脚”组中的“页码”→“页面底端”→“简单”类型中的“X/Y”，在 X 前输入“第”，将“/”改为“页，共”，在 Y 后面输入“页”，如图 1-14 所示。

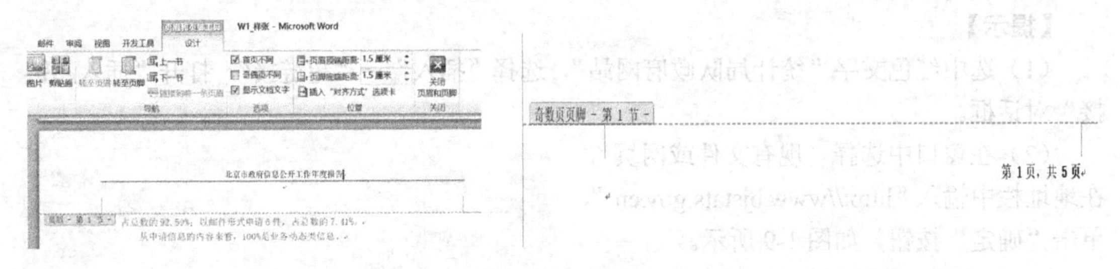

图 1-13 页眉设置　　图 1-14 页码设置

（3）在“页眉页脚工具”栏中勾选“首页不同”和“奇偶页不同”，此时偶数页的页眉和页码是没有的，按上述过程再插入偶数页的页眉和页码，并设置奇数页页码右对齐，偶数页页码左对齐，如图 1-15 所示。

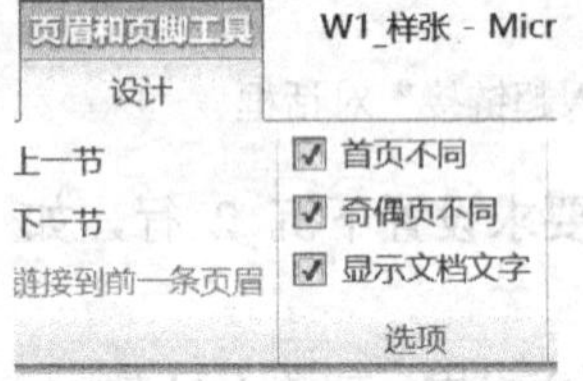

图 1-15 页眉和页脚工具

12. 对以“本报告中所列数据的统计期限自 2012 年 1 月 1 日起”开始的段落加红色右阴影、3 磅粗。加底纹，填充蓝色，图案样式为 12.5%，颜色为黄色。

【提示】

（1）选中此段落，选择“页面布局”→“页面背景”组中的“页面边框”，打开“边框和底纹”对话框，选择“边框”选项卡，在左侧的“设置”中选择“阴影”，将“样式”选择为“实线”，将“颜色”选择为“红色”，将“宽度”选择为“3 磅”，将“应用于”选择为“段落”，如图 1-16 所示。

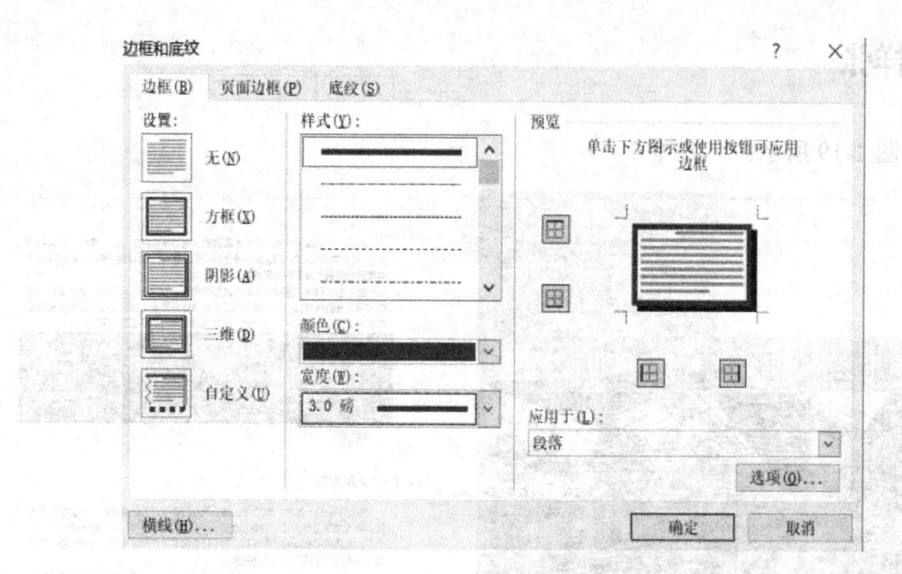

图 1-16 “边框和底纹”对话框

（2）选择“底纹”选项卡，将“填充”选择为“蓝色”，将图案“样式”选择为“12.5%”，将“颜色”选择为“黄色”，然后单击“确定”按钮，如图 1-17 所示。

【思考】边框和页面边框有什么区别？边框应用于文字和边框应用于段落有什么区别？

13．为文档添加自定义属性，将“名称”设置为“类别”，将“类型”设置为“文本”，将“取值”设置为“科普”。

【提示】选择“文件”→“信息”→“属性”→“高级属性”，打开“属性”窗口，将“名称”设置为“类别”，将“类型”设置为“文本”，将“取值”设置为“科普”，单击“添加”按钮，然后单击“确定”按钮，如图 1-18 所示。

14．保存排版完成后的文档，再另行生成一份同名的 PDF 文档进行保存。

【提示】选择“文件”→“另存为”，“保存类型”选为“PDF”。

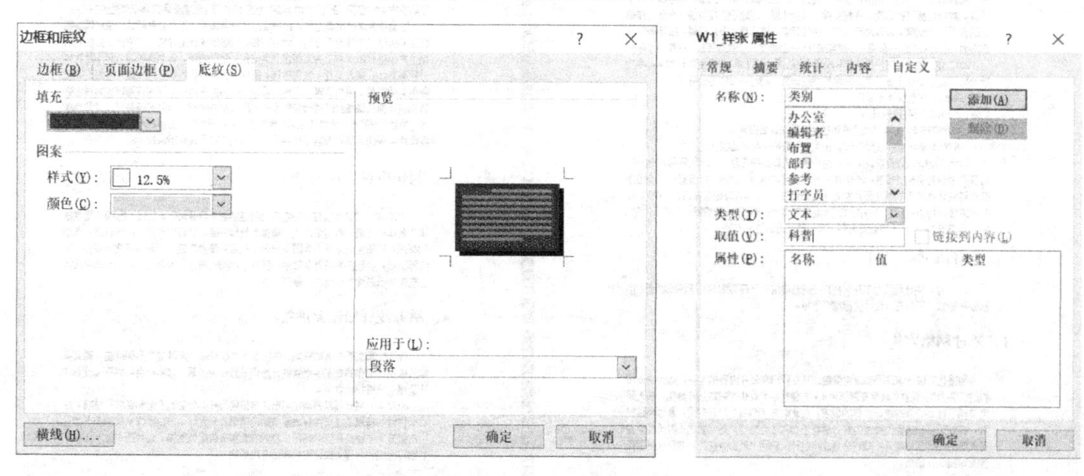

图 1-17 底纹设置

图 1-18 自定义属性

三、样张

样张如图 1-19 所示。

北京市政府信息公开工作年度报告

本报告是根据《中华人民共和国政府信息公开条例》（以下简称《条例》）要求，由北京市统计局·国家统计局北京调查总队（以下简称统计局队）编制的2012年度政府信息公开工作年度报告。

全文包括概述，主动公开政府信息的情况，依申请公开政府信息的情况，政府信息公开咨询情况，因政府信息公开申请行政复议、提起行政诉讼的情况，政府信息公开工作存在的主要问题、改进情况和其他需要报告的事项。

一、概述

(一) 人员配备

根据《条例》要求，2012 年，统计局队配备了 4 名政府信息公开全职工作人员，60 名兼职工作人员，设有 1 个专门的信息申请受理点，1 个电子阅览点、1 个公共查阅点。2012 年，统计局队政府信息公开工作运行正常，政府信息公开咨询、申请以及答复工作均顺利开展。

(二) 业务活动

2012 年，统计局队在市委、市政府和国家统计局的正确领导下，在市政府信息公开办公室的具体指导下，深入学习贯彻落实党的十八大精神，以科学发展观为指导思想，以可持续发展为工作理念，以践行北京精神，服务世界城市建设为目标，继续深入学习贯彻《条例》和相关文件精神，认真履行《条例》规定的法定义务，进一步完善信息公开工作运行机制，推进规范化管理，深化主动公开，规范依申请公开，积极巩固公众参与机制，加强突发事件防范，增强对基层指导考核力度，全面提升本单位政府信息公开工作的整体水平，努力推进信息公开工作全面发展。

第 1 页，共 5 页

北京市政府信息公开工作年度报告

二、主动公开情况

(一) 公开情况

统计局队依照《条例》和《中华人民共和国统计法》等法律法规的相关规定，坚持以“公开为原则，不公开为例外”，积极做好主动公开工作。凡涉及公民、法人或者其他组织切身利益，需要社会公众广泛知晓并参与的重要信息都进行了公开。其中包括机构职能、法规文件、规划计划、行政职责及与统计专业工作相关的各项统计制度、调查项目情况、统计标准、统计数据等；同时，统计局队按照市委、市政府的统一部署，及时完成了“三公经费”及财政预算、决算的公开。

2012 年，统计局队严格执行《2012 年统计数据和统计信息发布计划》，共向社会公开发布 600 余张月度、季度数据统计表；同时，按年度公开了

- 《2012 北京统计年鉴》
- 《2012 区域统计年鉴》
- 《北京市 2011 年国民经济和社会发展统计公报》
- 《2011 年北京都市型现代农业生态服务价值监测公报》

第六次全国人口普查获得了大量丰富的人口数据信息，为满足各级政府及社会各界对普查资料的需求，2012 年 9 月，北京市第六次全国人口普查领导小组办公室与统计局队正式对外公开发布了《北京市 2010 年人口普查资料》。同时，针对北京城市特点，还对外公开发布了《北京市 2010 年人口普查资料－外来人口卷》和《北京市 2010 年人口普查资料－乡、镇、街道卷》专题资料。

(二) 公开形式

2012 年，统计局队力求开辟更广泛的政府信息公开咨询服务途径和渠道，创新公开形式，不断提升统计信息服务水平。

1、通过网络宣传

加强北京统计信息网和政府信息公开专栏日常公开内容的维护，加大统计资料的公开力度，设立《数据查询指南》，方便社会公众快速获取统计数据，最大限度地满足社会公众对统计数据的需求；在北京市“两会”召开期间，通过网络视频，在线解答代表委员关注的统计重点工作和社会热点问题，为代表委员提供便捷优质的统计咨询服务，同时开通北京统计信息网“两会专栏”，方便代表委员查阅浏览统计信息。

第 2 页，共 5 页

北京市政府信息公开工作年度报告

2、加强媒体互动

面对社会热点，密切关注社会舆论，有针对性地加强与媒体互动交流，定期在北京日报、北京晚报、北京青年报等主流媒体专栏发布统计数据；在市新闻办举行年度全市经济运行情况新闻发布会，邀请中外记者参加，季度举行全市经济运行通报会，邀请本市主流媒体参加；同时利用“北京统计”官方微博对统计新闻发布会进行微直播，发布主要数据、对发布会现场进行图片报道，使网友能够了解发布会的情况，截至 2012 年底“北京统计”政务微博受到 25 万粉丝的关注。

注重结合年度重点工作，拓展信息公开新渠道，创新公开形式。统计局队结合新闻媒体“走转改”活动，大力宣传介绍基层统计工作者，向媒体公开统计数据生产过程。2012 年，先后配合北京日报、北京晚报、北京青年报、新华社北京分社等媒体，深入企业、农贸市场、居民家庭等统计数据生产一线，通过采访记账员、调查员、采价员等，实地了解统计数据生产过程，详实报道城乡居民生活数据及各种价格指数的基础编制流程。配合北京晚报、新京报等开展以《北京账本》为题“党的十八大特别报道”宣传工作，开展“卫星遥感技术在统计中应用”媒体集中采访活动，增强了社会公众对科技应用于统计的认知。

3、制作电视节目

2012 年，统计局队在北京电视台财经频道《数说北京》栏目，围绕“北京精神”制作了 4 期《数据解读北京精神》特别节目，节目以丰富的统计数据，典型的事例，形象生动地从“爱国、创新、包容、厚德”四个方面解读北京精神，节目播出后，收到良好的社会效果，获得了中国电视艺术家协会“第十六届中国行业电视节目展评”栏目类一等奖。

4、举办统计知识大讲堂

继续在国家图书馆和首都图书馆举办“统计知识大讲堂”系列讲座。聘请多年从事统计工作的专家学者就统计热点进行专题讲解，帮助社会各界正确理解统计数据，使用统计数据。

2012 年，统计局队严格按照市政府信息公开办公室的规定和要求，按期、按质、按量的将规范性文件移送至市政府信息公开大厅、市档案馆、首都图书馆三个市级政府信息公开查阅场所；及时向北京市各级档案馆、公共图书馆、大学图书馆移送统计年鉴、统计资料等公开出版物。

第 3 页，共 5 页

图 1-19 样张

北京市政府信息公开工作年度报告

三、依申请公开情况

(一) 申请情况

2012 年，统计局队共收到政府信息公开申请 81 件。其中，当面申请 75 件，占总数的 92.59%；以邮件形式申请 6 件，占总数的 7.41%。

从申请信息的内容来看，100%是业务动态类信息。

(二) 答复情况

2012 年，统计局队对 81 件信息公开申请全部进行了答复，且全部为“同意公开”。内容涉及北京市商品房平均销售价格、人口普查资料、经济普查资料、历年北京市职工平均工资及分行业城镇单位在岗职工平均工资、城乡居民收入及支出、商品零售价格指数月度资料，分行业能源消费汇总数据等相关统计资料。

(三) 其他需要说明的问题

在受理的 81 件依申请公开信息中，有 20 件是针对历年北京市普通商品房价格进行的申请，占全部申请的 24.69%。以组织名义提交的申请有 37 件，占全部申请的 45.68%，主要是各行政事业单位做补偿标准使用或是高校、科研院所进行课题分析研究使用。

2012 年，统计局队在严格保证《条例》规定“自收到申请之日起 15 个工作日内予以答复”的要求基础上，对可能引发咨询的重点及热点信息进行梳理，提前做好接待准备，提高信息答复效率。在受理的 81 件申请中当面答复 72 件，其余 9 件在五个工作日内给予了答复。

(四) 依申请公开政府信息收费情况

统计局队已制定《北京市统计局国家统计局北京调查总队依申请提供政府公开信息收费办法（试行）》。2012 年未向公民、法人和其他组织收取与政府信息申请有关的任何费用。

四、行政复议和行政诉讼情况

2012 年，针对统计局队政府信息公开的行政复议申请、行政诉讼案、申诉案均为 0 件。

第 4 页，共 5 页

北京市政府信息公开工作年度报告

五、存在的不足及改进措施

条例实施以来，经过四年多的实践，统计局队政府信息公开工作取得了一定的成效，各项工作稳步推进、有序开展。在取得成绩的同时，本局队将加大信息公开的广度和深度，巩固社会公众参与机制，强化业务能力培训，全面提高政府信息公开服务水平，为北京经济社会发展提供更加优质的统计服务。

第 5 页，共 5 页

图 1-19　样张（续）

实验二

Word 表格和图文混排

一、实验目的

1．掌握表格的制作与编辑；
2．掌握文本框、文档部件和艺术字的使用方法；
3．掌握图形、图像对象的编辑和处理；
4．掌握符号与数学公式的输入与编辑方法。

二、实验内容

1．打开素材文件夹下的文档“W2_素材.docx”，将其另存为“W2-学号-姓名.docx”，之后所有的操作均基于此文件。效果见样张。

2．在文档的开始处插入一个“瓷砖型提要栏”（位于页面上方且带强调底纹的提要栏）文本框，将第 1 页中“高新技术企业认定管理办法”之前的所有文本移动到该文本框中，要求文本框内部边距分别为左右各 1 厘米，上 0.5 厘米，下 0.2 厘米，为其中的文本进行适当的格式设置，以使文本框高度不超过 12 厘米，结果可参考“示例 1.jpg”。

【提示】

（1）选择“插入”→“文本框”，在内置类型中选择“瓷砖型提要栏”。

（2）把第 1 页中第 10 行“高新技术企业认定管理办法”之前的所有文本剪切并粘贴到该文本框中。

（3）选择文本框，单击鼠标右键，在弹出的快捷菜单中选择“其他布局”选项，在“布局”对话框中选择“文字环绕”选项卡，设置文本框边距，如图 2-1 所示。

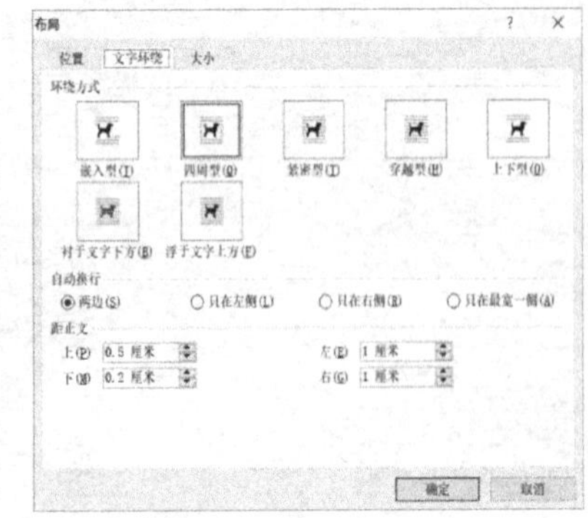

图 2-1　“布局”对话框

（4）设置适当的字体和大小及段落格式，使文本框高度不超过 12 厘米。

3．将第 1 页中文字“高新技术企业认定管理办法”修改成艺术字，设置“倒 V 形”，深红字，加红色双波浪线边框。

【提示】

（1）选中文字“高新技术企业认定管理办法”，然后选择“插入”→“艺术字”，任选一种艺术字样式，在“绘图工具格式”菜单中的“艺术字样式”组中选择“文本效果”菜单并将其展开，选择“转换”→“弯曲”→“倒V形”，如图2-2所示。

（2）选中“高新技术企业认定管理办法”艺术字中的文字，在“绘图工具格式”菜单中的“艺术字样式”组中选择“文本填充”，选择颜色为“深红”。

（3）选中艺术字，选择“开始”→“段落”组中的“边框和底纹”，打开“边框和底纹”对话框，选择“边框”选项卡，在“设置”下面选择“方框”，在“样式”中选择“双波浪线”，在“颜色”中选择“红色”，在“应用于”中选择“段落”，然后单击“确定”按钮，如图2-3所示。

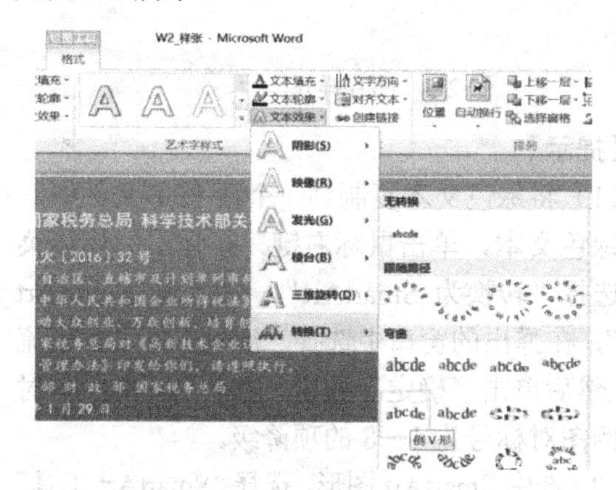

图2-2 “文本效果”下拉菜单

图2-3 “边框和底纹”对话框

4．在标题段落“附件3：高新技术企业证书样式”的下方插入图片“附件3证书.jpg”，环绕方式选择为“上下型”，图片左右居中对齐，距正文上下各0.5cm，图片大小为高8cm、宽12cm。图片样式为“裁剪对角线，白色”，颜色为“褐色”。

【提示】

（1）选择“插入”→“图片”，选中实验二文件夹下的“附件3证书.jpg”文件，单击“插入”按钮。

（2）选中插入的图片，单击鼠标右键，在弹出的快捷菜单中选择“自动换行”→“四周型环绕”，如图2-4所示。

（3）选中图片，在“图片工具格式”中选择“位置”→“其他布局选项”，在打开的“布局”对话框中选择“文字环绕”选项卡，设置图片环绕方式为“上下型”，距正文上下各0.5cm，具体参考图2-1。

（4）单击“图片工具格式”中“图片样式”右下角的“其他”按钮，展开图片样式窗口。选择图片样式为“裁剪对角线，白色”，如图2-5所示。

（5）在“图片工具-格式”中选择“调整”组的“颜色”，在“重新着色”中选择“褐色”。

【注意】图片的布局还有嵌入型、四周型、浮于文字上方等，用一张图片试验一下不同方式的效果。

5．将标题段落“附件2：高新技术企业基本申请流程”下的绿色文本参照其上方的样例转换成布局为“分段流程”的SmartArt图形，适当改变其样式和颜色，加大图形的高度和宽度，将第二级文本的字号统一设置为6.5磅，将图形中所有文本的字体设为“微软雅黑”，最后将多余的文本及样例删除。

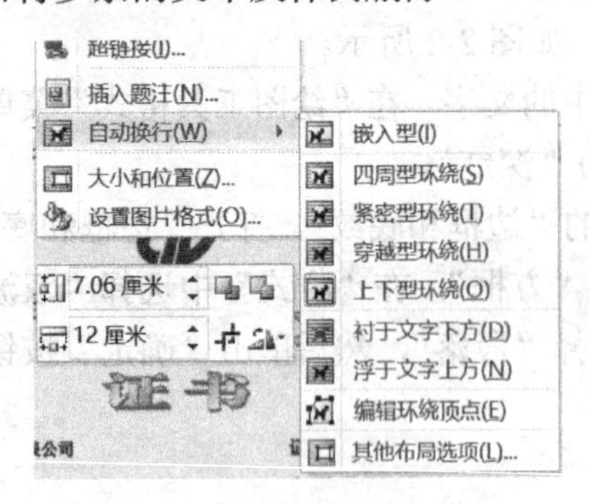

图 2-4 选择不同布局的方法

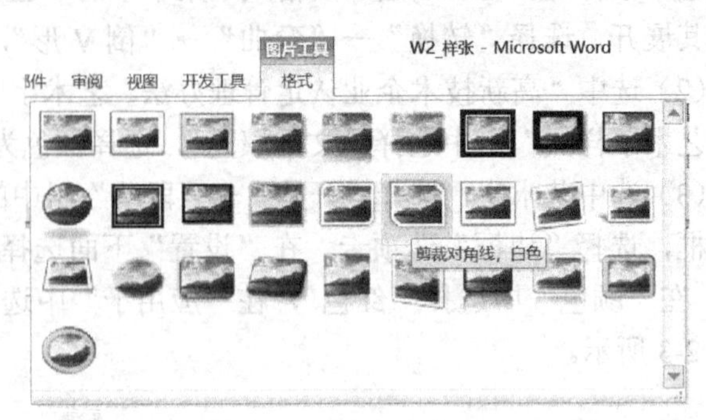

图 2-5 图片样式

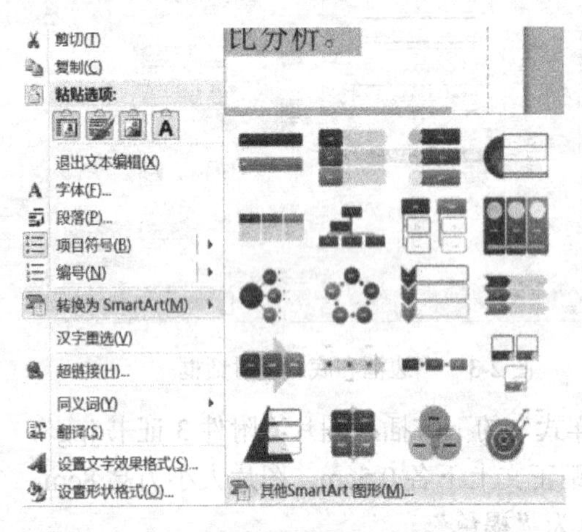

图 2-6 文本转换为 SmartArt 图形

【提示】

（1）将绿色文本复制到一个新 PPT 文件中，选中绿色文本，单击鼠标右键，在弹出的快捷菜单中选择“转换为 SmartArt”→“其他 SmartArt 图形”，在弹出的窗口中选择“流程”→“分段流程”，然后单击“确定”按钮，如图 2-6 所示。对照样例图对标号为 1～8 的项降级。

（2）选中 SmartArt 图形，选择“SmartArt 工具”→“设计”→“更改颜色”→“彩色”中的一种。

（3）复制 SmartArt 图形到 Word 中，在“SmartArt 工具”→“格式”中设置 SmartArt 图形的宽度和高度。

（4）选中所有二级文本所在的文本框（按住 Ctrl 键），将“字体”设为“微软雅黑”，将字号设为 6.5 磅。

（5）删除绿色文本和样例图。

6. 在标题段落“附件 1：国家重点支持的高新技术领域”的下方插入以图标方式显示的文档“附件 1 高新技术领域.docx”，将图标名称改为“国家重点支持的高新技术领域”，双击该图标应能打开相应的文档进行阅读。

【提示】（1）选择“插入”→“对象”，在打开的对话框中选择“由文件创建”选项卡，单击“浏览”按钮，选择文件“附件 1 高新技术领域.docx”，勾选“显示为图标”复选框。

（2）单击“更改图标”，将图标名称改为“国家重点支持的高新技术领域”，然后单击“确定”按钮。

7. 将标题段落“附件 4：高新技术企业认定管理办法新旧政策对比”下以连续符号“###”分隔的蓝色文本转换为一个表格，套用恰当的表格样式，在“序号”列插入自动编号 1, 2, 3,…，将表格中所有内容的字号设为小五号，且在垂直方向居中。令表格与其上方的标题“新旧政策的认定条件对比表”占用单独的横向页面，且表格与页面同宽，并适当调整表格各列列宽，结果可参考“示例 2.jpg”。

【提示】

（1）选中所有蓝色文本，选择“插入”→“表格”→“文本转换成表格”，如图 2-7 所示。打开“将文字转换成表格”对话框，选中“根据内容调整表格”单选按钮，文字分隔位置选择“其他字符”，在后面的文本框中输入“#”，然后单击“确定”按钮，如图 2-8 所示。

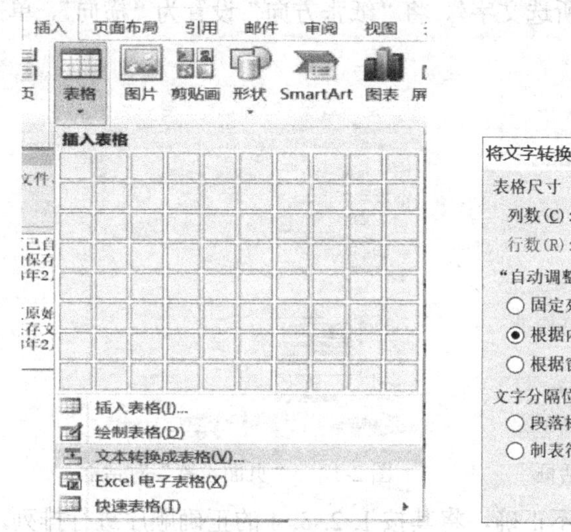

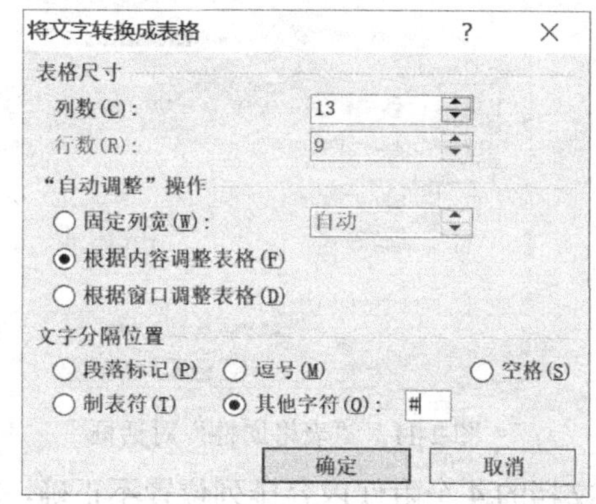

图 2-7　“表格”下拉菜单　　　　图 2-8　“将文字转换成表格”对话框

（2）参照“示例 2.jpg”选择一种表格样式。

（3）选中“序号”列，选择“开始”→“段落”→“编号”，设置编号格式为阿拉伯数字，如图 2-9 所示。

（4）选中标题“新旧政策的认定条件对比表”，单击“开始”→“段落”组右下角的按钮，在打开的“段落”对话框中选择“换行和分页”选项卡，勾选“与下段同页”复选框，单击“确定”按钮，如图 2-10 所示。

图 2-9　自动编号　　　　图 2-10　“段落”对话框

（5）选中表格，单击鼠标右键，在打开的快捷菜单中选择“表格属性”，在“表格属性”对话框中将“度量单位”设置为“百分比”，将“指定宽度”设置为“100”，使表格与页面同宽，如图 2-11 所示。

（6）选中表格和标题，单击“页面布局”→“页面设置”组右下角的按钮，打开“页面设置”对话框，将“应用于”设置为“所选文字”，将“纸张方向”设置为“横向”，单击“确定”按钮，如图 2-12 所示。

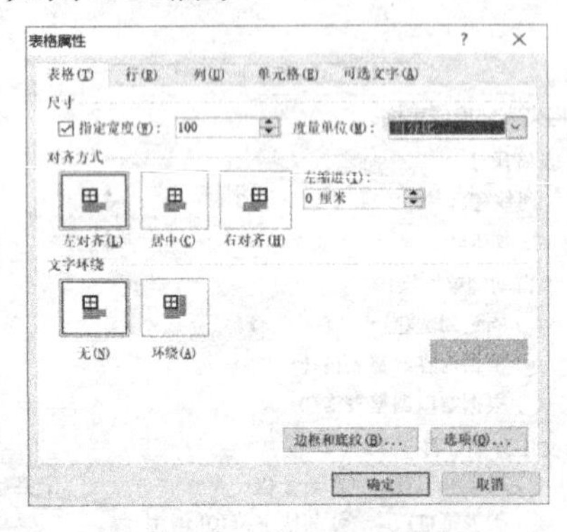

图 2-11 “表格属性”对话框

图 2-12 “页面设置”对话框

8. 文档的 4 个附件内容排列位置不正确，将其按 1, 2, 3, 4 的正确顺序进行排列，但不能修改标题中的序号。

【提示】

（1）选中 4 个附件，选择“开始”→“段落”组的“排序”按钮。

（2）在打开的“排序文字”对话框中，“主要关键字”选择“段落数”，“类型”选择“拼音”，单击“确定”按钮，如图 2-13 所示。

（3）调整附件 1 图标，将 SmartArt 图形和获奖图片移到适当位置。

9. 在文档的最后插入数学公式

$$s=\sqrt{\frac{x-y}{x+y}+\int_{-1}^{6}(\cos^2 x)\mathrm{d}x-\sum_{i=1}^{50} i_2}$$

【提示】选择“插入”→“公式”→“插入新公式”，在打开的“公式工具”→“设计”工具栏中按要求输入相应公式。

10. 在文档的最后插入课程表，样张如图 2-14 所示。

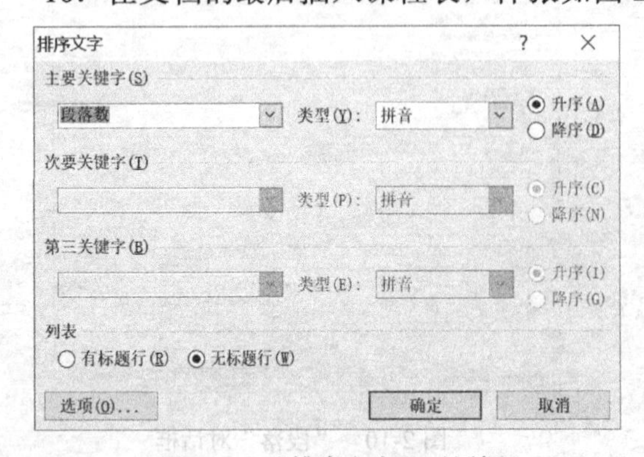

图 2-13 “排序文字”对话框

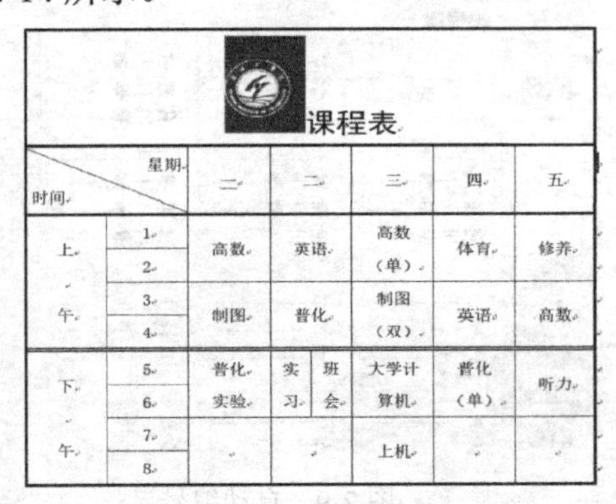

课程表

星期 / 时间		一	二		三	四	五
上午	1	高数	英语		高数（单）	体育	修养
	2						
	3	制图	普化		制图（双）	英语	高数
	4						
下午	5	普化实验	实习	班会	大学计算机上机	普化（单）	听力
	6						
	7						
	8						

图 2-14 课程表样张

【提示】

（1）选择“插入”→“表格”，插入一个6行、7列的表格。

（2）根据样例合并、拆分单元格。

（3）学校图标可以到学校网站查找。

（4）按要求设置边框线（注意单元格的选择）。

（5）输入文本并设置格式。

三、样张

样张如图2-15所示。

图2-15 样张

新旧政策的认定条件对比表

序号	条目	原有要求（2008年172号）	新规要求（2016年32号）	备注
1	主体资格	在中国境内（不包括港澳台地区）注册一年以上的居民企业。	企业申请认定时须注册成立一年以上。	对申请企业的成立时间要求不变，只是表述和位置有变化。
2	核心知识产权	在中国境内（不含港、澳、台地区）注册的企业，近三年内通过自主研发、受让、受赠、并购等方式，或通过5年以上的独占许可方式，对其主要产品（服务）的核心技术拥有自主知识产权。	企业通过自主研发、受让、受赠、并购等方式，获得对其主要产品（服务）在技术上发挥核心支持作用的知识产权的所有权。	对获取核心技术取消了"近三年"的时间限制，和"独占许可"的获取方式。
3	产品范围	产品（服务）属于《国家重点支持的高新技术领域》规定的范围。	对企业主要产品（服务）发挥核心支持作用的技术属于《国家重点支持的高新技术领域》规定的范围。	强调主要产品（服务）的核心技术须属于高新技术。
4	科技人员	具有大学专科以上学历的科技人员占企业当年职工总数的30%以上，其中研发人员占企业当年职工总数的10%以上。	企业从事研发和相关技术创新活动的科技人员占企业当年职工总数的比例不低于10%。	取消了对科技人员的学历占比限制。
5	研发费用	企业为获得科学技术（不包括人文、社会科学）新知识，创造性运用科学技术新知识，或实质性改进技术、产品（服务）而持续进行了研究开发活动，且近三个会计年度的研究开发费用总额占销售收入总额的比例符合如下要求：1. 最近一年销售收入小于5,000万元的企业，比例不低于6% ……	企业近三个会计年度（实际经营期不满三年的按实际经营时间计算，下同）的研究开发费用总额占同期销售收入总额的比例符合如下要求：1. 最近一年销售收入小于5,000万元（含）的企业，比例不低于5% ……	对中小型企业的研发费用占比要求放宽为5%。
6	高新收入	高新技术产品（服务）收入占企业当年总收入的60%以上。	近一年高新技术产品（服务）收入占企业同期总收入的比例不低于60%。	强调只对近一年的高新收入占比有要求。
7	创新能力	企业研究开发组织管理水平、科技成果转化能力、自主知识产权数量、销售与总资产成长性等指标符合《高新技术企业认定管理工作指引》（另行制定）的要求。	企业创新能力评价应达到相应要求。	创新能力评价标准另外出台。
8	安全和环保	无。	企业申请认定前一年内未发生重大安全、重大质量事故或严重环境违法行为。	更加严格，对企业的安全生产、质量控制、环境保护要求将会有更严格的要求。

二、认定的程序性和监督管理方面事项

对于2016年32号文件中高新技术企业认定的程序性和监督管理事项，应关注以下几点：

1、申请高新技术认定的企业，提交的申请资料中新增"近一个会计年度高新技术产品（服务）收入专项审计或鉴证报告"以及"近三个会计年度企业所得税年度纳税申报表"；

2、审查认定的公示时间由15个工作日减少至10个工作日，提高行政效率；

3、进一步明确税收优惠享受的起始和终止时间：

⑴ 起始时间：企业获得高新技术企业资格后，自高新技术企业证书颁发之日所在年度起享受税收优惠；

⑵ 终止时间：

① 对已认定的高新技术企业，经复核被认定为不符合高新技术企业条件而被取消高新技术企业资格的，税务机关将追缴其不符合认定条件年度起已享受的税收优惠；

② 对于已认定的高新技术企业，因故而被取消高新技术企业资格的，税务机关可追缴其自发生相关行为之日所属年度起已享受的高新技术企业税收优惠。

4、明确高新技术企业的自主申报事项：

⑴ 企业获得高新技术企业资格后，应于每年5月底前在"高新技术企业认定管理工作网"填报上一年度知识产权、科技人员、研发费用、经营收入等年度发展情况报表；

⑵ 高新技术企业发生更名或与认定条件有关的重大变化（如分立、合并、重组以及经营业务发生变化等）应在三个月内向认定机构报告。2008年172号文件曾规定发生上述情况时，需于15日内向认定机构报告，2016年32号文件报告时限放宽，更有利于纳税人。

新增"未按期报告与认定条件有关重大变化情况，或累计两年未填报年度发展情况报表的，将被取消高新资格。"

5、高新技术企业跨认定机构管理区域搬迁时，高新技术企业资格的延续问题：

⑴ 企业于高新技术企业资格有效期内完成整体迁移的，资格继续有效；

⑵ 企业部分搬迁的，由迁入地认定机构重新认定。

6、应注意企业存在偷、骗税行为的，不再作为取消高新技术资格的情形之一。

7、新增了监督检查方式，即科技部、财政部、税务总局建立随机抽查和重点检查机制，加强对各地高新技术企业认定管理工作的监督检查。

8、2016年32号文件取消了高新技术企业复审的规定，不知是否还会有后续新规定。

公式：

$$S=\sqrt{\frac{x-y}{x+y}}+\int_{-1}^{6\pi}(\cos^2 x)dx-\sum_{i=1}^{50} i^2$$

课程表：

课程表

时间＼星期		一	二	三	四	五
上午	1	高数	英语	高数（单）	体育	修养
	2					
	3	制图	普化	制图（双）	英语	高数
	4					
下午	5	普化实验	实习 / 班会	大学计算机	普化（单）	听力
	6					
	7			上机		
	8					

图 2-15 样张（续）

实验三

Word长文档编辑

一、实验目的

1．掌握长文档中多级列表的设置方法；
2．掌握题注和交叉引用的设置方法；
3．掌握脚注、尾注和索引项的使用；
4．掌握长文档中目录的设置方法；
5．掌握分页和分节的概念及使用。

二、实验内容

1．打开素材中的文件“W3.docx”，按照以下要求操作，最终以“W3-班级-学号.docx”为文件名保存，效果如样张所示。

2．书稿中包含三个级别的标题，分别用“(一级标题)”“(二级标题)”“(三级标题)”字样标出。按图3-1所示要求对书稿应用样式、多级列表，并对样式格式进行相应的修改。

内容	样式	格式	多级列表
所有用“(一级标题)”标识的段落	标题1	小二号字、黑体、不加粗、段前1.5行、段后1行、行距最小值12磅、居中	第1章，第2章，…，第n章
所有用“(二级标题)”标识的段落	标题2	小三号字、黑体、不加粗、段前1行、段后6磅、行距最小值12磅	1-1，1-2，2-1，2-2，…，n-1，n-2
所有用“(三级标题)”标识的段落	标题3	小四号字、宋体、加粗、段前12磅、段后6磅、行距最小值12磅	1-1-1，1-1-2，…，n-1-1，n-1-2，且与二级标题缩进位置相同
除上述三个级别标题外的所有正文（不含图表及题注）	正文	首行缩进2字符、1.25倍行距、段后6磅、两端对齐	

图3-1　段落格式要求

【提示】

（1）选中“样式”组中的“标题1”，单击鼠标右键，在打开的快捷菜单中选择“修改”，在弹出的对话框中按标题1格式要求修改标题1样式。按同样的方法，修改二级标题、三级标题、正文的样式。

（2）将文中所有用“(一级标题)”标识的段落设为“标题1”，将所有用“(二级标题)”标识的段落设为“标题2”，将所有用“(三级标题)”标识的段落设为“标题3”。

（3）选中所有“一级标题”，单击“段落”组中的“多级列表”按钮，选择“定义新的多级列表”，打开“定义新多级列表”对话框，在“输入编号的格式”中输入“第1章”，在“此级别的编号样式”下拉框中选择“1, 2, 3, …”样式，单击“更多”按钮，将“将级别链接到样式”设为“标题1”，将“要在库中显示的级别”设为“级别1”，单击“确定”按钮。具体设置方法如图3-2所示。

（4）选中所有“二级标题”，用同样的方法设置二级标题。

（5）选中所有“三级标题”，用同样的方法设置三级标题。

注意：如有编号错误，可以选中编号，单击鼠标右键，在弹出的快捷菜单中选择“设置编号值”，如图 3-3 所示。

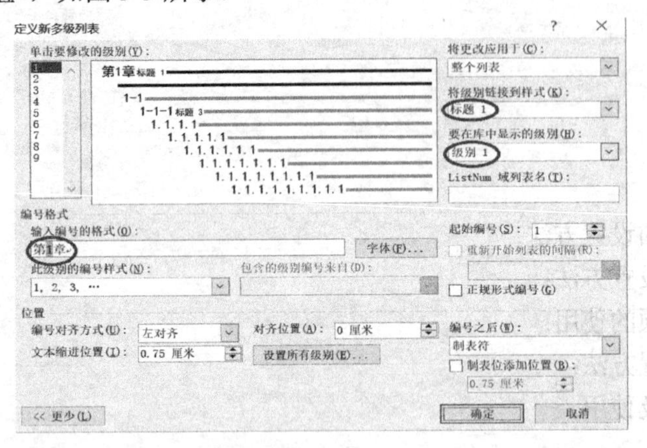

图 3-2 “定义新多级列表”对话框

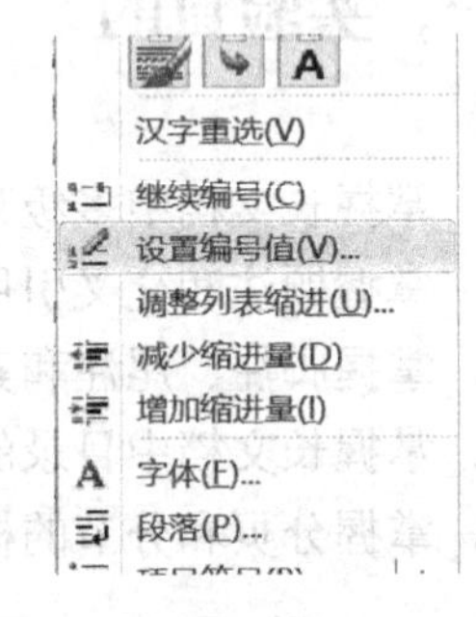

图 3-3 “设置编号值”菜单项

3. 样式应用结束后，将书稿中各级标题文字后面括号中的提示文字与括号“（一级标题）”“（一级标题）”“（三级标题）”全部删除。

4. 书稿中有若干表格及图片，分别在表格上方和图片下方的说明文字左侧添加形如“表 1-1”“表 2-1”“图 1-1”“图 2-1”的题注，其中连字符“-”前面的数字代表章号，“-”后面的数字代表图表的序号，各章节的图和表分别连续编号。添加完毕，将样式“题注”的格式修改为仿宋、小五号字、居中。

【提示】

（1）把光标定位在表格上方标题的左侧，单击“引用”→“题注”→“插入题注”按钮，在弹出的“题注”对话框中单击“新建标签”按钮。

（2）在弹出的“新建标签”对话框中输入“表”，并单击“确定”按钮，如图 3-4 所示。单击“编号”按钮，在弹出的“题注编号”对话框中将“格式”选择为“1, 2, 3, …”，选中“包含章节号”复选框，在“章节起始样式”中选择“标题 1”，在“使用分隔符”中选择“-（连字符）”，然后单击“确定”按钮，如图 3-5 所示。再次单击“确定”按钮，在弹出的“题注”对话框中单击“确定”按钮。

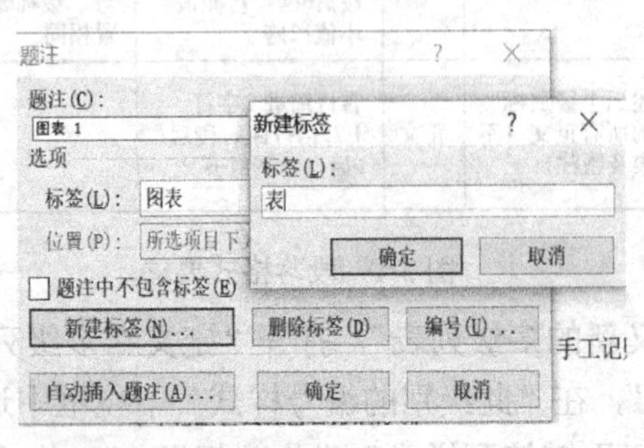

图 3-4 “新建标签”对话框

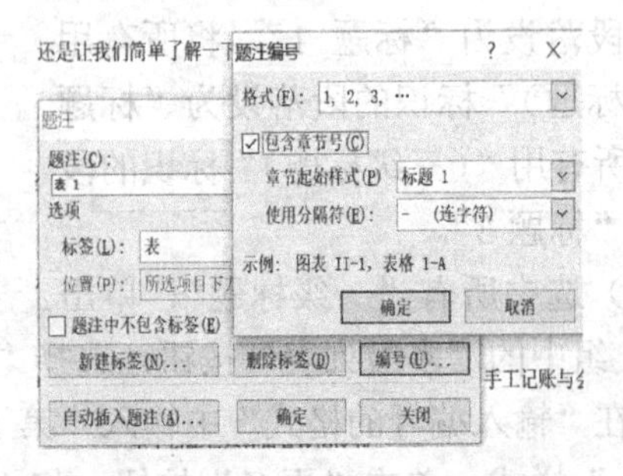

图 3-5 “题注编号”对话框

（3）在“开始”选项卡的“段落”分组中设置文字居中对齐，在“字体”分组中设置字体格式为仿宋、小五号。

5. 在书稿中用红色标出的文字的适当位置，为两个表格和图片设置自动引用其题注号。

【提示】单击“插入”选项，在“链接”分组中单击“交叉引用”命令。在“引用类型”中选择“表”，在“引用内容”中选择“只有标签和编号”，如图 3-6 所示。

6. 在书稿的最前面插入目录，要求包含标题 1～3 级及对应页号。目录、书稿的每一章均为独立的一节，每一节的页码均以奇数页为起始页码。

【提示】

（1）将光标定位在书稿的最前面，在“引用”选项卡的“目录”分组中单击“目录”下拉按钮，选择“自动目录”中的一种，即可插入目录。

（2）在目录与第 1 章之间插入分节符，每章之间同样插入分节符。选择“页面布局”→“页面设置”→“分隔符”→“分节符”（奇数页）。

7. 目录与书稿的页码分别独立编排，目录页码使用大写罗马数字（I, II, III, …），书稿页码使用阿拉伯数字（1, 2, 3, …）且各章节间连续编码。除目录首页和每章首页不显示页码外，其余页面要求奇数页页码显示在页脚右侧，偶数页页码显示在页脚左侧。

【提示】

（1）双击目录页的页脚位置，单击“设计”→“页眉和页脚”→“页码”→“页面底端”命令，在页面底端插入页码，然后选择“设置页码格式”命令。在“页码格式”对话框的“编号格式”中选择大写罗马数字“I, II, III, …”格式，在“页码编号”的“起始页码”中选中“I”。使用相同的方法，设置书稿的页码。注意，在“编号格式”中选择阿拉伯数字“1, 2, 3, …”。

（2）由于分节的原因，每一节起始位置的页码会变为 1。选中变为 1 的页码，单击“插入”→“页眉和页脚”→“页码”→“设置页码格式”，打开“页码格式”对话框，选择“续前节”，如图 3-7 所示。

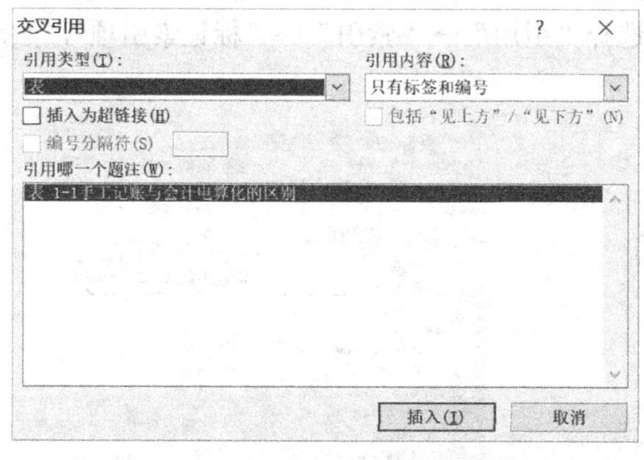

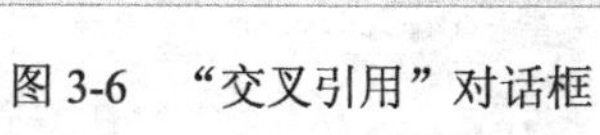
图 3-6　“交叉引用”对话框

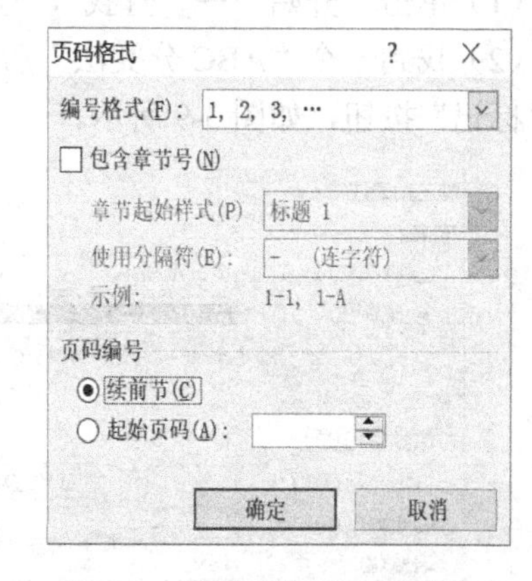

图 3-7　“页码格式”对话框

（3）在“选项”分组中，选中“首页不同”“奇偶页不同”“显示文档文字”3 个复选框，此时首页和偶数页的页码都会消失。将光标定位在偶数页页脚，重新插入页码，然后设置页码的对齐方式。

8. 将实验三文件夹下“项目符号列表.docx”文档中的“项目符号列表”样式复制到论

文中，并应用于第一页中文字“1. 相同点”下方的项目符号列表。

【提示】

（1）单击“文件”→“选项”按钮→“加载项”选项卡→“管理”列表框→“模板”选项→“转到”按钮。

（2）在弹出的“模板和加载项”对话框中，单击“模板”选项卡→“管理器”按钮，弹出“管理器”对话框。

（3）在“管理器”对话框中选择“样式”选项卡，单击右侧的“关闭文件”按钮，此时该按钮会变成“打开文件”按钮，继续在“管理器”对话框中单击“打开文件”按钮。

（4）在弹出的“打开”对话框中，首先在“文件类型”列表框中选择“Word 文档（*.docx）”选项，然后在考生文件夹下选择要打开的文件，这里选择文档“项目符号列表.docx”，最后单击“打开”按钮。

（5）回到“管理器”对话框中，在“项目符号列表.docx”列表框中选择需要复制的文本格式“项目符号列表”（可以按住 Ctrl 键实现多选），单击“复制”按钮即可将所选格式复制到当前文档中。最后单击“关闭”按钮即可。

9．将文档中的所有脚注转换为尾注，并使其位于每节的末尾。

【提示】

（1）单击“引用”→“脚注”组右下角的按钮，打开“脚注和尾注”对话框。

（2）在“位置”区域，将“脚注”选择为“页面底端”，将“尾注”选择为“节的结尾”，将“将更改应用于”选择为“整篇文档”，然后单击“转换”按钮，如图 3-8 所示。

10．将文档中所有的文本“ABC 分类法”都标记为索引项；删除文档中文本“供应链”的索引项标记；更新索引。

【提示】

（1）单击“开始”→“查找”，查找文本“ABC 分类法”。

（2）找到一个“ABC 分类法”后，选择“引用”→“索引”→“标记索引项”，然后单击“标记”按钮，如图 3-9 所示。

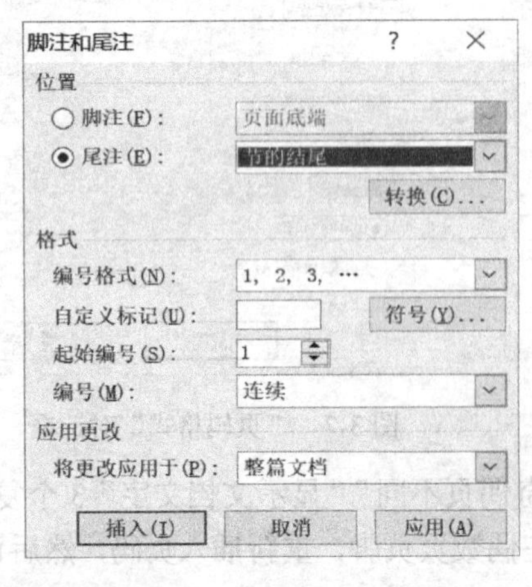

图 3-8 “脚注和尾注”对话框

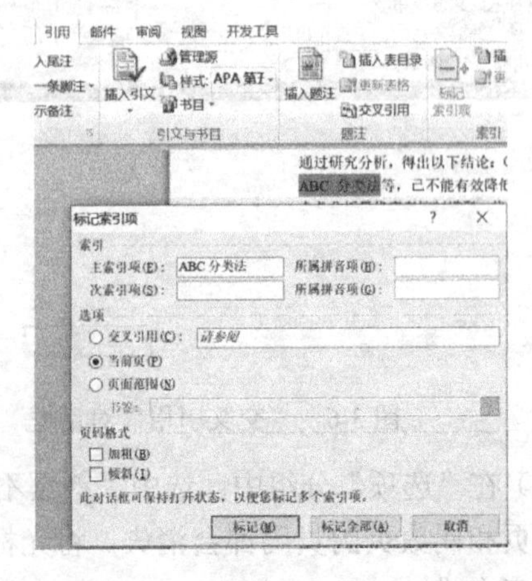

图 3-9 “标记索引项”对话框

（3）利用“开始”→“查找”功能，查找到“供应链”的索引项标记，将其删除。

（4）选中索引表，单击“引用”→“索引”→“更新索引”。

三、样张

样章如图 3-10 所示。

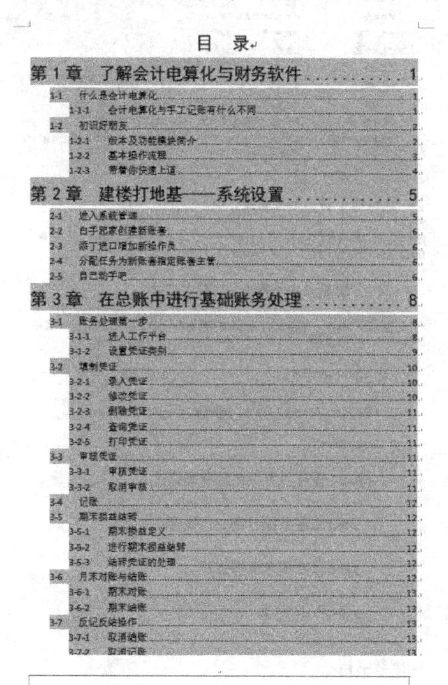

目 录

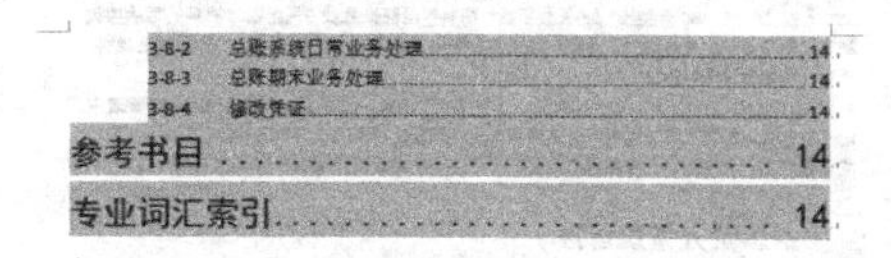

第1章 了解会计电算化与财务软件

现在是信息化的时代，名称术语满天飞，几天就会变换出新的花样来，令人目不暇接。
于是总会有人问我，什么是会计电算化？它和财务软件有什么区别？亦或是有什么联系？“会计电算化”这个名字听起来好大、好宽泛、好吓人，似乎是一个常人不容易触及的高深领域。可是考取会计证时有一门功课就叫“会计电算化”，于是吓着了许多想要入门者。
其实，让我来告诉你，你知道财务软件吗？你知道电脑记账吗？其实，所谓“会计电算化”只不过是通过财务软件实现电脑记账的“官方”术语罢了。
这本书的目的，就是让你从一点也不知道开始，快速成为一个会计电算化的高手。

1-1 什么是会计电算化

会计电算化是把电子计算机和现代数据处理技术应用到会计工作中的简称，是用电子计算机代替人工记账、算账和报账，以及部分代替人脑完成对会计信息的分析、预测、决策的过程，其目的是提高企业财会管理水平和经济效益，从而实现会计工作的现代化。
目前已经时髦的叫做会计信息系统，其实说白了就是用财务软件代替手工记账而已。会计电算化也是当前工业与信息化融合的典范，随着全面信息化的时代前进，会计的电算化、信息化程度也必将越来越高。
财务软件就是实现会计电算化的最重要的工具之一，当然除此之外还需要人。没有了人的操作，财务软件也不会自动工作。所以，只要有了一款合适的财务软件，再有了你——一个会计或希望成为一个会计的人，我们就可以实现理想中的“会计电算化”了。

1-1-1会计电算化与手工记账有什么不同

会计电算化和手工记账，一个基于计算机软件技术，一个完全依赖于人的手脑，它们之间当然存在着很多差别，但也不乏相互依存之处。这些虽然对我们做账没有什么实质性的影响，但作为一个常识，还是让我们简单了解一下吧。
1. 相同点
❖ 目标相同，都是为了提供会计信息，提高企业效益。
❖ 依据相同，进行核算的依据都是国家统一的会计制度和法律法规。
❖ 结果相同，最终都是为记录经济业务，出具会计报表服务，对同一套账最终处理结果完全相同。
❖ 流程相同，业务核算的流程基本是相同，由从建账开始，一直到出具报表。
❖ 档案保管方式相同，无论是手工记账产生的凭证和账簿，还是电算化软件生成的数据，均需要按规定保管。
2. 不同点
尽管手工账与会计电算化有诸多相通之处，但他们的区别还是十分明显的。手工记账与会计电算化的区别如表 1-1 所示。

表 1-1手工记账与会计电算化的区别

项 目	手工记账	会计电算化
使用的工具不同	算盘、计算器、笔	计算机、财务软件
信息格式及载体不同	固定格式的账簿	打印并自行装订的账簿、存放在软盘或硬盘的电子文件
记账规则不尽相同	使用固定格式的账簿记账，更正错误有划线更正法、红字冲销法、蓝字补记法，空白账页需要划销	打印出的账页需自行编订，不能划线更正，已记账的凭证数据不能更改，只可红字冲销或蓝字补记
数据处理过程不同	根据凭证记账后，需要人工进行账证、账账、账表核对等各项对账结账工作	录入凭证后，由程序进行各种勾稽关系的核对，自动对账结账出报表
组织体制、人员分工不同	明细账、日记账、总账由不同岗位人员按照不同的科目，分别在不同的账簿上加以记录，专人负责制作报表	人员分工发生变化，只需要设置凭证录入、审核、数据维护等岗位，后续工作全部自动化无须专人负责，增加了计算机软硬件维护人员
效率不同	工作周期长、速度慢、效率低	速度快、质量高、便于查阅信息

1-2 初识好朋友

如果要问哪款财务软件被用得最多，我想大概要数好朋友财务软件系列了。好朋友财务软件应该是我们国家最早的一批电算化软件之一，因而被广大的老板们所熟知。如果你去一个地方应聘财务，被问到会不会好朋友是常有的事。
所以我们这本书的目的就是要教会大家如何使用好朋友财务软件。

1-2-1 版本及功能模块简介

好朋友财务软件分为几个系列，适应于不同规模的企业，每个系列下又有多个版本，在功能上有所调整。为目前好朋友财务软件的各个系列的适用范围以及所包含的功能模块的大致情况如所示。

好朋友财务软件版本及功能简表

好朋友版本	所包含的主要功能模块	所解决的需求	适应企业类型
好朋友T3—财务通普及版	总账（现金银行/往来管理） 财务报表 核算管理	账务处理、报表处理 满足一般企业会计核算电算化要求	创业型企业、 小公司、兼职 会计、记账公司
好朋友T3—好朋友通标准版	总账（现金银行/往来管理/项目管理） 财务报表、核算管理、工资管理、 固定资产管理、财务分析 业务通、出纳通、老板通	业务（购/销/存）和财务一体化管理 提供一般企业部门级应用	中小型企业
好朋友普及型ERP-T6企业管理软件	财务会计 总账 UFO报表 固定资产 工资管理 出纳管理 网上银行 供应链管理 采购管理 销售管理 库存管理 存货核算 委外管理 生产制造管理	财务管理或财务业务一体化管理 提供中小企业全面应用	中小型企业

图 3-10 样张

第2章 建楼打地基——系统设置

从这一章开始，我们进入到系统地学习使用好朋友 U8 的过程。无论是好朋友的哪个版本，首次使用时必须进入到系统管理中进行相应的设置，之后一些关键性的操作也仍需在系统管理中进行。也就是说，系统管理是好朋友 U8 的工作起点，只有系统管理运行正常，其他功能才能正常发挥作用。

对企业的库存而言，一般情况下占品种 20%的物料的总值大约占全部物料总值的 80%，而占品种约 80%的物料，其总值大约只占全部物料价值的 20%。因此，在库存管理上只要对 20%的物料进行重点管理就能解决 80%的库存问题。企业先对物料进行 ABC 分类法 XE "ABC 分类法" 进行必要的分类，将使库存管理更加的有的放矢，在实际工作中能取得事半功倍的效果，因此抓“重要的少数”是降低存货和库存管理的关键。

ABC 分类法 XE "ABC 分类法" 的主要依据：物料年消耗数量及占用金额、物料的市场稀缺程度、库存短缺造成的损失、提前期的长度及变化、存储期限的要求，对于分类后的物料，采用不同的管理控制方法。

系统管理包括：新建账套、新建年度账、账套修改和删除、账套备份，根据企业经营管理中的不同岗位职能建立不同角色，新建操作员并为其分配不同的权限等功能。

能够通过系统管理进行上述操作的人员包括两类：系统管理员 admin 和账套主管。

2-1 进入系统管理

我们以在 Windows XP 系统下安装好朋友为例，启动系统管理的方法如下：

步骤 1. 依次打开“开始”→“所有程序”→“好朋友 ERP-U872”→“系统服务”菜单，如所示。

在录入凭证、记账过程中系统已经自动进行了各种勾稽关系的平衡，并且在真正结账时，系统也会先自动进行对账和试算平衡。

不过，在好朋友 U8 中，每个月月末结账则是必须进行的操作，否则下个月说不允许记账了。

3-6-1 期末对账

记账后结账前，可以进行一下期末对账和试算平衡，以检验记账的正确性，以备结账。

对账的具体操作步骤如下：

3-6-2期末结账

结账只能每月进行一次。已结账月份不能再填制凭证。

记账对账后，就可以进行某一会计期间的最后一项工作——结账。只有经过本期结账，才能进行下期记账结账。如果某个月末没有结账，那么下个月虽然仍可以录入凭证，但却不允许记账。

下面我们用 0012 张和平的身份登录并执行结账操作。结账的具体操作步骤如下：

3-7 反记反结操作

账务处理过程出现错误、遗漏总是在所难免的。在传统的手工记账过程中，如果已经结账，通常就只能在下个月进行冲销或补记处理了。但在会计电算化处理过程中，可以随时取消记账和结账，然后直接对原凭证进行修改。这一过程通常被叫做“反记反结”操作。

3-7-1 取消结账

下面，我们对前述已完成结账的 1 月份账目取消结账：

在"结账向导一"中，，按[Ctrl+Shift+F6]键即可进行反结账。

3-7-2取消记账

自己记账自己取消，别人没有这个权限，即使他是账套主管。所在决定取消记账前，首先要以记账的操作员身份重新登录。在这里，我们需要保证当前是以 0012 号 张和平进行登录的。

3-8 自己动手吧

对 002 广告业练习账套进行下列操作：

步骤 2. 最后单击“系统管理”命令，进入“系统管理”窗口。

步骤 3. 打开“系统”菜单，选择“初始化数据库”命令，弹出相应对话框。

提示：初始化数据库的操作只在初次使用时进行，在系统各个模块启用后不要再轻易执行这一操作，以免数据丢失。

2-2 白手起家创建新账套

创建账套是项重要且必要的工作，任何一个企业在初次使用 U8 进行财务处理时，都需要首先为该企业建立一个新账套。

下面我们来为一个小企业创建一个账套。该企业的具体信息如下所列：

企业名称：	北京云海商贸有限责任公司
企业简称：	云海商贸
成立时间：	2009年2月
主营业务：	电子产品的批发和零售
会计启用期：	2010年1月
记账本位币：	人民币
外币业务：	无
企业类型：	商业企业
行业性质：	纯内资有限责任公司，注册资本30万元人民币，小规模纳税人
会计核算依据：	执行2001年新企业会计制度，尚未实施2006年新会计准则
需要进行下列核算：	业务简单，只使用总账进行会计处理，不设任何辅助核算，仅通过设置明细科目处理业务

2-3 添丁进口增加新操作员

账套建好了，必须有相应的操作人员才能进行账务处理，如账套主管、出纳、审核人员等，这些人员都被统称为“用户”，又叫“操作员”。

2-4 分配任务为新账套指定账套主管

一个账套必须至少指定一个账套主管，账套主管拥有全部的操作权限。如果在增加操作员时并没有将其指定为账套主管，那么可以在以后再将其指定为某一账套的账套主管。

2-5 自己动手吧

1. 练习以系统管理员的身份登录系统管理，如果已登录，不妨先退出来。

3-8-1 进行总账系统的基础设置

3-8-2总账系统日常业务处理

3-8-3总账期末业务处理

3-8-4修改凭证

参考书目

李四. (2012). 生产与运作管理. 华北大学出版社.
马东. (1999). 物流管理概论. 工业出版社.
王五. (2009). 采购与供应链管理. 东方大学出版社.
文佳. (2013). 制造企业库存研究. 管理出版社.
许东. (2009). 基于丰田生产方式的制造执行系统. 物流工程,7, 12-15.
张三. (2010). 供应链管理与实务. 物贸出版社.

专业词汇索引

图 3-10 样张（续）

实验四

Word 邮件合并与文档审阅

一、实验目的

1．熟悉邮件合并的概念及应用场合；

2．掌握邮件合并的三个基本过程；

3．掌握文档的审阅和修订方法。

二、实验内容

打开一个空白 Word 文档，利用文档“准考证素材及示例.docx”中的文本素材并参考其中的示例图，制作准考证主文档，并以“准考证.docx”为文件名保存文件，以下操作均基于此文件。具体制作要求如下。

1．制作准考证表格，表格整体水平、垂直方向均位于页面的中间位置。

【提示】

（1）把文档“准考证素材及示例.docx”中的文本素材复制到空 Word 文档中。

（2）选择“插入”→“表格”→“文本转换成表格”将文本转换成表格，按照“准考证示例图”适当调整表格的内容。

2．表格的宽度根据页面自动调整，为表格添加任一图案样式的底纹，以不影响阅读其中的文字为宜。

3．适当加大表格第一行中标题文本的字号、字符间距。

4．“考生须知”四字竖排，水平、垂直方向均在单元格内居中，“考生须知”下包含的文本以自动编号排列。

5．在主文档“准考证.docx”中，将表格中的红色文字替换为相应的考生信息，考生信息保存在实验四素材文件夹下的 Excel 文档“考生名单.xlsx”中。

【提示】

（1）选择“邮件”→“开始邮件合并”→“信函”。

（2）选择“收件人”→“使用现有列表”，找到 Excel 文档“考生名单.xlsx”，单击“打开”按钮。

（3）选择红色文字，选择“邮件”→“插入合并域”，选择相应的域，如图 4-1 所示。

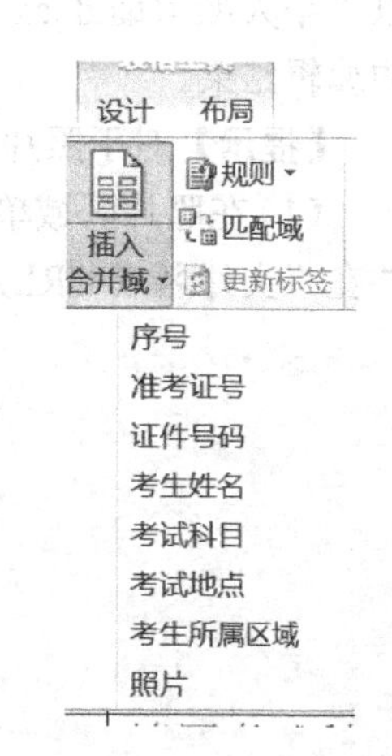

图 4-1　“插入合并域”

6．标题中的考试级别信息根据考生所报考科目自动生成："考试科目"为"高级会计实务"时，考试级别为"高级"，否则为"中级"。

【提示】如图 4-2 所示，选择"邮件"→"编写和插入域组"→"规则"按钮→"如果.. 那么.. 否则"，在弹出窗口的"域名"中选择"考试科目"，在"比较条件"中选择"等于"，在"比较对象"中输入"高级会计实务"，在"则输入此文字"中输入"高级"，在"否则输入此文字"中输入"中级"。

7．在考试时间栏中，将中级三个科目名称（素材中的蓝色文本）均设置为等宽占用 6 个字符宽度。

【提示】选中文本，执行"开始"→"段落"→"分散对齐"命令。

8．表格中的文本字体均采用"微软雅黑"、黑色，并选用适当的字号。

9．为属于"门头沟区"且报考中级全部三个科目（中级会计实务、财务管理、经济法）或报考高级科目（高级会计实务）的考生每人生成一份准考证，并以"个人准考证.docx"为文件名保存到实验四文件夹下，同时保存主文档"准考证.docx"的编辑结果。

【提示】选择"邮件"→"编辑收件人列表"→"筛选"，然后根据要求设置筛选条件，如图 4-3 所示。

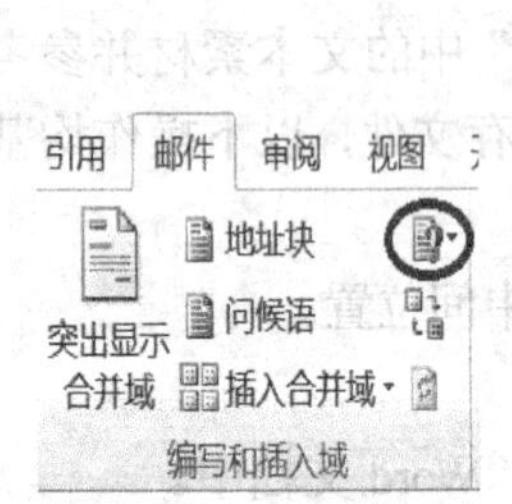

图 4-2 "规则"按钮

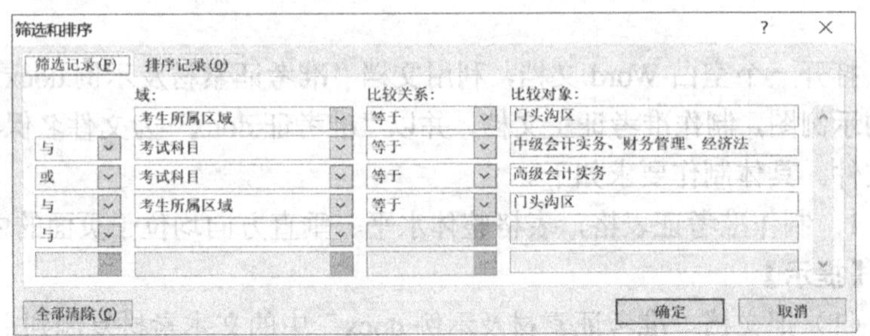

图 4-3 "筛选和排序"对话框

注意：Word 文件、图片文件和 Excel 文件必须在同一个文件夹中。

10．在"贴照片处"插入考生照片（提示：只有部分考生有照片）。完成邮件合并，并以"个人准考证.docx"为文件名保存到实验四文件夹下，同时保存主文档"准考证.docx"的编辑结果。

【提示】对于照片的处理要分两步进行。

（1）在照片区域单击"插入"→"文档部件"→"域"命令，将"域名"选为 IncludePicture，并在"文件名或 URL："中输入"照片"（名称可以为任意合法名称），如图 4-4 所示。

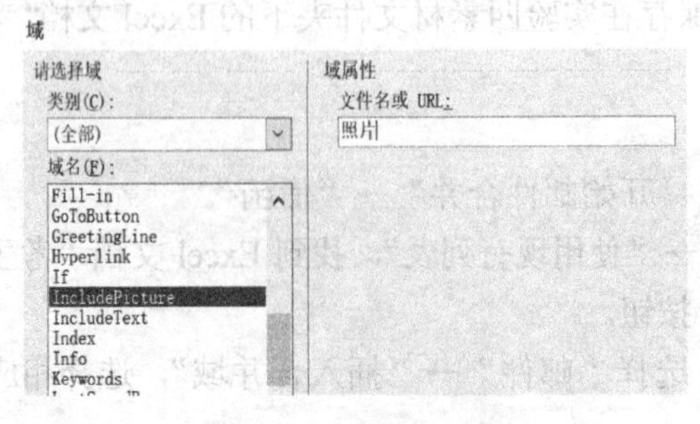

图 4-4 "域"对话框

（2）按组合键 Alt + F9 切换为源代码方式，选中信息表中的“照片”，再单击“插入合并域”→“照片”，建立联系，如图 4-5 所示。结果如图 4-6 所示。

图 4-5　插入“照片”域

2016 年度全国会计专业技术{ IF { MERGEFIELD 考试科目 } = "高级会计实务" "高级" "中级" }资格考试准考证

准考证号	{ MERGEFIELD 准考证号 }	{ INCLUDEPICTURE "{ MERGEFIELD 照片 }" * MERGEFORMAT }
考生姓名	{ MERGEFIELD 考生姓名 }	
证件号码	{ MERGEFIELD 证件号码 }	
考试科目	{ MERGEFIELD 考试科目 }	
考试地点	{ MERGEFIELD 考试地点 }	

图 4-6　插入“照片”域后的源代码格式

（3）选择“邮件”→“完成合并”→“编辑单个文档”，然后将文件保存到实验四文件夹。

（4）按组合键 Ctrl + A 选中全部准考证，按 F9 键刷新。

11．为了能在以后的准考证制作中再次利用表格内容，将文档中的表格内容保存至“表格”部件库，并将其命名为“准考证”。

【提示】选中表格，选择“插入”→“文档部件”→“将所选内容保存到文档部件库”，打开“新建构建基块”对话框，进行相关设置，如图 4-7 所示。

12．将文档末尾处的日期调整为可以根据邀请函生成日期而自动更新的格式，日期格式显示为“××××年××月××日”。

【提示】选择“插入”→“文本”→“日期和时间”，弹出“日期和时间”对话框，选择日期格式为“××××年××月××日”，勾选“自动更新”复选框，然后单击“确定”按钮，如图 4-8 所示。

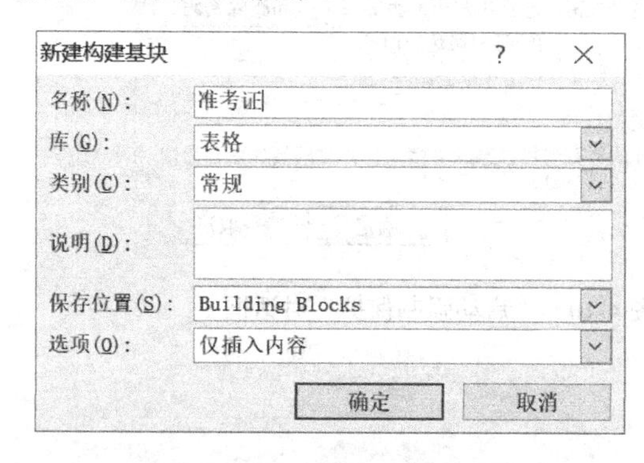

图 4-7　“新建构建基块”对话框

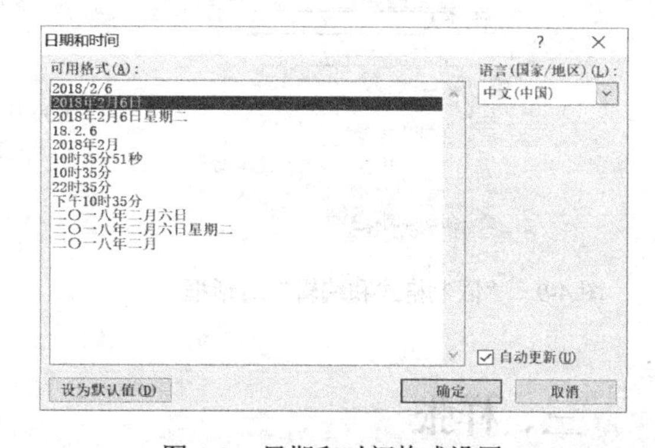

图 4-8　日期和时间格式设置

13．本次考试中，部分考生来自中国台湾地区，因此，将部分准考证内容设置为繁体中文格式，以便于考生阅读。这部分学生包括李潇、刘蕾琳、安豪进。

【提示】选中相应考生的准考证表格，选择“审阅”→“简转繁”。

14．将准考证中“考试开始前 20 分钟考生凭准考证和有效证件（身份证等）进入规定考场对号入座”的 20 分钟修订为 30 分钟，并接受此修订。

【提示】

（1）选中“20”，选择“审阅”→“修订”，输入“30”，单击“确定”按钮，修订完成。

（2）选择“审阅”→“更改”→“接受”→“接受修订”。

15. 为李潇准考证表格所在的页面添加编辑限制保护，不允许随意对该页内容进行编辑、修改，并将保护密码设置为空。

【提示】

（1）首先将文档中除“李潇准考证”页外的部分全部选中。

（2）单击“审阅”页面下的“限制编辑”，右侧会出现相应的参数配置。

（3）在“1. 格式设置限制”中选中“限制对选定的样式设置格式”复选框，随即在“编辑限制”中选中“仅允许在文档中进行此类型的编辑”复选框，此时例外项可以编辑，这里选中“每个人”复选框。

（4）在“启动强制保护”下，单击“是，启动强制保护”按钮，如图 4-9 所示。

（5）此时弹出“启动强制保护”对话框，将密码设置为空，单击“确定”按钮，如图 4-10 所示。

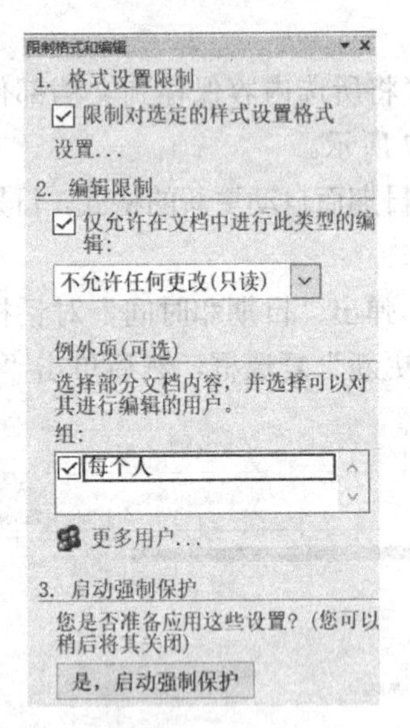

图 4-9 “限制格式和编辑”对话框

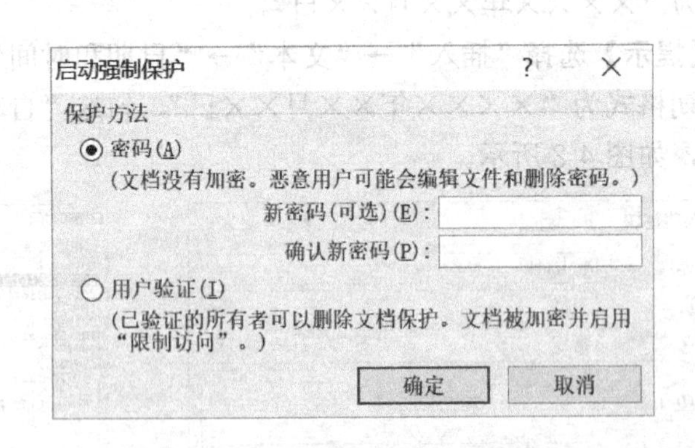

图 4-10 “启动强制保护”对话框

三、样张

具体样张如图 4-11 所示。

2016年度全國會計專業技術高級資格考試准考證

准考證號	143111651513
考生姓名	李瀟
證件號碼	110104198710261727
考試科目	高級會計實務
考試地點	北京大學哲學樓

考試時間：
中級：財務管理：9月10日□9:00～11:30；經濟法：9月10日□14:00～16:30；中級會計實務：9月11日□9:00～12:00
高級：9月11日□□9:00～12:30

考生須知：

1. 准考證正面和背面均不得額外書寫任何文字，背面必須保持空白。
2. 考試開始前20分鐘考生憑准考證和有效證件（身份證等）進入規定考場對號入座，並將准考證和有效證件放在考桌左上角，以便監考人員查驗。考試開始指令發出後，考生才可開始答卷。
3. 考生在入場時除攜帶必要的文具外，不准攜帶其他物品（如：書籍、資料、筆記本和自備草稿紙以及具有收錄、儲存、記憶功能的電子工具等）。已攜帶入場的應按指定位置存放。

分节符(下一页)

2016年度全国会计专业技术高级资格考试准考证

准考证号	143114070910
考生姓名	杨瑛敏
证件号码	412722198811247324
考试科目	高级会计实务
考试地点	北京大学哲学楼

考试时间：
中级：财务管理：9月10日□9:00～11:30；经济法：9月10日□14:00～16:30；中级会计实务：9月11日□9:00～12:00
高级：9月11日□□9:00～12:30

考生须知：

4. 准考证正面和背面均不得额外书写任何文字，背面必须保持空白。
5. 考试开始前20分钟考生凭准考证和有效证件（身份证等）进入规定考场对号入座，并将准考证和有效证件放在考桌左上角，以便监考人员查验。考试开始指令发出后，考生才可开始答卷。
6. 考生在入场时除携带必要的文具外，不准携带其他物品（如：书籍、资料、笔记本和自备草稿纸以及具有收录、储存、记忆功能的电子工具等）。已携带入场的应按指定位置存放。

分节符(下一页)

2016年度全國會計專業技術高級資格考試准考證

准考證號	143132153117
考生姓名	劉蕾琳
證件號碼	110102198905240421
考試科目	高級會計實務
考試地點	北京大學哲學樓

考試時間：
中級：財務管理：9月10日□9:00～11:30；經濟法：9月10日□14:00～16:30；中級會計實務：9月11日□9:00～12:00
高級：9月11日□□9:00～12:30

考生須知：

10. 准考證正面和背面均不得額外書寫任何文字，背面必須保持空白。
11. 考試開始前30分鐘考生憑准考證和有效證件（身份證等）進入規定考場對號入座，並將准考證和有效證件放在考桌左上角，以便監考人員查驗。考試開始指令發出後，考生才可開始答卷。
12. 考生在入場時除攜帶必要的文具外，不准攜帶其他物品（如：書籍、資料、筆記本和自備草稿紙以及具有收錄、儲存、記憶功能的電子工具等）。已攜帶入場的應按指定位置存放。

分节符(下一页)

2016年度全国会计专业技术高级资格考试准考证

准考证号	143133711918
考生姓名	李梦丽
证件号码	110224199010234811
考试科目	高级会计实务
考试地点	北京大学哲学楼

考试时间：
中级：财务管理：9月10日□9:00～11:30；经济法：9月10日□14:00～16:30；中级会计实务：9月11日□9:00～12:00
高级：9月11日□□9:00～12:30

考生须知：

13. 准考证正面和背面均不得额外书写任何文字，背面必须保持空白。
14. 考试开始前30分钟考生凭准考证和有效证件（身份证等）进入规定考场对号入座，并将准考证和有效证件放在考桌左上角，以便监考人员查验。考试开始指令发出后，考生才可开始答卷。
15. 考生在入场时除携带必要的文具外，不准携带其他物品（如：书籍、资料、笔记本和自备草稿纸以及具有收录、储存、记忆功能的电子工具等）。已携带入场的应按指定位置存放。

分节符(下一页)

图4-11　样张

实验五

Excel 基本操作

一、实验目的

1．掌握数据的输入方法；
2．掌握单元格的格式化操作；
3．掌握条件格式和表格样式的使用；
4．掌握页面设置的操作方法；
5．掌握工作表的基本操作。

二、实验内容

将素材中的文件 Excel1.xlsx 另存为“E1-班级-学号.xlsx”，按照以下要求操作，后续操作均基于此文件，效果如样张所示。

1．为“销售业绩”工作表创建一个副本，并把副本的工作表的标签颜色更改为标准色红色，把工作表名称修改为“销售业绩-备份”。

2．将“销售业绩”工作表中第一行的行高设置为第二行的行高的 2 倍，并将第一行中文字的字体更改为“华文彩云”、24 号字、标准色红色；将第 2 行单元格的底纹设置为标准色浅蓝；将所有单元格内容设置为水平、垂直均居中；将 A2:I40 单元格区域转换为表，表包含标题，表名为“业绩”，套用表格格式“表样式中等深浅 27”，取消筛选和镶边行。

【提示】选中 A2:I40 单元格区域，单击“插入”选项卡中的“表格”，在弹出的“创建表”对话框中单击“确定”按钮，如图 5-1 所示。在表格工具的“设计”选项卡中，修改表格名称及表格样式，如图 5-2 所示。

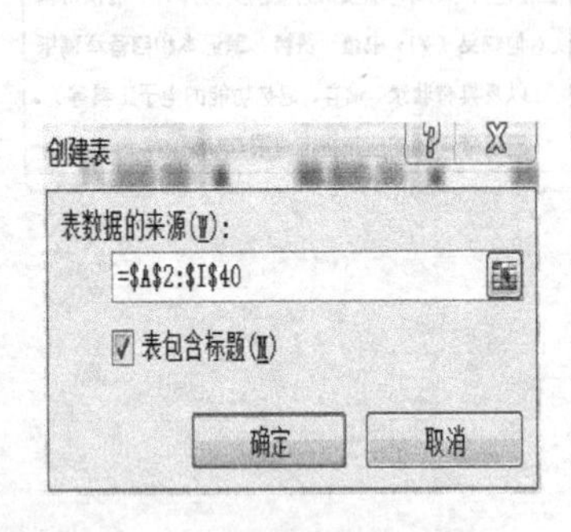

图 5-1 “创建表”对话框

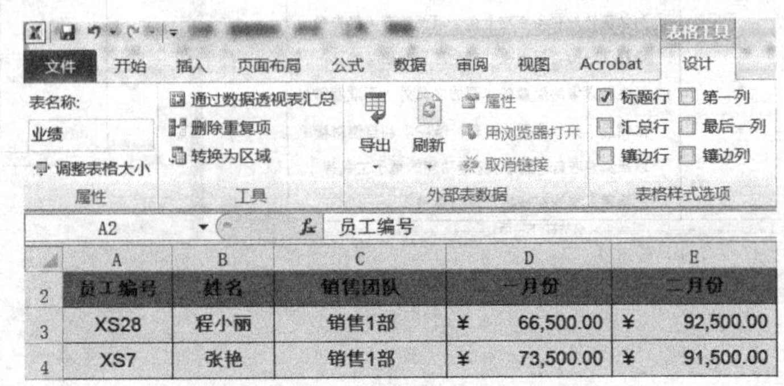

图 5-2 “表格工具”工具栏

【思考】如何将本题中创建的“业绩”表格转换为普通单元格？

3．将“销售业绩”工作表中一月份至六月份的销售数据格式修改为数值型，仅保留 1 位小数。在第一列前插入一个“序号”列，输入序号 1, 2, 3, …，并通过设置单元格格式使其显示为数值型的 001, 002, 003, …。

【提示】用填充句柄输入序列 1, 2, 3, …；选中第一列，单击鼠标右键，在打开的快捷菜单中选择“设置单元格格式”，在“设置单元格格式”对话框中选择“自定义”，并在右边的“类型”处输入“000”，如图 5-3 所示。

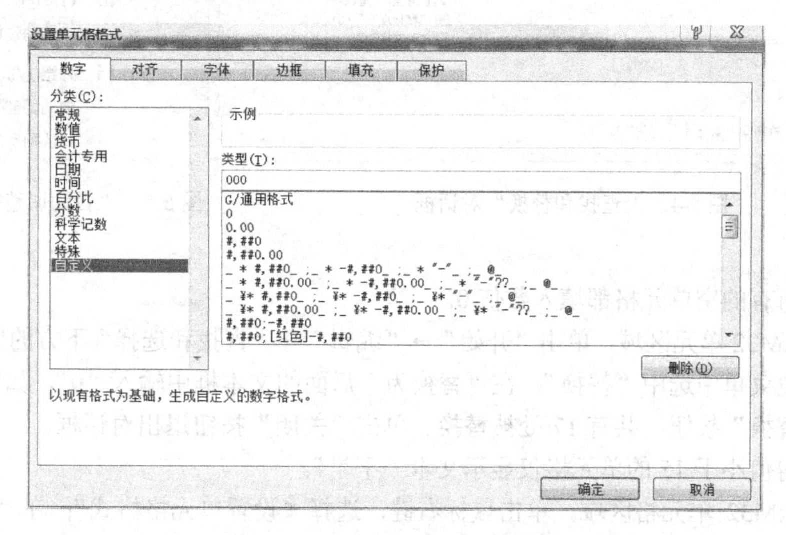

图 5-3 “设置单元格格式”对话框

【思考】如何输入一个包含 8 个元素的等比序列，如“100, 50, 25, 12.5, 6.25, 3.125, 1.5625, 0.78125”？提示：使用“开始”→“填充”→“系列”中的等比序列，将“步长值”设置为 0.5。

4．在“主要城市降水量”工作表中，将 A 列数据中城市名称的汉语拼音删除，如将“北京 beijing”修改为“北京”。修改完成后，自动调整行高和列宽。

（1）新建一个空白 Word 文档，将“主要城市降水量”工作表中的第一列数据复制到空白 Word 文档中。

（2）在 Word 中，单击“开始”→“编辑”→“替换”，打开“查找和替换”对话框，并按照图 5-4 所示的方式进行替换。

【提示】设置查找内容时，要选择“特殊格式”中的“任意字母”项。

（3）将替换后的所有内容复制到“主要城市降水量”工作表的第一列。

（4）自动调整行高和列宽。首先选中所有单元格，然后单击“开始”→“单元格”→“格式”，在下拉菜单中选择相应的菜单项，如图 5-5 所示。

5．为“主要城市降水量”工作表中的 A1:P32 区域加上边框线，内边框线为黑色，外边框线为红色双线。将单元格区域 B2:M32 中的所有空单元格都填入数值 0；然后修改 B2:M32 区域的单元格数字格式，使得值小于 15 的单元格仅显示文本“干旱”；再为 B2:M32 区域应用条件格式，将值小于 15 的单元格设置为“黄填充色深黄色文本”（注意，不要修改单元格中的数值本身）。

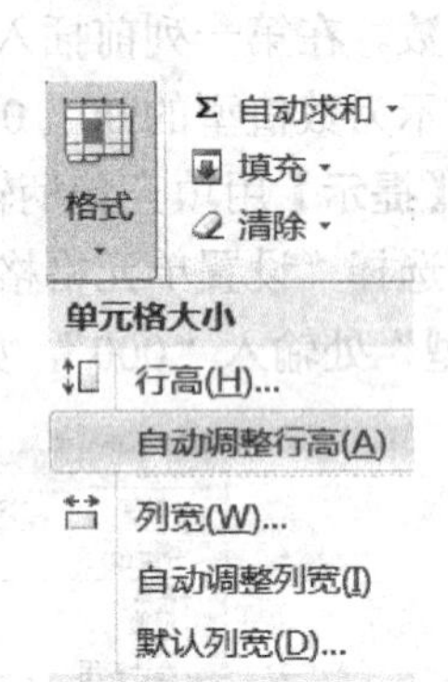

图 5-4 “查找和替换”对话框　　图 5-5 “自动调整行高”菜单项

【提示】

（1）将所有的空单元格都填入数值 0。

选中 B2:M32 单元区域，单击“开始”→“编辑”→“查找和选择”下方的黑色三角形，在弹出的下拉菜单中选中“替换”；在“替换为”后面的文本框中输入“0”，如图 5-6 所示；单击“全部替换”按钮，共有 17 处被替换。单击“关闭”按钮退出对话框。

（2）使得值小于 15 的单元格仅显示文本“干旱”。

选中 B2:M32 单元格区域，单击鼠标右键，选择“设置单元格格式”；在“数字”选项卡的“分类”列表中选择“自定义”；在右侧“类型”下方的文本框中输入“[<15] "干旱"”，单击“确定”按钮退出对话框，如图 5-7 所示。

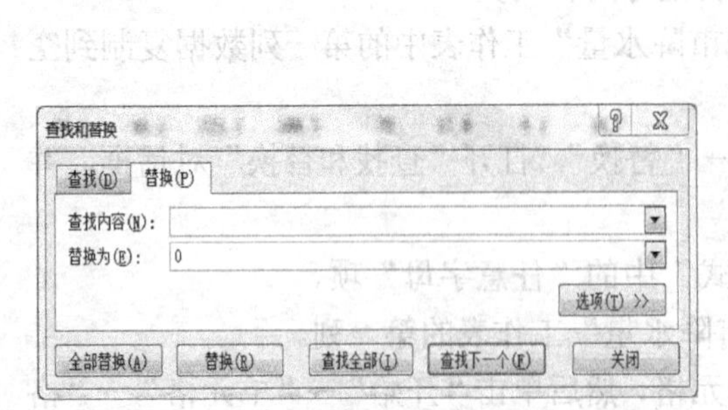

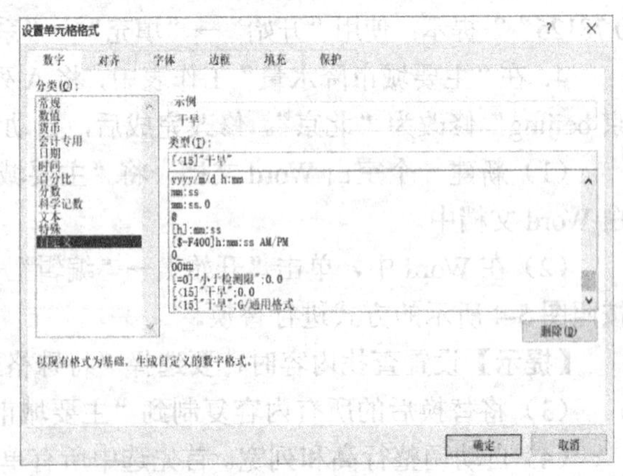

图 5-6 “查找和替换”对话框　　图 5-7 “设置单元格格式”对话框-自定义格式

（3）选中 B2:M32 单元格区域，单击“开始”→“样式”→“条件格式”下方的黑色三角形，在弹出的下拉菜单中选择“突出显示单元格规则”→“小于”，并进行设置，如图 5-8 和图 5-9 所示。

图 5-8 “条件格式”下拉菜单

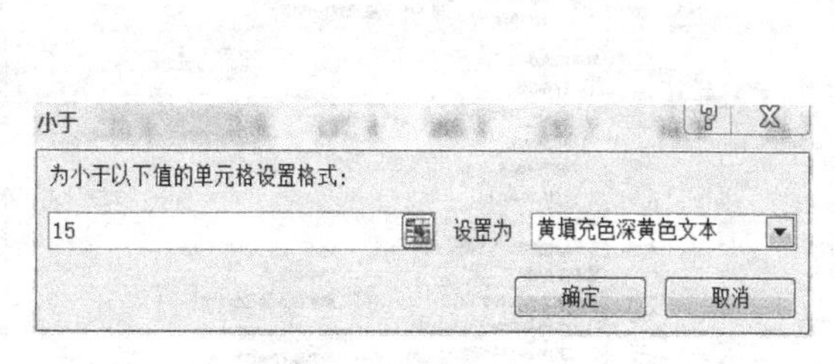

图 5-9 设置条件格式

【思考】

（1）如何将四月份（E 列）降水量最大的 10 个数据用红色加粗文本显示？

（2）对于八月份（I 列）的降水量数据，如何将低于平均值的数据用蓝色斜体字显示？

（3）若某个条件格式设置错了，如何删除这个错误的条件格式？

6. 在“主要城市降水量”工作表的单元格区域 N2:N32 中，计算各城市全年的合计降水量，对其应用实心填充的数据条件格式，并且不显示数值本身。

【提示】

（1）选中 N2 单元格，在其中输入公式“=SUM(B2:M2)”后按 Enter 键，用填充句柄自动填充 N3～N32 单元格。

（2）选中 N2:N32 单元格区域，选择“条件格式”中的“数据条”，选择“其他规则”，在弹出的“新建格式规则”对话框中，选中“仅显示数据条”复选框，将“填充”选择为“实心填充”，然后单击“确定”按钮，如图 5-10 所示。

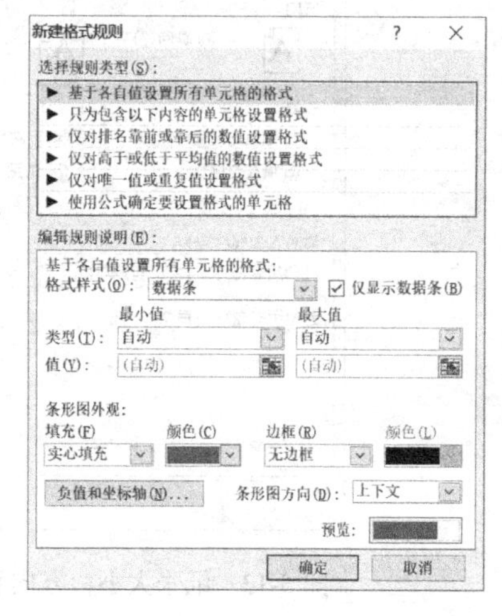

图 5-10 “新建格式规则”对话框

7. 显示隐藏的工作表“说明”，不显示“说明”工作表中的所有网格线。设置窗口视图，保持第 1～3 行、第 A:E 列总是可见的。

【提示】

（1）单击“开始”→“单元格”→“格式”按钮，在“可见性”下方的“隐藏和取消隐藏”菜单中选择“取消隐藏工作表”，如图 5-11 所示。

（2）切换到“视图”选项卡，取消对“显示”功能区中“网格线”复选框的选择。

（3）切换到“说明”工作表，选中需要冻结行列的交界点右下方的 F4 单元格，转到“视图”工具栏，选择“冻结窗格”下的“冻结拆分窗格”，如图 5-12 所示。

8. 在“主要城市降水量”工作表中，将纸张方向设置为横向，并适当调整其中数据的列宽，以便将所有数据都打印在一页 A4 纸内，并将标题行设置为在打印时可以重复出现在每页的顶端。

【提示】单击“页面布局”选项卡下“页面设置”组右下角的按钮，打开“页面设置”

对话框，在“页面”选项卡中按照图5-13所示进行设置，切换到“页面设置”对话框的“工作表”选项卡，按图5-14所示进行设置。

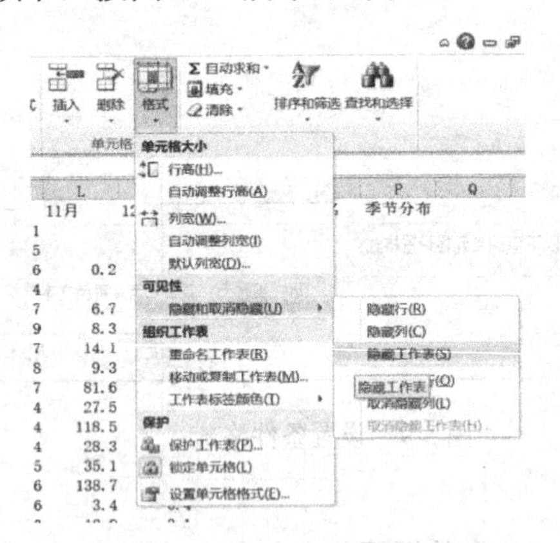

图5-11 “隐藏和取消隐藏”菜单项

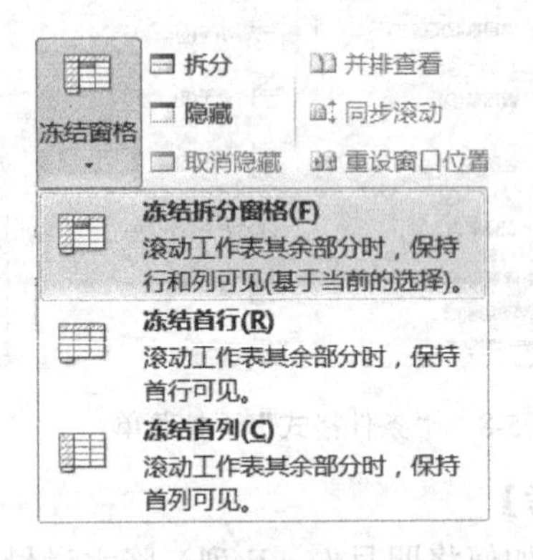

图5-12 “冻结窗格”下拉菜单

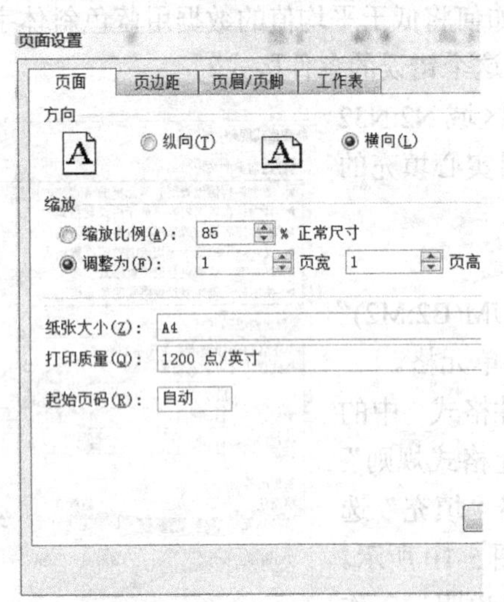

图5-13 纸张大小、方向和缩放设置

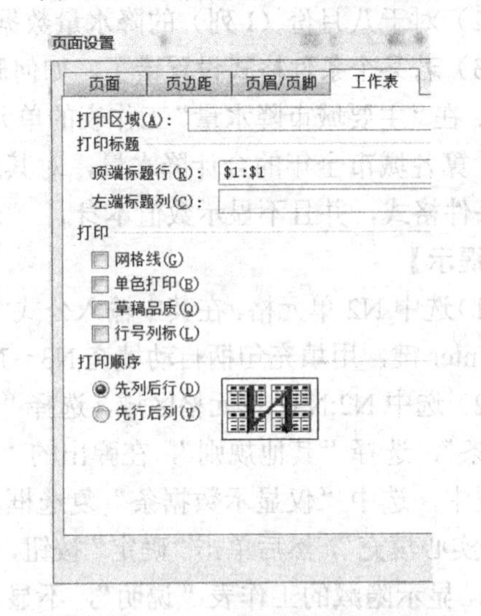

图5-14 页面的标题行设置

【思考】要将页面设置为1页宽，但高度不限，如何设置？

9．为文档添加名称为“类别”、类型为“文本”、值为“水资源”的自定义属性。

【提示】选择“文件”→“信息”→“属性”→“高级属性”→“自定义”选项卡，按图5-15所示进行设置，单击“添加”按钮，就可创建一个自定义属性，单击“确定”按钮退出。

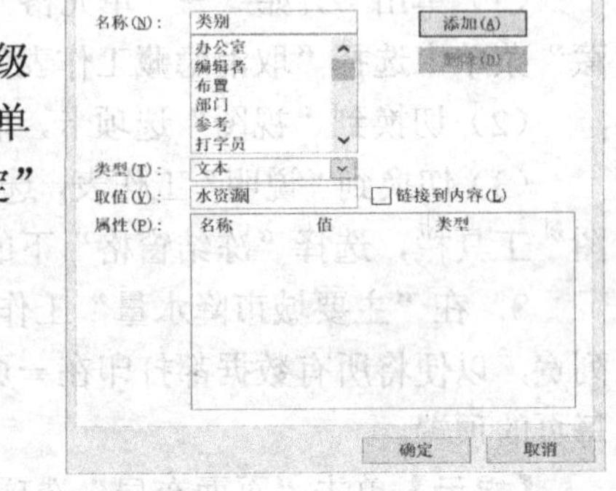

图5-15 “自定义属性”对话框

三、样张

“销售业绩”工作表样张如图5-16所示。

Contoso公司上半年销售统计表

序号	员工编号	姓名	销售团队	一月份	二月份	三月份	四月份	五月份	六月份
001	XS28	程小丽	销售1部	¥ 66,500.00	¥ 92,500.00	¥ 95,500.00	¥ 98,000.00	¥ 86,500.00	¥ 71,000.00
002	XS7	张艳	销售1部	¥ 73,500.00	¥ 91,500.00	¥ 64,500.00	¥ 93,500.00	¥ 84,000.00	¥ 87,000.00
003	XS41	卢红	销售1部	¥ 75,500.00	¥ 62,500.00	¥ 87,000.00	¥ 94,500.00	¥ 78,000.00	¥ 91,000.00
004	XS1	刘丽	销售1部	¥ 79,500.00	¥ 98,500.00	¥ 68,000.00	¥ 100,000.00	¥ 96,000.00	¥ 66,000.00
005	XS15	杜月	销售1部	¥ 82,050.00	¥ 63,500.00	¥ 90,500.00	¥ 97,000.00	¥ 65,150.00	¥ 99,000.00
006	XS30	张成	销售1部	¥ 82,500.00	¥ 78,000.00	¥ 81,000.00	¥ 96,500.00	¥ 96,500.00	¥ 57,000.00
007	XS29	卢红燕	销售1部	¥ 84,500.00	¥ 71,000.00	¥ 99,500.00	¥ 89,500.00	¥ 84,500.00	¥ 58,000.00
008	XS17	李佳	销售1部	¥ 87,500.00	¥ 63,500.00	¥ 67,500.00	¥ 98,500.00	¥ 78,500.00	¥ 94,000.00
009	SC14	杜月红	销售2部	¥ 88,000.00	¥ 82,500.00	¥ 83,000.00	¥ 75,500.00	¥ 62,000.00	¥ 85,000.00
010	SC39	李成	销售1部	¥ 92,000.00	¥ 64,000.00	¥ 97,000.00	¥ 93,000.00	¥ 75,000.00	¥ 93,000.00
011	XS26	张红军	销售1部	¥ 93,000.00	¥ 71,500.00	¥ 92,000.00	¥ 96,500.00	¥ 87,000.00	¥ 61,000.00
012	XS8	李诗诗	销售1部	¥ 93,050.00	¥ 85,500.00	¥ 77,000.00	¥ 81,000.00	¥ 95,000.00	¥ 78,000.00
013	XS6	杜乐	销售1部	¥ 96,000.00	¥ 72,500.00	¥ 100,000.00	¥ 86,000.00	¥ 62,000.00	¥ 87,500.00
014	XS44	刘大为	销售1部	¥ 96,500.00	¥ 86,500.00	¥ 90,500.00	¥ 94,000.00	¥ 99,500.00	¥ 70,000.00
015	XS38	唐艳霞	销售1部	¥ 97,500.00	¥ 76,000.00	¥ 72,000.00	¥ 92,500.00	¥ 84,500.00	¥ 78,000.00
016	XS34	张恬	销售2部	¥ 56,000.00	¥ 77,500.00	¥ 85,000.00	¥ 83,000.00	¥ 74,500.00	¥ 79,000.00
017	XS22	李丽敏	销售2部	¥ 58,500.00	¥ 90,000.00	¥ 88,500.00	¥ 97,000.00	¥ 72,000.00	¥ 65,000.00
018	XS2	马燕	销售2部	¥ 63,000.00	¥ 99,500.00	¥ 78,500.00	¥ 63,150.00	¥ 79,500.00	¥ 65,500.00
019	XS43	张小丽	销售1部	¥ 69,000.00	¥ 89,500.00	¥ 92,500.00	¥ 73,000.00	¥ 58,500.00	¥ 96,500.00
020	XS20	刘艳	销售2部	¥ 72,500.00	¥ 74,500.00	¥ 60,500.00	¥ 87,000.00	¥ 77,000.00	¥ 78,000.00

图 5-16 “销售业绩”样张

“主要城市降水量”工作表样张如图 5-17 所示。

城市（毫米）	1月	2月	3月	4月	5月	6月	7月	8月	9月	10月	11月	12月	合计降水量	排名	季节分布
北京beijing	干旱	干旱	干旱	63.6	64.1	125.3	79.3	132.1	118.9	31.1	干旱	干旱			
天津tianjin	干旱	干旱	干旱	48.8	21.2	131.9	143.4	71.3	68.2	48.5	干旱	干旱			
石家庄shijiazhuang	干旱	干旱	22.1	47.9	31.5	97.1	129.2	238.6	116.4	16.6	干旱	干旱			
太原taiyuan	干旱	干旱	20.9	63.4	17.6	103.8	23.9	45.2	56.7	17.4	干旱	干旱			
呼和浩特huhehaote	干旱	干旱	20.3	干旱	干旱	137.4	165.5	132.7	54.9	24.7	干旱	干旱			
沈阳shenyang	干旱	干旱	37.2	71	79.1	88.1	221.1	109.3	70	17.9	干旱	18.7			
长春changchun	干旱	干旱	32.5	22.3	62.1	152.5	199.8	150.5	63	17	干旱	干旱			
哈尔滨haerbin	干旱	干旱	21.8	31.3	71.3	57.4	94.8	46.1	80.4	18	干旱	干旱			
上海shanghai	90.9	32.3	30.1	55.5	84.5	300	105.8	113.5	109.3	56.7	81.6	26.3			
南京nanjing	110.1	18.9	32.2	90	81.4	131.7	193.3	191	42.4	38.4	27.5	18.1			
杭州hangzhou	91.7	61.4	37.7	101.9	117.7	361	114.4	137.5	44.2	67.4	118.5	20.5			
合肥hefei	89.8	干旱	37.3	59.4	72.5	203.8	162.3	177.7	干旱	50.4	28.3	干旱			
福州fuzhou	70.3	46.9	68.7	148.3	266.4	247.6	325.6	104.4	40.8	118.5	35.1	干旱			
南昌nanchang	75.8	48.2	145.3	157.4	104.1	427.6	133.7	68	31	16.6	138.7	干旱			
济南jinan	干旱	干旱	干旱	53.5	61.6	27.2	254	186.7	73.9	18.6	干旱	干旱			
郑州zhengzhou	17	干旱	干旱	90.8	59.4	24.6	309.7	58.5	64.4	干旱	干旱	干旱			
武汉wuhan	72.4	20.7	79	54.3	344.2	129.4	148.1	240.7	40.8	92.5	39.1	干旱			
长沙changsha	96.4	53.8	159.9	101.6	110	116.4	215	143.9	146.7	55.8	243.9	干旱			
广州guangzhou	98	49.9	70.9	111.7	285.2	834.6	170.3	188.4	262.6	136.4	61.9	干旱			
南宁nanning	76.1	70	18.7	45.2	121.8	300.6	260.1	317.4	187.6	47.6	156	23.9			
海口haikou	35.5	27.7	干旱	53.9	193.3	227.3	164.7	346.7	337.5	901.2	20.9	68.9			
重庆chongqing	16.2	42.7	43.8	75.1	69.1	254.4	55.1	108.4	54.1	154.3	59.8	29.7			
成都chengdu	干旱	16.8	33	47	69.7	124	235.8	147.2	267	58.8	22.6	干旱			
贵阳guiyang	15.7	干旱	68.1	62.1	156.9	89.9	275	364.2	98.9	106.1	103.3	17.2			
昆明kunming	干旱	干旱	15.7	干旱	94.5	133.5	281.5	203.4	75.4	49.4	82.7	干旱			
拉萨lasa	干旱	干旱	干旱	干旱	64.1	63	162.3	161.9	49.4	干旱	干旱	干旱			
西安xian	19.1	干旱	21.7	55.6	22	59.8	83.7	87.3	83.1	73.1	干旱	干旱			
兰州lanzhou	干旱	干旱	干旱	22	28.1	30.4	49.9	72.1	61.5	23.5	干旱	干旱			
西宁xining	干旱	干旱	干旱	32.2	48.4	60.9	41.6	99.7	62.9	19.7	干旱	干旱			
银川yinchuan	干旱	干旱	干旱	16.3	干旱	干旱	79.4	35.8	44.1	干旱	干旱	干旱			

图 5-17 “主要城市降水量”样张

实验六

Excel数据管理和图表化

一、实验目的

1. 熟悉常用导入外部数据的方法；
2. 掌握常用数据工具的用法；
3. 掌握排序、筛选和分类汇总的使用；
4. 掌握建立图表的方法；
5. 掌握数据透视表和数据透视图的使用。

二、实验内容

打开素材文件夹中的“Excel2-素材.xlsx”文件，将文件另存为“E2-学号-姓名.xlsx”，后续操作均在“E2-学号-姓名.xlsx”中进行。

1. 导入外部数据

（1）从网站导入外部数据

① 新建一个工作表，将其重命名为“普查数据”。

② 浏览素材文件夹下的网页“第五次全国人口普查公报.htm”，将其中的“2000年第五次全国人口普查主要数据”表格自A1单元格开始，导入到刚建立的工作表“普查数据”中。

③ 导入并保存数据后，关闭该文件。

【提示】在IE浏览器中打开“第五次全国人口普查公报.htm”，复制浏览器地址栏中的地址，如图6-1所示。切换到“普查数据”工作表，选中A1单元格，单击“数据”选项卡“获取外部数据”功能区中的“自网站”按钮，在弹出的“新建Web查询”对话框的“地址”中粘贴刚才复制的地址，单击“转到”按钮，就可以看到网页。向下翻页找到“2000年第五次全国人口普查主要数据（大陆）”表格，单击表格左上角的黄色箭头，单击对话框下方的“导入”按钮，如图6-2所示。在弹出的“导入数据”对话框中直接单击“确定”按钮退出。

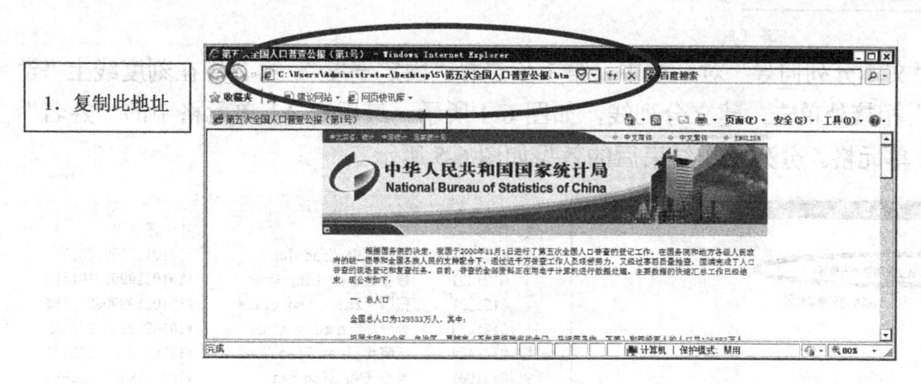

图 6-1　浏览素材网页

图 6-2　导入外部网页中的数据

（2）从文本文件导入外部数据

新建一个工作表，将其重命名为"学生档案"。将以制表符分隔的文本文件"学生档案.txt"自 A1 单元格开始导入到工作表"学生档案"中，注意不得改变原始数据的排列顺序。

【提示】选中"学生档案"工作表的 A1 单元格，单击"数据"→"获取外部数据"→"自文本"按钮。在"导入文本文件"对话框中，选择素材文件夹中的"学生档案.txt"，单击"导入"按钮。在出现的"文本导入向导"对话框中，第 1 步选择"分隔符号"。第 2 步选择"Tab 键"，对话框下方即可预览导入后的效果。第 3 步先选中"身份证号码"列，然后将列数据格式由"常规"修改为"文本"，如图 6-3 所示。单击"完成"按钮，在弹出的"导入数据"对话框中直接单击"确定"按钮退出。

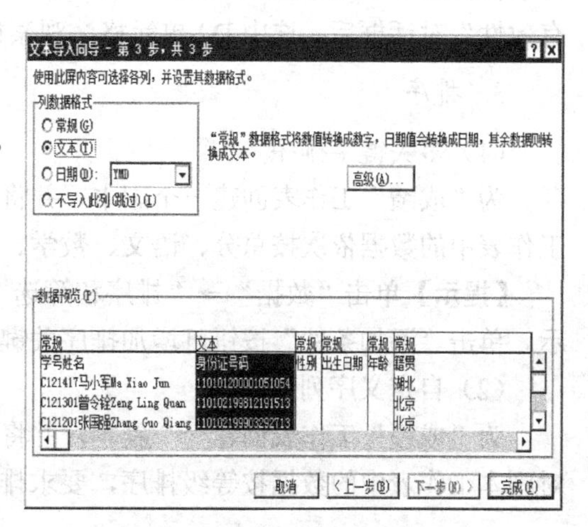

图 6-3　导入外部网页中的数据

2. 常用数据工具的使用

（1）数据分列

在"学生档案"工作表中，将第一列数据从左到右分成"学号"和"姓名"两列显示。

【提示】在"身份证号码"列（B 列）前插入一个空列，以容纳分列后多出来的姓名列。选中第一列，单击"数据"→"数据工具"→"分列”按钮。在“文本分列向导”对话框中，第 1 步选择“固定宽度”，第 2 步在刻度线上“学号”和“姓名”相接处单击，建立分列线，如图 6-4 所示。最后把 A1 单元格中的“姓名”两字剪切到 A2 单元格。分列操作结束后的效果如图 6-5 所示。

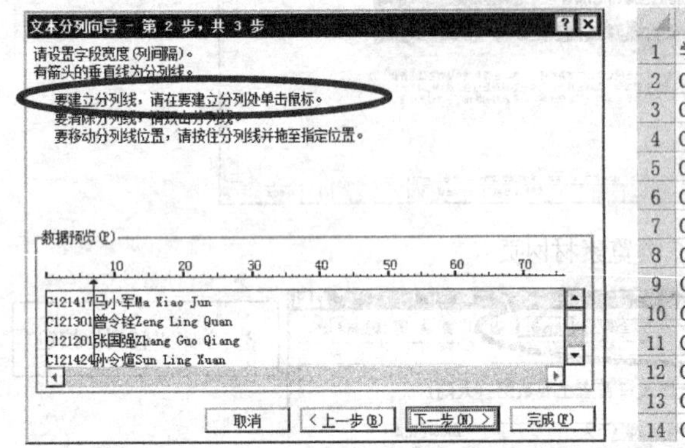

图 6-4 建立分列线，分开学号和姓名

	A	B	C
1	学号	姓名	身份证号码
2	C121417	马小军Ma Xiao Jun	110101200001051054
3	C121301	曾令铨Zeng Ling Quan	110102199812191513
4	C121201	张国强Zhang Guo Qiang	110102199903292713
5	C121424	孙令煊Sun Ling Xuan	110102199904271532
6	C121404	江晓勇Jiang Xiao Yong	110102199905240451
7	C121001	吴小飞Wu Xiao Fei	110102199905281913
8	C121422	姚南Yao Nan	110103199903040920
9	C121425	杜学江Du Xue Jiang	110103199903270623
10	C121401	宋子丹Song Zi Dan	110103199904290936
11	C121439	吕文伟Lue Wen Wei	110103199908171548
12	C120802	符坚Fu Jian	110104199810261737
13	C121411	张杰Zhang Jie	110104199903051216
14	C120901	谢如雪Xie Ru Xue	110105199807142140

图 6-5 分列后的结果

（2）删除重复列

复制“学生档案”工作表的最后 3 行到本工作表的 A57 单元格开始区域，这样就多出来 3 行重复数据。

【提示】单击“数据”→“数据工具”→“删除重复项”按钮，按照图 6-6 所示进行设置，单击“确定”按钮，即可删除重复的 3 行数据。当表中的数据量较大时，这是一种删除某些列上出现重复值的高效方法。

（3）数据有效性

为“学生档案”工作表的“身份证号码”列（C 列）设置数据有效性：要求身份证号码长度为 18 位；为性别列（D 列）设置数据有效性：要求只能在“男”或“女”中取值。

【提示】选中“身份证号码”列（C 列），单击“数据”→“数据工具”→“数据有效性”按钮，在弹出的下拉菜单中选择“数据有效性”，并按图 6-7 所示进行设置。性别列的数据有效性按图 6-8 进行设置，注意“男”和“女”中间的逗号必须使用西文字符。关闭“数据有效性”对话框后，选中 D2 单元格，观察如何输入性别。

3．排序

（1）多关键字排序

为“成绩”工作表创建一个副本，并将副本工作表重命名为“成绩-排序”。然后对副本工作表中的数据依次按总分、语文、数学、英语降序排序。

【提示】单击“数据”→“排序和筛选”→“排序”按钮，排序关键字设置如图 6-9 所示。单击“添加条件”按钮可增加排序关键字。

（2）自定义序列排序

为“成绩”工作表创建一个副本，并将副本工作表重命名为“成绩-按等级排序”。然后对副本工作表中的数据按等级排序，要求排序顺序为“优、良、中、差”。

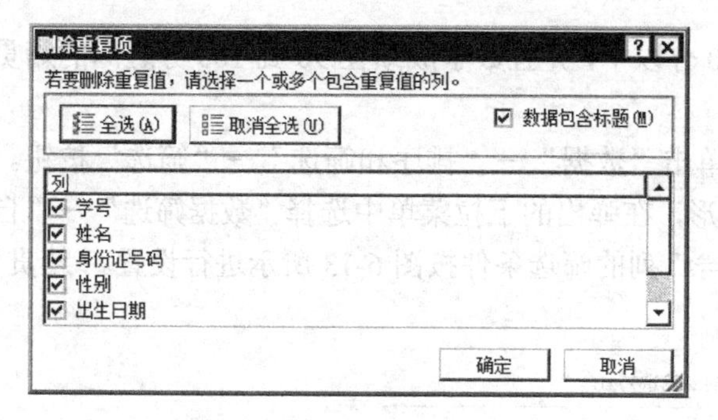

图 6-6 删除重复列

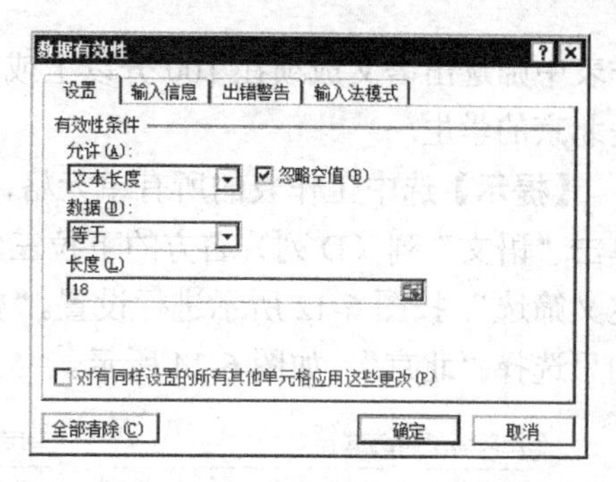

图 6-7 设置身份证长度为 18 位

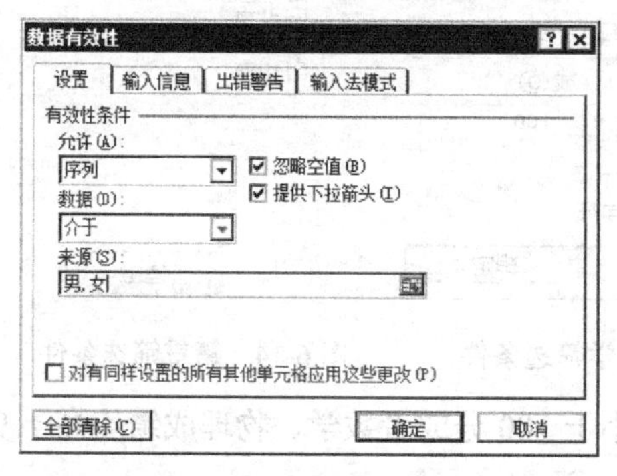

图 6-8 设置性别只能为“男”或“女”

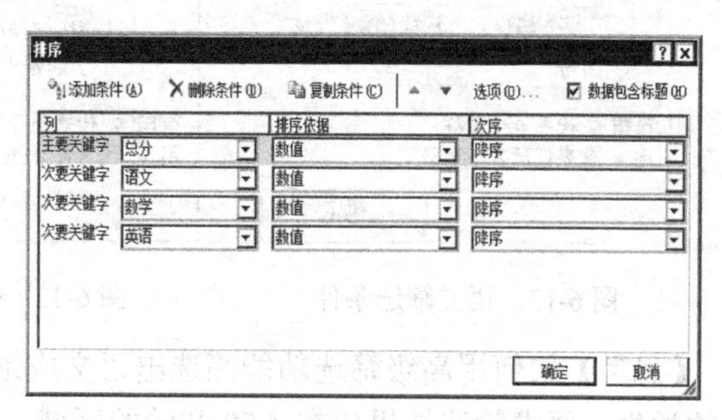

图 6-9 设置成绩排序关键字

【提示】“优、良、中、差”不是按照系统默认的汉字拼音首字母顺序排列的，必须使用自定义序列进行排列。

选中“成绩-按等级排序”工作表的所有单元格，单击“数据”→“排序和筛选”→“排序”按钮，在“排序”对话框中，将主要关键字选择为“等级”，将次序选择“自定义序列”。在弹出的“自定义序列”对话框中，左栏单击“新序列”，右栏的“输入序列”文本框中依次输入“优、良、中、差”，每个汉字占一行，按 Enter 键换行，并单击右侧的“添加”按钮，如图 6-10 所示。然后在“自定义序列”对话框的左栏选中自定义好的序列“优、良、中、差”，并单击“确定”按钮返回“排序”对话框，如图 6-11 所示。最后单击“排序”对话框中的“确定”按钮，完成排序。

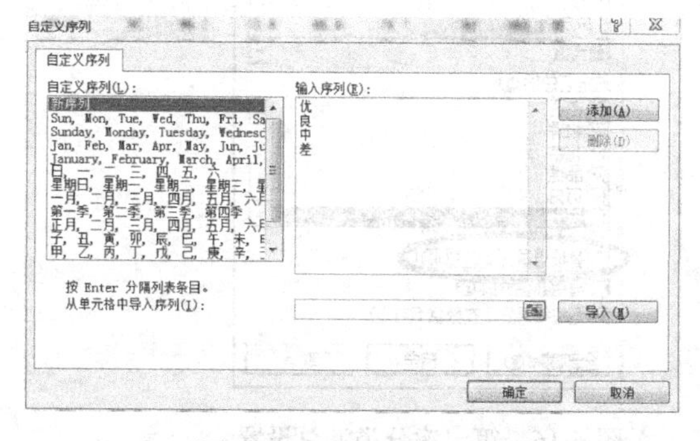

图 6-10 添加自定义序列

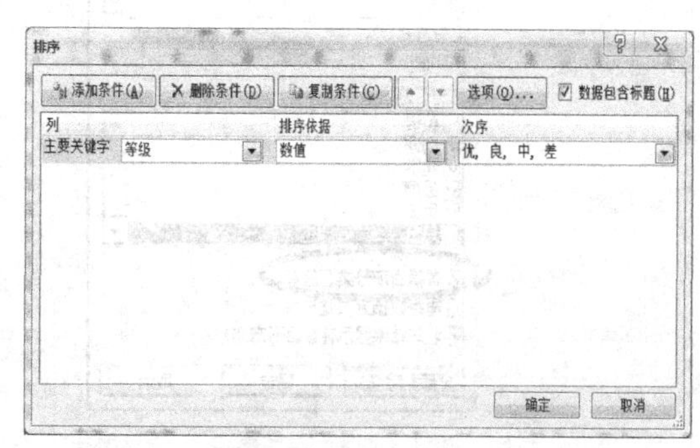

图 6-11 使用自定义序列

4. 筛选

为“成绩”工作表创建一个副本，并将副本工作表重命名为“成绩-筛选”，要求在该工作表中筛选出语文成绩在100分以上或90分以下，并且数学成绩在90到100分之间的籍贯是北京的学生。

【提示】选中工作表的所有单元格，单击“数据”→“排序和筛选”→“筛选”按钮。单击“语文”列（D列）右方的下拉三角形，在弹出的下拉菜单中选择“数据筛选”→“自定义筛选”，按图6-12所示进行设置。“数学”列的筛选条件按图6-13所示进行设置。“籍贯”列只选择“北京”，如图6-14所示。

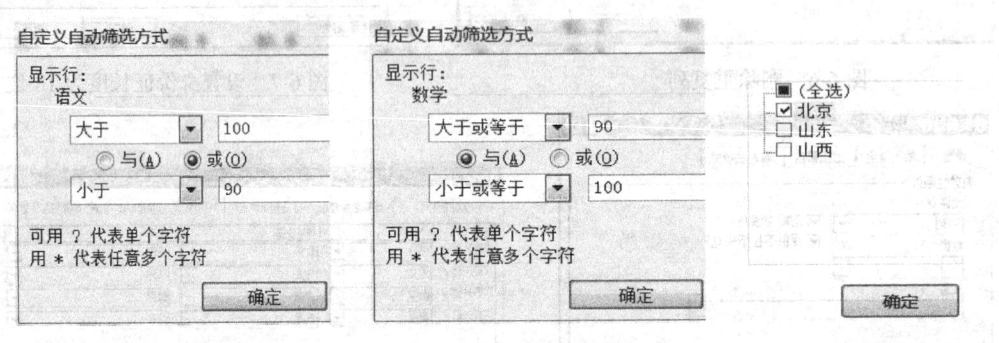

图6-12 语文筛选条件　　图6-13 数学筛选条件　　图6-14 籍贯筛选条件

【思考】如何用高级筛选功能筛选出语文成绩小于100分或者数学、物理成绩均高于90分的学生，要求筛选结果放在A50开始的区域。

5. 分类汇总

为“成绩”工作表创建一个副本，并将副本工作表重命名为“成绩-分类汇总”，要求按籍贯统计出不同籍贯各门课程的平均分、最高分和最低分，汇总结果保留2位小数。

【提示】选中“成绩-分类汇总”工作表的所有单元格，先按照籍贯进行排序。然后单击“数据”→“分级显示”→“分类汇总”按钮，按图6-15所示进行设置。分别对“汇总方式”选取“最大值”和“最小值”，再进行两次分类汇总操作，注意这两次汇总要取消“替换当前分类汇总”复选框，如图6-16所示。最终结果见样张。

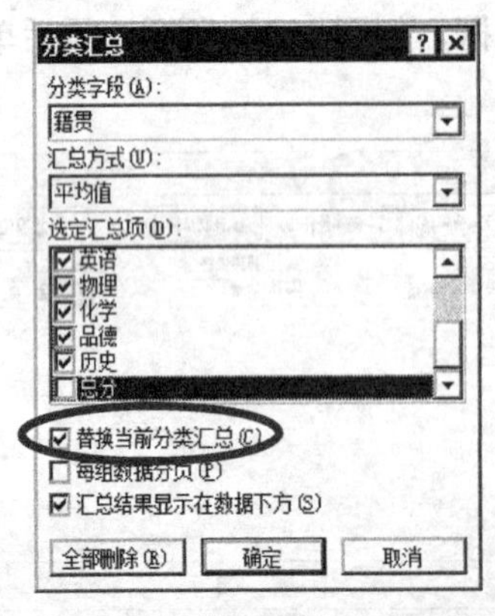

图6-15 第一次分类汇总设置

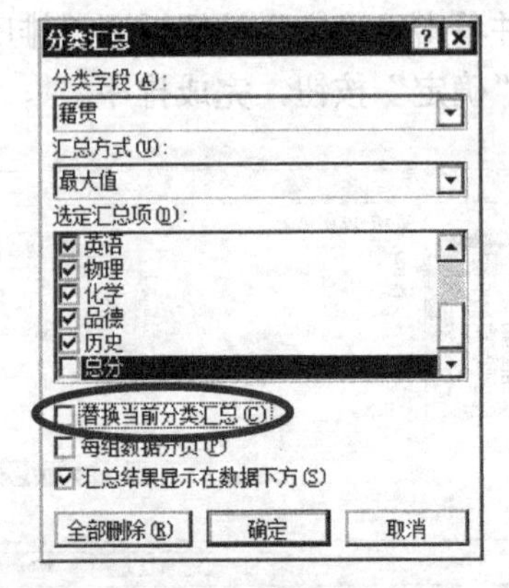

图6-16 第二次分类汇总设置

6. 数据图表化

在工作表“月统计表”的G3:M25区域中，插入与“销售经理成交金额按月统计表”数据对应的二维“堆积柱形图”，横坐标为销售经理，纵坐标为金额，并按照图 6-17 所示设置图表的标题、坐标轴标题、图例位置、网格线样式、数据标签、垂直轴的最大值及刻度单位（图表中出现文字的字体、字号和文字颜色不作要求）。

【提示】选中“月统计表”工作表的 A2:D5 单元格，单击“插入”→“图表”→“柱形图”，在弹出的下拉菜单中选择“二维柱形图”所在行的“堆积柱形图”。单击“图表工具”的“布局”选项卡，进行标题、图例、网格线和数据标签的设置。选中图表的垂直轴区域，单击鼠标右键，在弹出的快捷菜单中选择“设置坐标轴格式”，按图 6-18 所示设置最大值和刻度单位。最后移动图表并调节其大小，放到 G3:M25 区域。

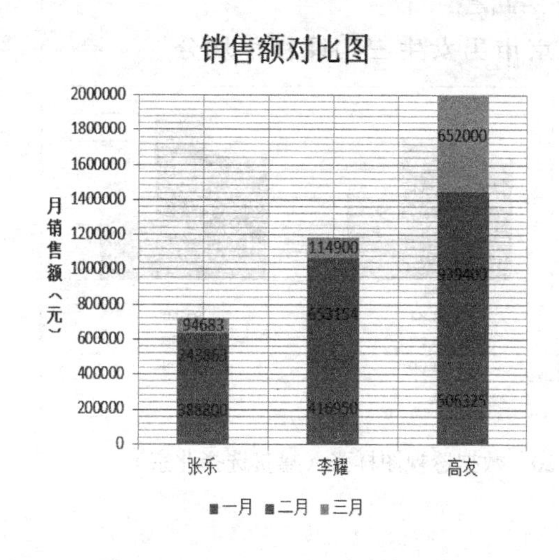

图 6-17 堆积柱形图样张

图 6-18 “设置坐标轴格式”对话框

7. *建立数据透视表和数据透视图*

数据透视表结合了排序、筛选、分类汇总等多种数据分析方法的优点，可从不同角度查看和分析数据，是一种方便、快捷的交互式工具。与普通图表类似，数据透视图以图形化方式呈现数据透视表中的汇总数据，可以更直观地对数据进行比较，进而反映趋势变化。

（1）数据透视表

为“成绩”工作表创建一个副本，并将副本工作表重命名为“成绩-透视表”，根据“成绩-透视表”中的数据建立一个数据透视表，统计出不同籍贯男女生的语文、数学和英语三门课程的平均分，放在同一工作表中 A50 起始的单元格区域，统计结果保留 2 位小数。

【提示】选中“成绩-透视表”工作表中的 A1:M45 单元格，单击“插入”→“表格”→“数据透视表”，在弹出的下拉列表中选择“数据透视表”，如图 6-19 所示，将“性别”拖动到轴字段，将“籍贯”拖动到报表筛选，“语文”“数学”和“英语”分别拖动到“数值”下方的空白区域，并修改汇总方式为“平均值”。

（2）数据透视图

根据数据透视表中的数据，绘制出相应的二维簇状柱形数据透视图，要求如下：只显示出北京市的数据，图表布局选择“布局 5”，图表样式选择“样式 26”，图表标题修改为“北京市男女生三门课程平均分”，数据标签显示在图形上方，并放置在 G50:N70 区域。

【提示】选中数据透视表中的任一单元格，单击“数据透视表工具”→“选项”中“工具”功能区的“数据透视图”按钮，选择相应的图表类型，并进行布局、样式、标题和数据标签的设置。最终的数据透视图如图 6-20 所示。

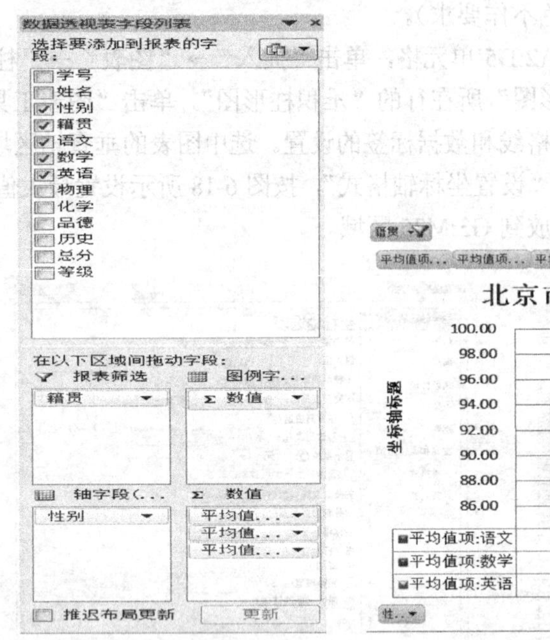

图 6-19 数据透视表设置

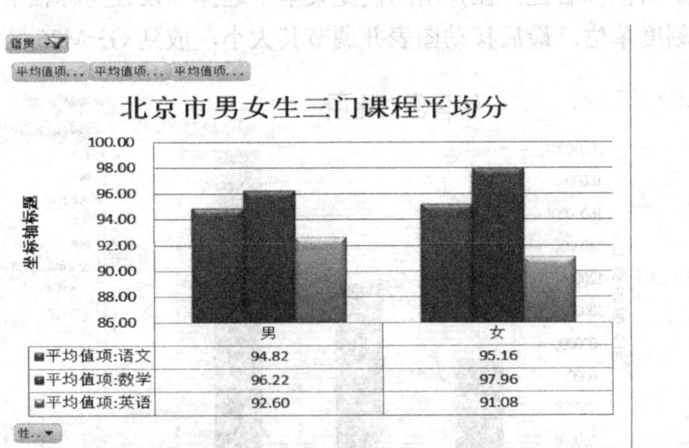

图 6-20 数据透视图样张（籍贯选择北京）

三、样张

“普查数据”工作表样张片段如图 6-21 所示。
“学生档案”工作表样张片段如图 6-22 所示。
“成绩-排序”工作表样张片段如图 6-23 所示。
“成绩-按等级排序”工作表样张片段如图 6-24 所示。
“成绩-筛选”工作表样张片段如图 6-25 所示。
“成绩-分类汇总”工作表样张片段如图 6-26 所示。
“成绩-数据透视表”工作表样张片段如图 6-27 所示。
“月统计表”工作表样张片段如图 6-28 所示。

A1 fx 地区

	A	B	C
1	地区	2000年人	2000年比重
2	安徽省	5986	4.73%
3	北京市	1382	1.09%
4	福建省	3471	2.74%
5	甘肃省	2562	2.02%
6	广东省	8642	6.83%
7	广西壮族	4489	3.55%
8	贵州省	3525	2.78%
9	海南省	787	0.62%
10	河北省	6744	5.33%

图 6-21 “普查数据”工作表样张片段

A2 fx C121417

	A	B	C	D	E	F	G
1	学号	姓名	身份证号码	性别	出生日期	年龄	籍贯
2	C121417	马小军Ma Xiao Jun	110101200001051054				湖北
3	C121301	曾令铨Zeng Ling Quan	110102199812191513				北京
4	C121201	张国强Zhang Guo Qiang	110102199903292713				北京
5	C121424	孙令煊Sun Ling Xuan	110102199904271532				北京
6	C121404	江晓勇Jiang Xiao Yong	110102199905240451				山西
7	C121001	吴小飞Wu Xiao Fei	110102199905281913				北京
8	C121422	姚南Yao Nan	110103199903040920				北京
9	C121425	杜学江Du Xue Jiang	110103199903270623				北京
10	C121401	宋子丹Song Zi Dan	110103199904290936				北京
11	C121439	吕文伟Lue Wen Wei	110103199908171548				湖南
12	C120802	符坚Fu Jian	110104199810261737				山西
13	C121411	张杰Zhang Jie	110104199903051216				北京
14	C120901	谢如雪Xie Ru Xue	110105199807142140				北京
15	C121440	方天宇Fang Tian Yu	110105199810054517				河北
16	C121413	莫一明Mo Yi Ming	110105199810212519				北京

图 6-22 “学生档案”工作表样张片段

A2 fx C121419

	A	B	C	D	E	F	G	H	I	J	K
1	学号	姓名	籍贯	语文	数学	英语	物理	化学	品德	历史	总分
2	C121419	刘小红	北京	99.3	108.9	91.4	97.6	91	91.9	85.3	665.4
3	C121428	陈万地	河北	104.5	114.2	92.3	92.6	74.5	95	90.9	664
4	C121402	郑菁华	北京	98.3	112.2	88	96.6	78.6	90	93.2	656.9
5	C121407	甄士隐	山西	107.9	95.9	90.9	95.6	89.6	90.5	84.4	654.8
6	C121422	姚南	北京	101.3	91.2	89	95.1	90.1	94.5	91.8	653
7	C121435	倪冬声	北京	90.9	105.8	94.1	81.2	87	93.7	93.5	646.2
8	C121442	习志敏	北京	92.5	101.8	98.2	90.2	73	93.6	94.6	643.9
9	C121411	张杰	北京	92.4	104.3	91.8	94.1	75.3	89.3	94	641.2
10	C121405	齐小娟	北京	98.7	108.8	87.9	96.7	75.8	78	88.3	634.2
11	C121404	江晓勇	山西	86.4	94.8	94.7	93.5	84.5	93.6	86.6	634.1
12	C121437	康秋林	河北	84.8	105.5	89	92.2	82.6	83.9	92.5	630.5
13	C121438	钱飞虎	北京	85.5	97.2	84.5	96.7	81.1	88.7	94.3	628
14	C121406	孙如红	北京	91	105	94	75.9	77.9	94.1	88.4	626.3
15	C121413	莫一明	北京	98.7	91.9	91.2	78.8	81.6	94	88.9	625.1
16	C121439	吕文伟	湖南	83.8	104.6	92.7	90.4	78.3	84.5	90.7	625
17	C121403	张雄杰	北京	90.4	103.6	95.3	93.8	72.3	94.6	74.2	624.2
18	C121432	孙玉敏	山东	86	98.9	96.4	89.1	73.1	93.9	84.6	622
19	C121424	孙令煊	北京	95.6	100.5	94.5	87.9	67.5	82.8	93.1	621.9
20	C121430	刘小锋	山西	89.3	106.4	94.4	83.9	79.8	91.2	76.5	621.5

图 6-23 “成绩-排序”工作表样张片段

N26 fx

	A	B	C	D	E	F	G	H	I	J	K	L
1	学号	姓名	籍贯	语文	数学	英语	物理	化学	品德	历史	总分	等级
2	C121402	郑菁华	北京	98.3	112.2	88	96.6	78.6	90	93.2	656.9	优
3	C121407	甄士隐	山西	107.9	95.9	90.9	95.6	89.6	90.5	84.4	654.8	优
4	C121419	刘小红	北京	99.3	108.9	91.4	97.6	91	91.9	85.3	665.4	优
5	C121422	姚南	北京	101.3	91.2	89	95.1	90.1	94.5	91.8	653	优
6	C121428	陈万地	河北	104.5	114.2	92.3	92.6	74.5	95	90.9	664	优
7	C121403	张雄杰	北京	90.4	103.6	95.3	93.8	72.3	94.6	74.2	624.2	良
8	C121404	江晓勇	山西	86.4	94.8	94.7	93.5	84.5	93.6	86.6	634.1	良
9	C121405	齐小娟	北京	98.7	108.8	87.9	96.7	75.8	78	88.3	634.2	良
10	C121406	孙如红	北京	91	105	94	75.9	77.9	94.1	88.4	626.3	良
11	C121411	张杰	北京	92.4	104.3	91.8	94.1	75.3	89.3	94	641.2	良
12	C121413	莫一明	北京	98.7	91.9	91.2	78.8	81.6	94	88.9	625.1	良
13	C121424	孙令煊	北京	95.6	100.5	94.5	87.9	67.5	82.8	93.1	621.9	良
14	C121426	齐飞扬	天津	99	109.4	85.4	88.7	68.3	89.1	80.9	620.8	良
15	C121430	刘小锋	山西	89.3	106.4	94.4	83.9	79.8	91.2	76.5	621.5	良
16	C121432	孙玉敏	山东	86	98.9	96.4	89.1	73.1	93.9	84.6	622	良
17	C121435	倪冬声	北京	90.9	105.8	94.1	81.2	87	93.7	93.5	646.2	良
18	C121437	康秋林	河北	84.8	105.5	89	92.2	82.6	83.9	92.5	630.5	良
19	C121438	钱飞虎	北京	85.5	97.2	84.5	96.7	81.1	88.7	94.3	628	良
20	C121439	吕文伟	湖南	83.8	104.6	92.7	90.4	78.3	84.5	90.7	625	良

图 6-24 “成绩-按等级排序”工作表样张片段

A5 fx C121404

	A	B	C	D	E	F	G	H	I	J	K	L
1	学号	姓名	籍贯	语文	数学	英语	物理	化学	品德	历史	总分	等级
5	C121404	江晓勇	山西	86.4	94.8	94.7	93.5	84.5	93.6	86.6	634.1	良
8	C121407	甄士隐	山西	107.9	95.9	90.9	95.6	89.6	90.5	84.4	654.8	优
9	C121408	周梦飞	北京	80.8	92	96.2	73.6	68.9	78.7	93	583.2	差
23	C121422	姚南	北京	101.3	91.2	89	95.1	90.1	94.5	91.8	653	优
26	C121425	杜学江	北京	84.8	98.7	82.1	90.6	86.7	80.5	65.1	588.5	差
33	C121432	孙玉敏	山东	86	98.9	96.4	89.1	73.1	93.9	84.6	622	良
39	C121438	钱飞虎	北京	85.5	97.2	84.5	96.7	81.1	88.7	94.3	628	良

图 6-25 “成绩-筛选”工作表样张片段

K81 fx

	A	B	C	D	E	F	G	H	I	J
1	学号	姓名	籍贯	语文	数学	英语	物理	化学	品德	历史
29			**北京 最小值**	80.80	78.40	82.10	73.60	61.60	75.50	65.10
30			**北京 最大值**	105.70	112.20	98.70	97.60	91.00	96.10	95.70
31			**北京 平均值**	94.99	97.13	91.81	89.28	75.54	86.57	84.40
35			**河北 最小值**	84.80	101.80	89.00	76.90	74.50	80.20	81.10
36			**河北 最大值**	104.50	114.20	92.30	92.60	85.50	95.00	92.50
37			**河北 平均值**	93.67	107.17	90.73	87.23	80.87	86.37	88.17
39			**河南 最小值**	93.30	83.20	93.50	78.30	67.60	77.20	79.60
40			**河南 最大值**	93.30	83.20	93.50	78.30	67.60	77.20	79.60
41			**河南 平均值**	93.30	83.20	93.50	78.30	67.60	77.20	79.60
44			**湖北 最小值**	75.60	81.80	78.20	74.70	71.50	81.80	67.30
45			**湖北 最大值**	85.00	113.60	96.00	76.10	83.30	89.00	68.60
46			**湖北 平均值**	80.30	97.70	87.10	75.40	77.40	85.40	67.95
49			**湖南 最小值**	78.50	104.60	92.70	78.60	78.30	84.50	64.20
50			**湖南 最大值**	83.80	111.40	96.30	90.40	81.60	90.90	90.70
51			**湖南 平均值**	81.15	108.00	94.50	84.50	79.95	87.70	77.45
53			**吉林 最小值**	89.60	85.50	91.30	90.70	66.40	96.50	80.20
54			**吉林 最大值**	89.60	85.50	91.30	90.70	66.40	96.50	80.20
55			**吉林 平均值**	89.60	85.50	91.30	90.70	66.40	96.50	80.20
58			**山东 最小值**	86.00	80.10	77.90	76.90	73.10	75.60	67.10

图 6-26 “成绩-分类汇总”工作表样张片段

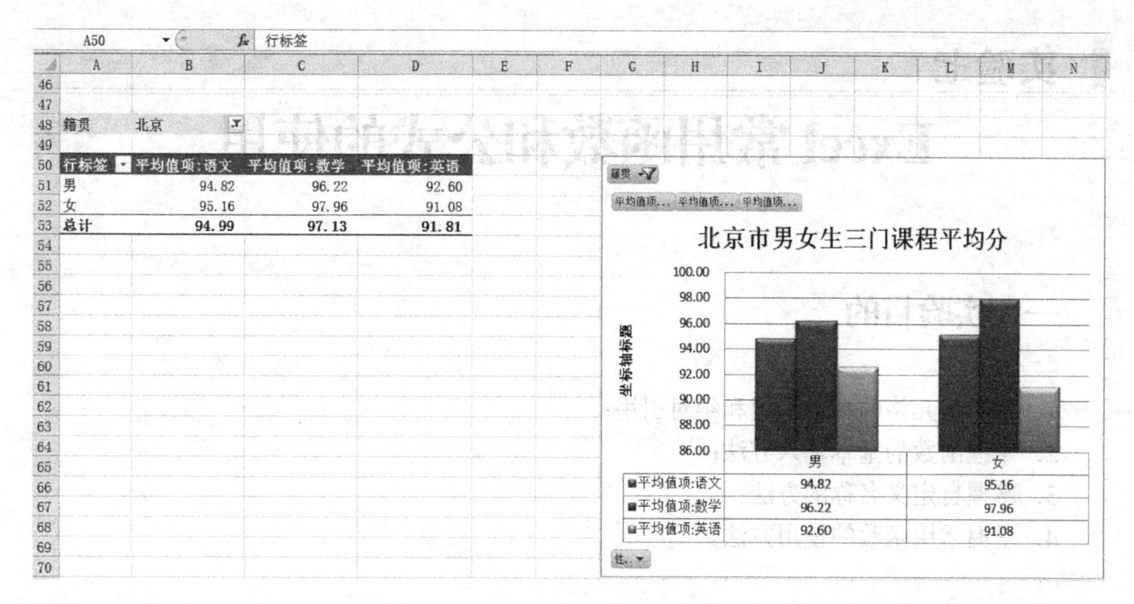

图 6-27 “成绩-数据透视表”工作表样张片段

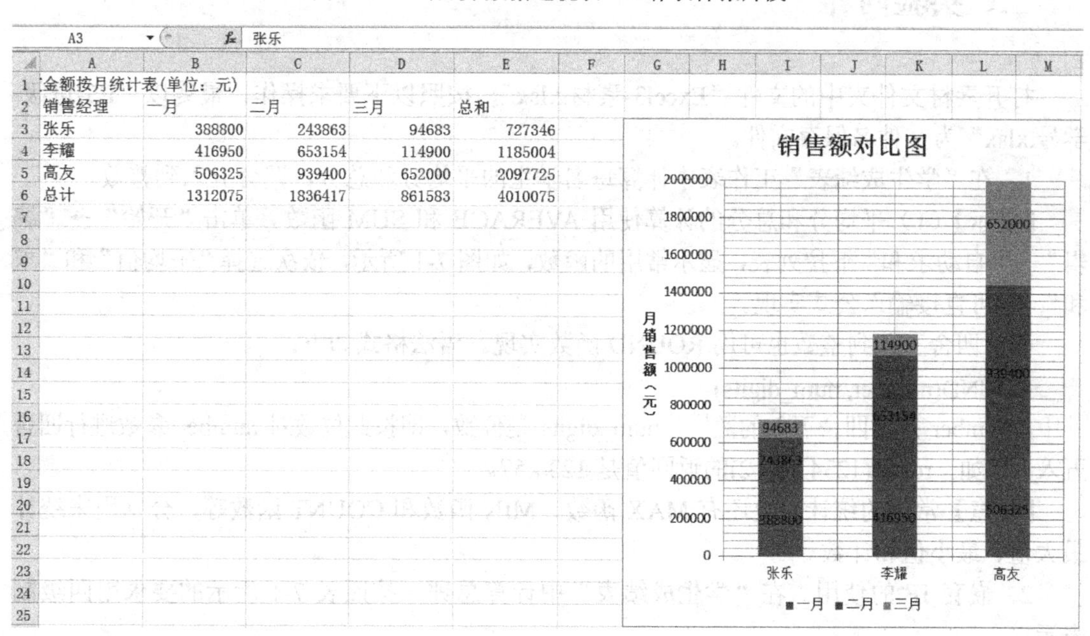

图 6-28 “月统计表”工作表样张片段

实验七

Excel 常用函数和公式的使用

一、实验目的

1．掌握单元格的相对引用和绝对引用；
2．掌握函数的基本输入方法；
3．掌握自定义名称的方法；
4．掌握常用函数的使用方法。

二、实验内容

打开素材文件夹中的文件“Excel3-素材.xlsx”，按照以下要求操作，最终以“E3-班级-学号.xlsx”为文件名保存文件。

1．在“学生成绩表”工作表中计算每名学生的平均分和总分，四舍五入到整数。

【提示】（1）平均分和总分的计算使用 AVERAGE 和 SUM 函数。单击“开始”→“编辑”→“自动求和”下拉列表，显示常用的函数，如图 7-1 所示，依次选择“平均值”和“求和”；也可直接输入公式实现。

（2）四舍五入到整数也可用 ROUND 函数实现。语法格式如下：

ROUND(number, num_digits)

其中，number 是要四舍五入的数字；num_digits 是位数，即按此位数对 number 参数进行四舍五入。例如，round(1234.567, 2)的返回值是 1234.57。

【注意】常用的统计函数还有 MAX 函数、MIN 函数和 COUNT 函数等，分别用来统计最大值、最小值和计数。

2．嵌套 IF 的使用。在“学生成绩表”中计算总评，按照表 7-1 所示的要求用四级制表示。

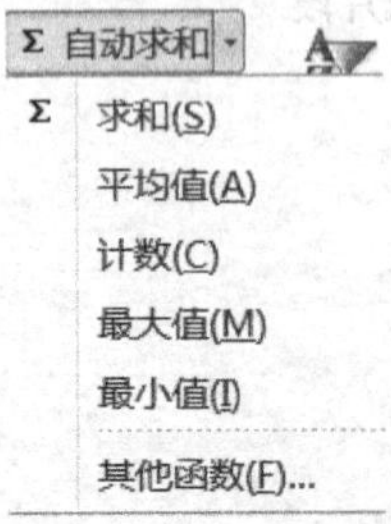

Σ 自动求和
Σ 求和(S)
平均值(A)
计数(C)
最大值(M)
最小值(I)
其他函数(F)...

图 7-1 “自动求和”下拉列表

表 7-1 总分与总评对照表

总分	总评
大于等于 520 分	优秀
大于等于 500 分且小于 520 分	良好
大于等于 470 分且小于 500 分	中等
小于 470 分	差

【提示】在 M3 单元格中输入公式“=IF(L3>520, "优秀", IF(L3>500, "良好", IF(L3>470, "中等", "差")))”，输入完成后按 Enter 键。M4:M48 单元格区域用填充句柄自动填充，如图 7-2 所示。

M3 =IF(L3>520,"优秀",IF(L3>500,"良好",IF(L3>470,"中等","差")))

2017级法律专业学生期末成绩分析表

班级	学号	姓名	性别	英语	体育	计算机	法制史	刑法	民法	平均分	总分	总评
	1201002			68.5	88.7	78.6	93.6	87.3	82.5	83	499	中等
	1201009			76.6	88.7	72.3	85.6	71.8	80.4	79	475	

图 7-2　用嵌套 IF 函数计算总评

3. 在“学生成绩表”工作表中按总分从高到低的顺序计算总分排名，例如总分最高者显示为“第 1 名”。

【提示】(1) 计算总分排名。

对第一个学生，总分放在 L3 单元格，名次结果放在 N3 单元格。所有学生的成绩放在 L3:L48 单元格区域中。通过 RANK 函数来实现排名，在 N3 单元格中输入公式“RANK(L3, $L$3:$L$48)”。排序范围一定要使用绝对地址，按 F4 键可将相对地址转换为绝对地址。其余学生的排名用填充句柄实现。

(2) 在排名前后加上汉字“第”和“名”。

Excel 中的“&”是连接符，用于将不同的内容连接在一起。若连接的是文本，则必须加双引号。RANK 函数的返回值是阿拉伯数字，只需在数字前加上“第”，在数字后加上“名”。因此，将 N3 单元格的公式修改为“= "第" &RANK(L3, $L$3:$L$48) & "名"”，如图 7-3 所示。

N3 ="第"&RANK(L3,$L$3:$L$48)&"名"

2017级法律专业学生期末成绩分析表

班级	学号	姓名	性别	英语	体育	计算机	法制史	刑法	民法	平均分	总分	总评	总分排名
律一班	1201002	陈家洛	0	68.5	88.7	78.6	93.6	87.3	82.5	83	499	中等	第17名
律一班	1201009	陈万地	0	76.6	88.7	72.3	85.6	71.8	80.4	79	475	中等	第38名

图 7-3　用 RANK 函数计算排名

【思考】如果总分排名的显示格式是“第一名”而不是“第 1 名”，该如何修改公式？

4. 在“学生成绩表”中，利用公式，根据学生的学号，将其班级的名称填入“班级”列，规则为：学号的第三位为专业代码，第四位代表班级序号，即 01 为“法律一班”，02 为“法律二班”，03 为“法律三班”，04 为“法律四班”。

【提示】(1) 方法一：使用 LOOKUP 函数。

在 A3 单元格中输入公式“=LOOKUP(MID(B3, 3, 2), {"01", "02", "03", "04"}, {"法律一班", "法律二班", "法律三班", "法律四班"})”，如图 7-4 所示。输入完毕后，按回车键。其余单元格使用填充句柄。

A3 =LOOKUP(MID(B3,3,2),{"01","02","03","04"},{"法律一班","法律二班","法律三班","法律四班"})

2017级法律专业学生期末成绩分析表

班级	学号	姓名	性别	英语	体育	计算机	法制史	刑法	民法	平均分	总分
法律一班	1201002	陈家洛	0	68.5	88.7	78.6	93.6	87.3	82.5	83	499

图 7-4　LOOKUP 函数使用示例

【注意】此处 LOOKUP 函数采用数组形式在数组的第一行或第一列查找指定的数值，然后返回数组的最后一行或最后一列中相同位置的数值。MID 函数表示从一个文本字符串的指定位置开始，截取指定数目的字符。

（2）方法二：使用 TEXT 函数。

班级的数目较多时，用 LOOKUP 的写法就比较烦琐，这时可用 TEXT 函数将阿拉伯数字直接转换为大写的汉字形式。在 A3 单元格内输入公式“="法律"&TEXT(MID(B3, 3, 2), "[DBNum1]") & "班"”，如图 7-5 所示。

A3 =″法律″&TEXT(MID(B3, 3, 2),″[DBNum1]″)&″班″

A	B	C	D	E	F	G
2017级法律专业学						
班级	学号	姓名	性别	英语	体育	计算机
法律一班	1201002	陈家洛	0	68.5	88.7	78.6

图 7-5　TEXT 函数使用示例

其中 TEXT 函数的第二个参数是格式化信息，其他常用的格式化参数如图 7-6 所示。

format_toxt（单元格格式）	说明
G/通用格式	常规格式
"000.0"	小数点前面不够三位以0补齐，保留1位小数，不足一位以0补齐
####	没用的0一律不显示
00.##	小数点前不足两位以0补齐，保留两位，不足
正数；负数；零	大于0，显示为“正数” 等于0，显示为“零” 小于0，显示为“负数”
0000-00-00 0000年00月00日	按所示形式表示日期
aaaa	显示为中文星期几全称
aaa	显示为中文星期几简称
dddd	显示为英文星期几全称
0.00,K	以千为单位
#1.0000万元	以万元为单位，保留4位小数
#1.0,万元	以万元为单位，保留1位小数

图 7-6　TEXT 函数中常用的格式化参数

5．在“学生信息表”工作表中，利用公式及函数输入每名学生的性别。身份证号的倒数第 2 位用于判断性别，奇数为男性，偶数为女性。

【提示】在“学生信息表”工作表的 D2 单元格中输入公式“=IF(MOD(MID(C2, 17, 1), 2)=1, "男","女")”，如图 7-7 所示。其中 MID 函数的功能是取出身份证号的倒数第二位；MOD 函数的功能是判断能否被 2 整除，返回值=1 表示不能整除，是奇数；最后通过 IF 函数返回性别“男”或“女”。

D2 =IF(MOD(MID(C2, 17, 1), 2)=1, ″男″, ″女″)

A	B	C	D	E	F
学号	姓名	身份证号码	性别	出生日期	年龄
1204025	曾令铨	110101200001051054	男	2000年01月05日	18
1201001	白宏伟	110102199812191513	男	1998年12月19日	19
1201024	侯登科	110102199903292713	男	1999年03月29日	18

图 7-7　MOD 函数使用示例

【思考】判断奇偶也可使用 ISODD 函数，同学们可以自己试验一下。

6．在“学生信息表”工作表中，利用公式及函数输入每名学生的出生日期，格式为“××××年××月××日”。身份证号的第 7～14 位代表出生年月日。

【提示】（1）方法一：使用连接符“&”。

在“学生信息表”工作表的 E2 单元格中输入公式“=MID(C2, 7, 4) & "年" & MID(C2, 11, 2) & "月" & MID(C2, 13, 2) & "日"”，如图 7-8 所示。

E2 =MID(C2,7,4)&"年"&MID(C2,11,2)&"月"&MID(C2,13,2)&"日"

A	B	C	D	E	F
学号	姓名	身份证号码	性别	出生日期	年龄
1204025	曾令铨	110101200001051054	男	2000年01月05日	18
1201001	白宏伟	110102199812191513	男	1998年12月19日	19
1201024	侯登科	110102199903292713	男	1999年03月29日	18

图 7-8 连接符“&”使用示例

（2）方法二：使用 TEXT 函数。

在“学生信息表”工作表的 E2 单元格中输入公式“=TEXT(MID(C3, 7, 8), "0000 年 00 月 00 日")”，如图 7-9 所示。其中“0000 年 00 月 00 日”就是格式化参数，更多的参数请参看图 7-6。

E2 =TEXT(MID(C2,7,8),"0000年00月00日")

A	B	C	D	E
学号	姓名	身份证号码	性别	出生日期
1204025	曾令铨	110101200001051054	男	2000年01月05日
1201001	白宏伟	110102199812191513	男	1998年12月19日
1201024	侯登科	110102199903292713	男	1999年03月29日

图 7-9 TEXT 函数显示不同日期格式

7．在“学生信息表”工作表中，利用公式及函数输入每名学生的年龄。年龄需要按周岁计算，满一年才计 1 岁，每月按 30 天计算，一年按 360 天计算。

【提示】在“学生信息表”工作表的 F2 单元格中输入公式“=ROUNDDOWN(DAYS360(E2, TODAY())/360, 0)”，如图 7-10 所示。其中 DAYS360 按照一年 360 天的算法计算两个日期相差的天数。ROUNDDOWN 函数表示向下取整。向上取整的函数是 ROUNDUP。

F2 =ROUNDDOWN(DAYS360(E2,TODAY())/360,0)

A	B	C	D	E	F
学号	姓名	身份证号码	性别	出生日期	年龄
1204025	曾令铨	110101200001051054	男	2000年01月05日	18
1201001	白宏伟	110102199812191513	男	1998年12月19日	19
1201024	侯登科	110102199903292713	男	1999年03月29日	18

图 7-10 ROUNDDOWN 函数使用示例

【思考】下面的两个公式也能计算年龄，它们能直接用于本题吗？

（1）“=INT((TODAY()-E2)/360)”

（2）“=INT(DATEDIF(E2, TODAY(), "d")/360)”

8．根据学号，在“学生成绩表”工作表的“姓名”列和“性别”列中，使用 VLOOKUP 函数完成姓名和性别的自动填充。“学号”和“姓名”的对应关系在“学生信息表”工作表中。

【提示】(1) 方法一：使用自定义名称来表示查找范围。

① 在“学生信息表”工作表中，选中 A2:F60 单元格区域，单击鼠标右键，在弹出的快捷菜单中选择“定义名称”，如图 7-11 所示；或在功能区中选择“公式”选项卡下的“定义名称”按钮，如图 7-12 所示。这两种方法都可以打开“新建名称”对话框。

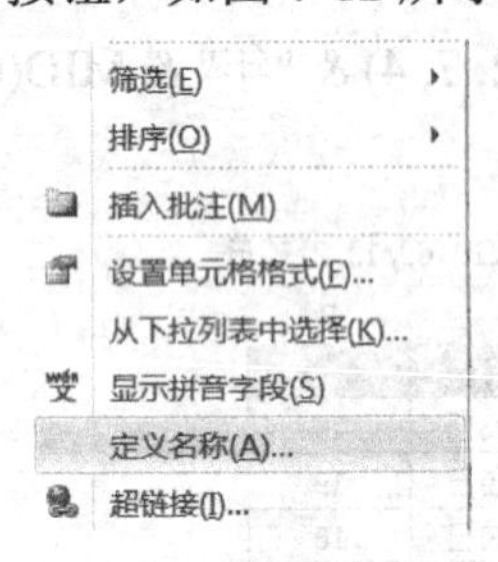

图 7-11 “定义名称”方法一

图 7-12 “定义名称”方法二

② 在“新建名称”对话框中，于“名称”文本框中输入“学号姓名对照表”，于“引用位置”文本框中输入 A2:F60 区域的绝对引用，如图 7-13 所示。名称可在工作簿的任意一个工作表中直接使用。

【注意】名称可在“公式”选项卡下“定义名称”组的“名称管理器”中进行新建、编辑、删除，也可在“名称”框中直接修改。“名称管理器”对话框如图 7-14 所示。

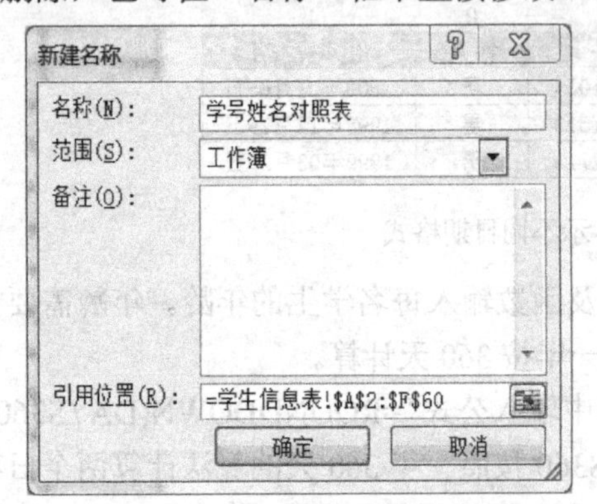

图 7-13 “新建名称”对话框

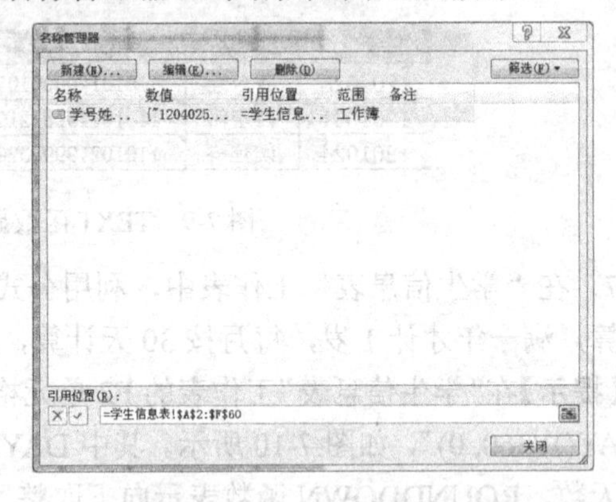

图 7-14 “名称管理器”对话框

③ 在“学生成绩表”工作表的 C3 单元格中输入公式“=VLOOKUP(B3, 学号姓名对照表, 2, FALSE)”，按回车键后，姓名会自动填充，如图 7-15 所示。其余单元格使用填充句柄实现。

性别的自动填充使用公式“=VLOOKUP(B3, 学号姓名对照表, 4, FALSE)”。

【注意】VLOOKUP 按列查找，最终返回该列所需查询列序所对应的值，此处在公式中引用了自定义的名称“学号姓名对照表”。

(2) 方法二：直接使用单元格地址来表示查找范围。

在“学生成绩表”工作表的 C3 单元格中输入公式“=VLOOKUP(B3, 学生信息表!$A$2:$F$60, 2, FALSE)”，实现姓名的自动填充。在“学生成绩表”工作表的 D3 单元格中输入公式“=VLOOKUP(B3, 学生信息表!$A$2:$F$60, 4, FALSE)”，实现性别的自动填充。

9. 在“统计表”工作表中，利用公式及函数在 B3:B6 区域计算出相应的结果，结果保留 0 位小数。

【提示】(1) 所有班级优秀人数。

在 B3 单元格中输入公式“=COUNTIF(学生成绩表!M3:M48, "优秀")”。对 M3:M48 区域中内容是“优秀”的单元格进行计数，如图 7-16 所示。

C3 =VLOOKUP(B3, 学号姓名对照表, 2, FALSE)

	A	B	C	D	E	F
1	2017级法律专业					
2	班级	学号	姓名	性别	英语	体育
3	法律一班	1201002	陈家洛	男	68.5	88.7
4	法律一班	1201009	陈万地	男	76.6	88.7
5	法律一班	1201010	杜春兰	女	82	80
6	法律一班	1201013	杜学江	男	75.4	86.2

图 7-15 VLOOKUP 函数使用示例

B3 =COUNTIF(学生成绩表!M3:M48, "优秀")

统计项目	结果值
所有班级优秀人数	4
法律二班良好男生人数	4
法律三班计算机平均分	81
法律四班男生计算机总得分	563

图 7-16 COUNTIF 函数使用示例

(2) 法律二班良好男生人数。

本小题中一共有三个条件：

① 班级是“法律二班”。

② 性别是“男”。

③ 总评是“良好”。

COUNTIF 函数只能包含一个条件，多个条件的计数可用 COUNTIFS 函数。在 B4 单元格中输入公式“=COUNTIFS(学生成绩表!M3:M48, "良好", 学生成绩表!A3:A48, "法律二班", 学生成绩表!D3:D48, "男")”，如图 7-17 所示。

B4 =COUNTIFS(学生成绩表!M3:M48, "良好", 学生成绩表!A3:A48, "法律二班", 学生成绩表!D3:D48, "男")

统计项目	结果值
所有班级优秀人数	4
法律二班良好男生人数	4
法律三班计算机平均分	81
法律四班男生计算机总得分	563

图 7-17 COUNTIFS 函数使用示例

(3) 法律三班计算机平均分。

求算术平均值的函数系列有 AVERAGE、AVERAGEA、AVERAGEIF 和 AVERAGEIFS。本小题中的“计算机”是求平均值列，“法律三班”是条件，故使用 AVERAGEIF 函数。包含多个条件时，使用 AVERAGEIFS 函数。在 B5 单元格中输入公式“=AVERAGEIF(学生成绩表!A3:A48, "法律三班", 学生成绩表!G3:G48)”，如图 7-18 所示。

B5 =AVERAGEIF(学生成绩表!A3:A48, "法律三班", 学生成绩表!G3:G48)

统计项目	结果值
所有班级优秀人数	4
法律二班良好男生人数	4
法律三班计算机平均分	81
法律四班男生计算机总得分	563

图 7-18 AVERAGEIF 函数使用示例

（4）法律四班男生计算机总得分。

求和函数系列包括 SUM、SUMIF、SUMIFS 和 SUMPRODUCT。在 B6 单元格中输入公式“=SUMIFS(学生成绩表!G3:G48, 学生成绩表!A3:A48, "法律四班", 学生成绩表!D3:D48, "男")”，如图 7-19 所示。

B6 =SUMIFS(学生成绩表!G3:G48,学生成绩表!A3:A48,"法律四班",学生成绩表!D3:D48,"男")

统计表	
统计项目	结果值
所有班级优秀人数	4
法律二班良好男生人数	4
法律三班计算机平均分	81
法律四班男生计算机总得分	563

图 7-19 SUMIFS 函数使用示例

【注意】SUMIF 只能计算满足一个条件的求和，书写方式为 SUMIF(条件区域, 条件值, 求和区域)；SUMIFS 可使用多个条件格式进行求和，书写方式为 SUMIFS(求和区域, 条件 1 区域, 条件值 1, 条件 2 区域, 条件值 2, …)，注意两个函数中求和区域位置的不同。

三、样张

“学生成绩表”样张如图 7-20 所示。

2017级法律专业学生期末成绩分析表

班级	学号	姓名	性别	英语	体育	计算机	法制史	刑法	民法	平均分	总分	总评	总分排名
法律一班	1201002	陈家洛	0	68.5	88.7	78.6	93.6	87.3	82.5	83	499	中等	第17名
法律一班	1201009	陈万地	0	76.6	88.7	72.3	85.6	71.8	80.4	79	475	中等	第38名
法律一班	1201010	杜春兰	0	82	80	68	82.6	78.8	75.5	78	467	差	第41名
法律一班	1201013	杜学江	0	75.4	86.2	89.1	88.6	77.1	77.6	82	494	中等	第23名
法律一班	1201015	方天宇	0	87.6	90.6	82.1	92.6	84.1	83.2	87	520	优秀	第4名
法律一班	1201019	符坚	0	93	87.9	76.5	87.6	82.3	83.9	85	511	良好	第8名
法律一班	1201021	郭晶晶	0	85.2	85	94.2	85.6	80.5	86	86	517	良好	第5名
法律一班	1201024	侯登科	0	78.2	90.7	71	91.3	81.2	80.4	82	493	中等	第25名
法律二班	1202001	侯小文	0	84.4	93.6	65.8	88.6	79.5	77.6	82	490	中等	第29名
法律二班	1202003	黄蓉	0	88.8	87.4	83.5	84.6	80.9	82.5	85	508	良好	第12名
法律二班	1202004	吉莉莉	0	79.9	92	53	81.6	83.7	86	79	476	中等	第37名
法律二班	1202006	江晓勇	0	79.2	90.4	73	86.6	75.3	79.7	81	484	中等	第32名
法律二班	1202007	康秋林	0	78.8	90.3	71.6	86.3	79.5	83.2	82	490	中等	第28名
法律二班	1202009	郎润	0	75.4	87.7	83.5	79.2	86.8	81.8	82	494	中等	第22名
法律二班	1202010	李北冥	0	84.2	87.8	68.6	87.6	80.9	86	83	495	中等	第20名
法律二班	1202011	李春娜	0	86.5	88.2	80.7	84.9	73.7	79.7	82	494	中等	第24名
法律二班	1202013	刘小锋	0	94.3	92.5	68.6	92.9	79.8	78.3	84	506	良好	第13名
法律二班	1202014	刘小红	0	84.4	91.5	78.6	87.3	81.3	81.8	84	505	良好	第16名
法律二班	1202016	吕文伟	0	89.9	90.6	77.7	89.6	81.6	83.9	86	513	良好	第7名
法律二班	1202017	马小军	0	72.1	85.1	84.2	90.9	81.6	81.1	83	495	中等	第21名
法律二班	1202019	毛兰儿	0	71.7	87.3	78.5	86.6	75	81.1	80	480	中等	第34名
法律二班	1202020	[illegible]	0	86.9	87.2	93.8	89.0	80.4	83.9	88	530	优秀	第1名

图 7-20 “学生成绩表”样张

“学生信息表”样张如图 7-21 所示。

	A	B	C	D	E	F
1	学号	姓名	身份证号码	性别	出生日期	年龄
2	1204025	曾令铨	110101200001051054	男	2000年01月05日	18
3	1201001	白宏伟	110102199812191513	男	1998年12月19日	19
4	1201024	侯登科	110102199903292713	男	1999年03月29日	18
5	1203023	孙如红	110102199904271532	男	1999年04月27日	18
6	1202009	郎润	110102199905240451	男	1999年05月24日	18
7	1201013	杜学江	110102199905281913	男	1999年05月28日	18
8	1203016	苏三强	110103199903040920	女	1999年03月04日	18
9	1203025	孙玉霞	110103199903270623	女	1999年03月27日	18
10	1202004	吉莉莉	110103199904290936	男	1999年04月29日	18
11	1202008	吉祥	110103199909021144	女	1999年09月02日	18
12	1201009	陈万地	110104199810261737	男	1998年10月26日	19
13	1202019	毛兰儿	110104199903051216	男	1999年03月05日	18
14	1201010	杜春兰	110105199807142140	女	1998年07月14日	19
15	1201005	李燕	110105199809121104	女	1998年09月12日	19
16	1202022	倪冬声	110105199810212519	男	1998年10月21日	19
17	1203017	孙令煊	110105199811111135	男	1998年11月11日	19
18	1204012	闫朝露	110105199906036123	女	1999年06月03日	18
19	1201012	孙玉敏	110106199707120123	女	1997年07月12日	20
20	1201021	郭晶晶	110106199903293913	男	1999年03月29日	18

图 7-21　“学生信息表”样张

“统计表”样张如图 7-22 所示。

A	B
统计表	
统计项目	结果值
所有班级优秀人数	4
法律二班良好男生人数	4
法律三班计算机平均分	81
法律四班男生计算机总得分	563

图 7-22　“统计表”样张

实验八

Excel 复杂函数和公式的使用

一、实验目的

1. 掌握复杂函数的使用方法；
2. 掌握各种函数的灵活运用。

二、实验内容

打开素材文件夹中的文件“Excel4-素材.xlsx”，按照以下要求操作，最终以“E4-班级-学号.xlsx”为文件名保存文件。

1. 在“费用报销管理”工作表的“星期几”列中，用公式计算每个报销日期属于星期几，例如报销日期为“2013 年 1 月 20 日”的应填入“星期日”，报销日期为“2013 年 1 月 21 日”的应填入“星期一”。

【提示】(1) 方法一：设置单元格格式。将 A3:A400 单元格区域的数据复制到 B3:B400 单元格区域，选中 B 列，单击鼠标右键，在弹出的快捷菜单中选择“设置单元格格式”，在打开的对话框中，按照图 8-1 所示进行设置。

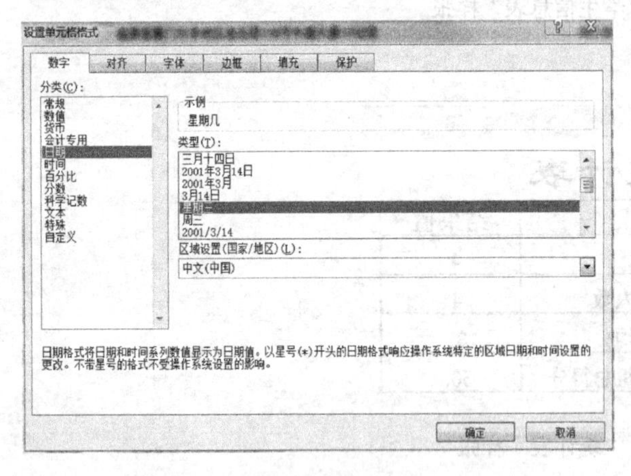

图 8-1 “设置单元格格式”对话框

(2) 方法二：使用 LOOKUP 函数。

WEEKDAY(date, type)返回代表一周中第几天的数值。其中，date 为日期；type 表示返值是从从 1 到 7 还是从 0 到 6，以及从星期几开始计数，若省略则返值 1 到 7，并且从星期日起计。

在 B3 单元格中输入公式“=LOOKUP(WEEKDAY(A3, 2), {1, 2, 3, 4, 5, 6, 7}, {"星期一", "星期二", "星期三", "星期四", "星期五", "星期六", "星期日"})”，如图 8-2 所示。输入完毕后，按 Enter 键，并用填充句柄填充 B4:B400 单元格区域。

(3) 方法三：在 B3 单元格内输入公式“=TEXT(A3, "aaaa")”。

【思考】本工作表中的数据有近 400 行，即使使用填充句柄，也要花时间将鼠标从 B4 单元格移动到 B400 单元格，能否进一步提高效率？（提示：使用表格）。

B3 =LOOKUP(WEEKDAY(A3),{1,2,3,4,5,6,7},{"星期日","星期一","星期二","星期三","星期四","星期五","星期六"})

XXX公司差旅报销管理

报销日期	星期几	报销人	活动地点	地区	费用类别
2016年1月15日	星期五	王崇江	福建省厦门市思明区莲岳路118号中烟大厦1702室		BIC-001
2016年1月16日	星期六	唐雅林	广东省深圳市南山区蛇口港湾大道2号		BIC-002
2016年1月17日	星期日	钱顺卓	上海市闵行区浦星路699号		BIC-003
2016年1月18日	星期一	刘露露	上海市浦东新区世纪大道100号上海环球金融中心56楼		BIC-004
2016年1月19日	星期二	张哲宇	海南省海口市琼山区红城湖路22号		BIC-005
2016年1月20日	星期三	边金双	云南省昆明市官渡区拓东路6号		BIC-006

图 8-2　LOOKUP 函数使用示例

2. 若“日期”列中的日期为星期六或星期日，则在“是否加班”列的单元格中显示“是”，否则显示“否”（必须使用公式）。

【提示】在 I3 单元格中输入公式“=IF(OR(B3= "星期六", B3= "星期日"), "是", "否")”，或输入公式“=IF(WEEKDAY(A3, 2)>5, "是", "否")”。

3. 使用公式统计每个活动地点所在的地区，要求精确到“市”，并将其填写到“地区”列所对应的单元格中，如直辖市填写“××市”，非直辖市填写“××省××市”。

【提示】不管是直辖市还是非直辖市，只要找到字符“市”在“活动地点”字符串中的位置，就可把“活动地点”以“市”为分界点，分成两个字符串，将其左半部分取出即可。

在 E3 单元格中输入公式“=LEFT(D3, FIND("市", D3))”，如图 8-3 所示。

E3 =LEFT(D3,FIND("市",D3))

XXX公司差旅报销管理

报销日期	星期几	报销人	活动地点	地区
2016年1月15日	星期五	王崇江	福建省厦门市思明区莲岳路118号中烟大厦1702室	福建省厦门市
2016年1月16日	星期六	唐雅林	广东省深圳市南山区蛇口港湾大道2号	广东省深圳市
2016年1月17日	星期日	钱顺卓	上海市闵行区浦星路699号	上海市
2016年1月18日	星期一	刘露露	上海市浦东新区世纪大道100号上海环球金融中心56楼	上海市

图 8-3　LEFT 函数使用示例

4. 依据“费用类别编号”列的内容，使用 VLOOKUP 函数，生成“费用类别”列的内容。对照关系参考“费用类别”工作表。

【提示】在 G3 单元格中输入公式“=VLOOKUP(F3, 表 4, 2, FALSE)”，其中“表 4”是名称，引用范围是“费用类别”工作表中的 A3:B12 单元格区域。

VLOOKUP 函数也可使用图形化界面输入，步骤如下：

① 选择 G3 单元格，然后选择“公式”选项卡下的“插入函数”，在选择类别中选择“查找与引用”，选择 VLOOKUP 函数，如图 8-4 所示。

② 在“函数参数”对话框中，依次填写条件，如图 8-5 所示。

③ 单击“确定”按钮完成公式的输入，使用填充句柄自动填充该列的其余单元格。

5. 在“差旅成本分析报告”工作表的 B4 单元格中，统计 2016 年员工刘露露报销的火车票费用总金额。

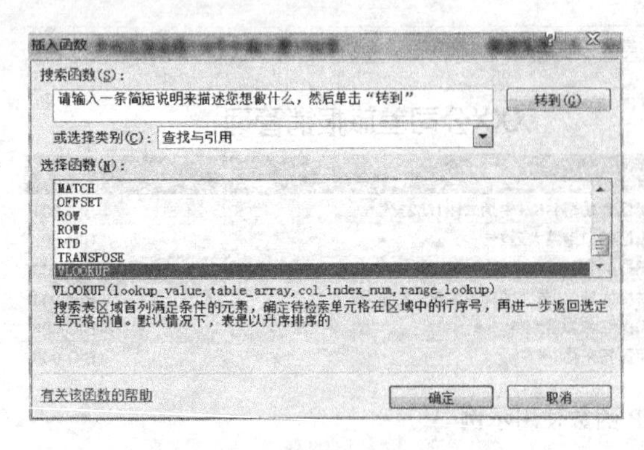

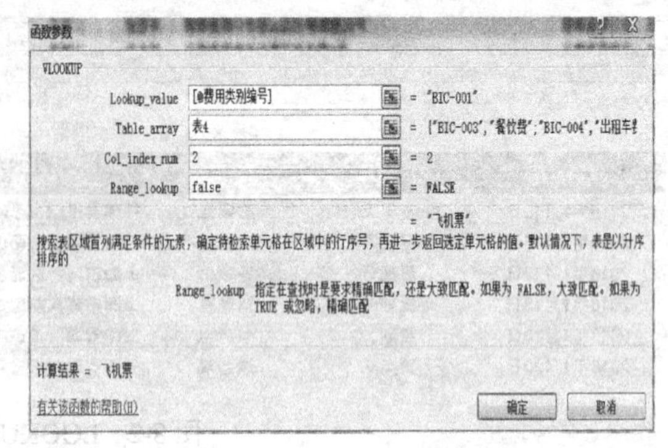

图 8-4 “插入函数”对话框　　　　图 8-5 VLOOKUP 函数参数设置

【提示】费用总金额是对 H 列（票据单价）和 I 列（票据张数）的乘积进行求和，可以使用 SUMPRODUCT 函数。步骤如下：

① 选择 B3 单元格，然后选择“公式”选项卡下的“插入函数”，在选择类别中选择“数学与三角函数”，选择 SUMPRODUCT 函数。

② 在“函数参数”对话框中依次填入条件，如图 8-6 所示。

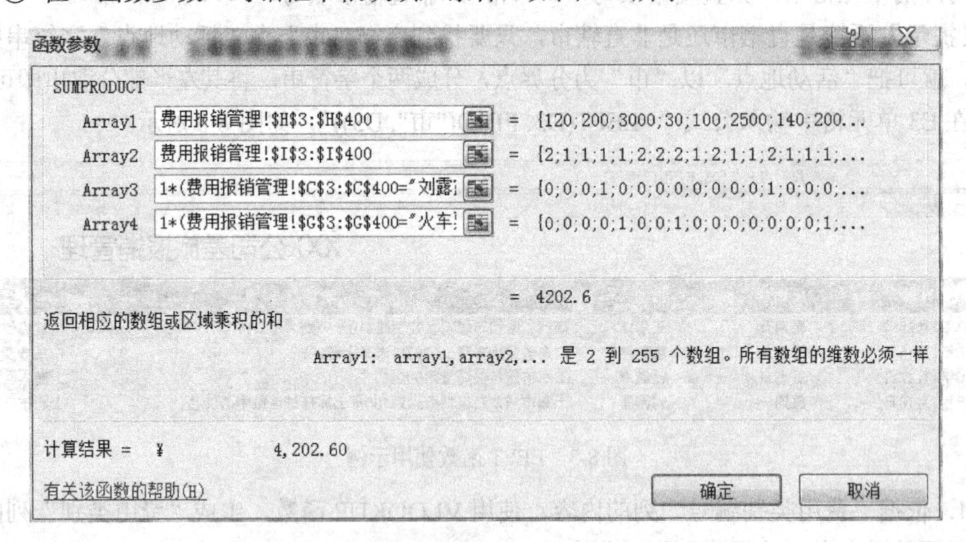

图 8-6 SUMPRODUCT 函数使用示例 1

其中，参数 Array1 和 Array2 代表票据单价和票据张数，Array3 和 Array4 代表两个条件。注意，这里是通过“1*条件”把条件转换成数值的。最终的公式为“=SUMPRODUCT(费用报销管理!$H$3:$H$400, 费用报销管理!$I$3:$I$400, 1*(费用报销管理!$C$3:$C$400="刘露露"), 1*(费用报销管理!$G$3:$G$400="火车票"))”。

6. 在“差旅成本分析报告”工作表的 B3 单元格中，统计 2016 年第一季度发生在上海市的差旅费用总金额。

【提示】在 B4 单元格中插入函数 SUMPRODUCT，参数设置如图 8-7 所示，最终的公式为“=SUMPRODUCT(费用报销管理!H3:H400, 费用报销管理!I3:I400, 1*(费用报销管理!E3:E400="上海市"), 1*(费用报销管理!A3:A400<=DATE(2016, 3, 31)))”。

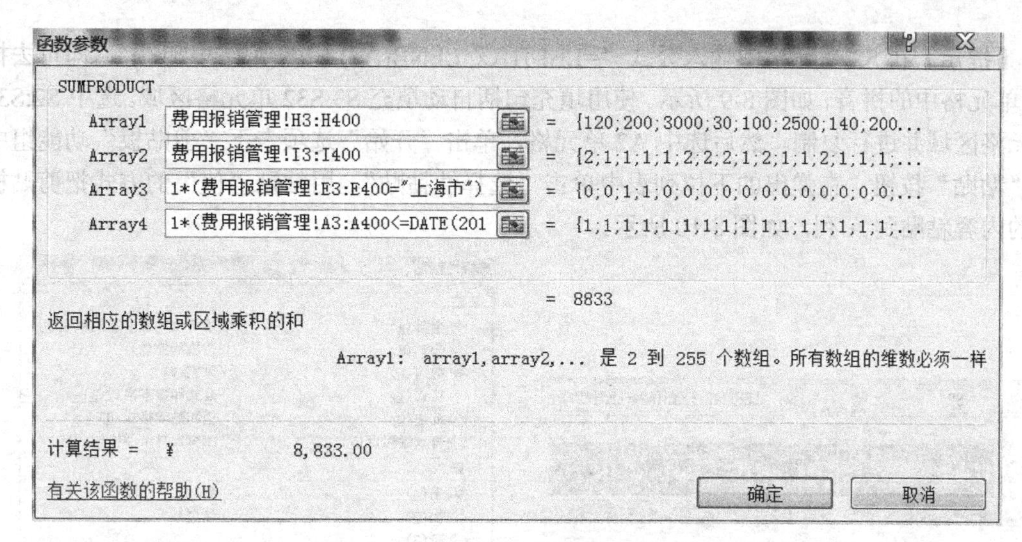

图 8-7 SUMPRODUCT 函数使用示例 2

7．在“差旅成本分析报告”工作表的B5单元格中，统计2016年差旅费用中飞机票费用占所有报销费用的比例，采用百分比形式并保留2位小数。

【提示】在B5单元格中输入公式“=SUMPRODUCT(费用报销管理!H3:H400, 费用报销管理!I3:I400, 1*(费用报销管理!G3:G400="飞机票"))/SUMPRODUCT(费用报销管理!H3:H400, 费用报销管理!I3:I400)”。

8．在“差旅成本分析报告”工作表的B6单元格中，统计2016年发生在周末（星期六和星期日）的出租车费总金额。

【提示】在B6单元格中插入函数SUMPRODUCT，参数设置如图8-8所示，最终的公式为“=SUMPRODUCT(费用报销管理!H3:H400, 费用报销管理!I3:I400, 1*(费用报销管理!J3:J400="是"), 1*"费用报销管理!G3:G400="出租车费"))”。

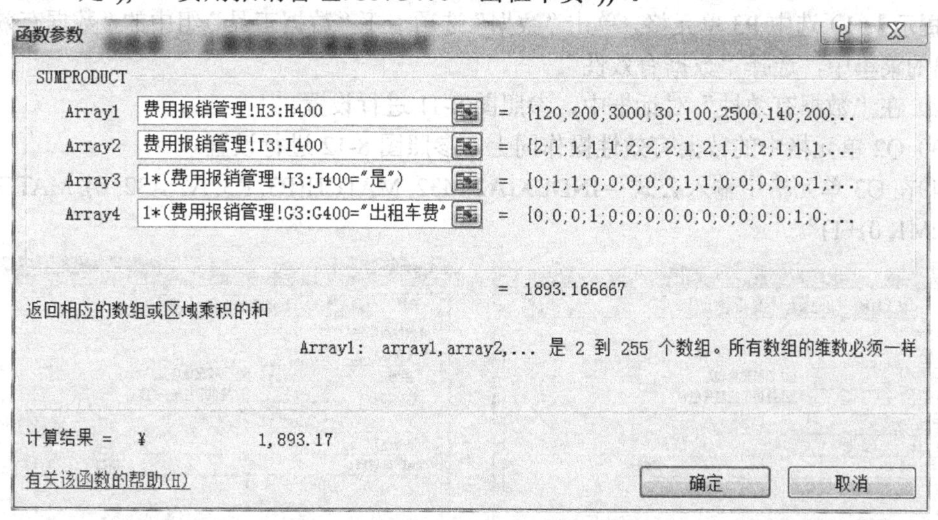

图 8-8 SUMPRODUCT 函数使用示例 3

9．在“主要城市降水量”工作表中，将A列数据中城市名称的汉语拼音删除，并在城市名后面添加文本“市”，如“北京市”（要求：必须用函数实现）。

【提示】在 S2 单元格中输入公式“=LEFT(A2, LENB(A2)-LEN(A2) & "市")”，即可去掉 A2 单元格中的拼音，如图 8-9 所示。使用填充句柄自动填充 S3:S32 单元格区域。选中 S2:S32 单元格区域并进行复制。然后选中 A2 单元格，单击“开始”选项卡下“剪贴板”功能组中的“粘贴”按钮，在弹出的下拉列表中单击“选择性粘贴”，用粘贴“值”的方式把剪贴板中的内容粘贴到 A 列，如图 8-10 所示。

S2 =LEFT(A2, LENB(A2)-LEN(A2))

	A	B	C	D	E
1	城市（毫米）	1月	2月	3月	4月
2	北京beijing	0.2		11.6	63.6
3	天津tianjin	0.1	0.9	13.7	48.8
4	石家庄shijiazhuang	8		22.1	47.9
5	太原taiyuan	3.7	2.7	20.9	63.4

图 8-9 用函数去掉姓名中的拼音

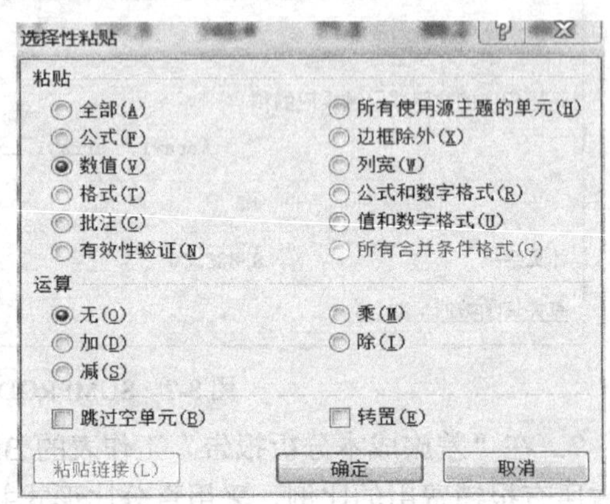

图 8-10 “选择性粘贴”对话框

【思考】LENB 函数计算单元格内容所占的字节数，LEN 函数计算单元格内容所占的字符数，两者之差恰好是单元格中包含的汉字的个数。请思考其中的原因。

11．在“主要城市降水量”工作表的 P3 单元格中建立数据有效性，仅允许在该单元格中填入单元格区域 A2:A32 中的城市名称；在 Q2 单元格中建立数据有效性，仅允许在该单元格中填入单元格区域 B1:M1 中的月份名称；在 Q3 单元格中建立公式，使用 Index 函数和 Match 函数，根据 P3 单元格中的城市名称和 Q2 单元格中的月份名称，查询对应的降水量；以上三个单元格最终显示的结果为南京市 6 月份的降水量。

【提示】(1) 选中 P3 单元格，单击“数据”选项卡下“数据工具”组中的“数据有效性”，在弹出的菜单中，选择“数据有效性”。

(2) 在“数据有效性”对话框中，参照图 8-11 进行设置。

(3) Q2 单元格中的数据有效性操作同上，参照图 8-12 进行设置。

(4)在 Q3 单元格中输入公式“=INDEX(A2:M32, MATCH(P3, R3, A2:A32, 0), MATCH(Q2, S2, B1:M1, 0)+1)”。

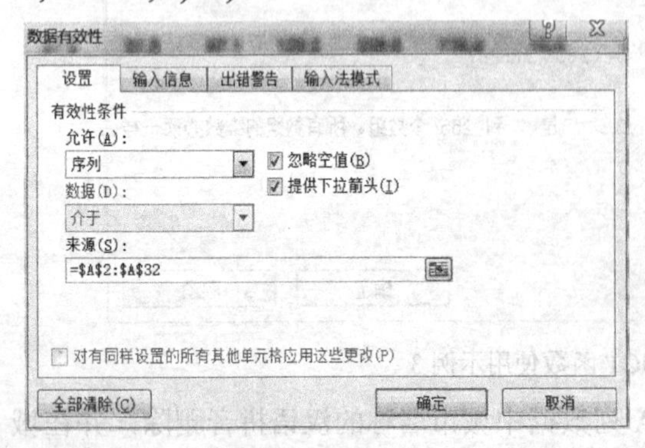

图 8-11 P3 单元格的数据有效性设置

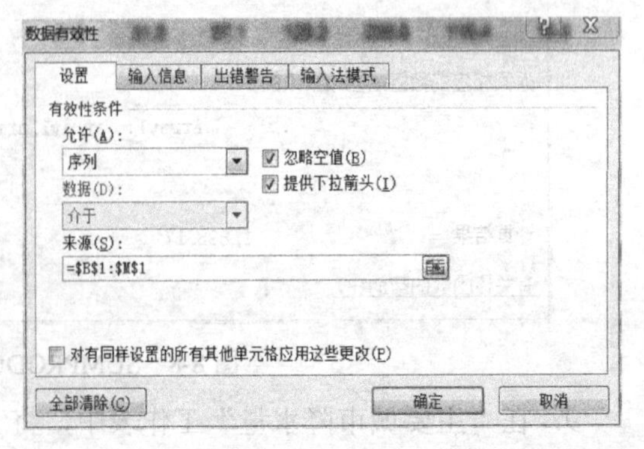

图 8-12 Q2 单元格的数据有效性设置

【注意】INDEX 函数的语法格式为 INDEX(单元格区域, 行号, 列号)，它返回单元格区域中指定行列的值。MATCH 函数的语法格式为 MATCH(指定值, 单元格区域, 匹配类型)，它返回指定值在单元格区域中的位置。

（5）单击 P3 单元格，单元格的右侧会出现一个下拉按钮，单击这个下拉按钮，在弹出的列表框中选择“南京市”，单击 Q2 单元格右侧的下拉按钮，在弹出的列表框中选择“6 月”，此时 Q3 单元格中会显示南京市 6 月份的降水量数据，如图 8-13 所示。

	6月
南京市	131.7

图 8-13　南京市 6 月份降水量数据

三、样张

“费用报销管理”工作表样张如图 8-14 所示。

XXX公司差旅报销管理

报销日期	星期几	报销人	活动地点	地区	费用类别编号	费用类别	票据单价	票据张数	是否加班
2016年1月15日	星期五	王崇江	福建省厦门市思明区莲岳路118号中烟大厦1702室	福建省厦门市	BIC-001	飞机票	¥ 120.00	2	否
2016年1月16日	星期六	唐雅林	广东省深圳市南山区蛇口港湾大道2号	广东省深圳市	BIC-002	酒店住宿	¥ 200.00	1	是
2016年1月17日	星期日	钱顺卓	上海市闵行区浦星路699号	上海市	BIC-003	餐饮费	¥ 3,000.00	1	是
2016年1月18日	星期一	刘露露	上海市浦东新区世纪大道100号上海环球金融中心56楼	上海市	BIC-004	出租车费	¥ 30.00	1	否
2016年1月19日	星期二	张哲宇	海南省海口市琼山区红城湖路22号	海南省海口市	BIC-005	火车票	¥ 100.00	1	否
2016年1月20日	星期三	边金双	云南省昆明市官渡区拓东路6号	云南省昆明市	BIC-006	高速道桥费	¥ 2,500.00	2	否
2016年1月21日	星期四	赵琳艳	广东省深圳市龙岗区坂田	广东省深圳市	BIC-007	燃油费	¥ 140.00	2	否
2016年1月22日	星期五	陈祥通	江西省南昌市西湖区洪城路289号	江西省南昌市	BIC-005	火车票	¥ 200.00	2	否
2016年1月23日	星期六	余雅丽	北京市海淀区东北旺西路8号	北京市	BIC-006	高速道桥费	¥ 345.00	1	是
2016年1月24日	星期日	方嘉康	北京市西城区西绒线胡同51号中国会	北京市	BIC-007	燃油费	¥ 22.00	2	是
2016年1月25日	星期一	王海德	贵州省贵阳市云岩区中山西路51号	贵州省贵阳市	BIC-008	停车费	¥ 246.00	1	否
2016年1月26日	星期二	孟天祥	贵州省贵阳市中山西路51号	贵州省贵阳市	BIC-009	通讯补助	¥ 388.00	1	否
2016年1月27日	星期三	刘露露	辽宁省大连市中山区长江路123号大连日航酒店4层清苑厅	辽宁省大连市	BIC-010	其他	¥ 29.00	2	否
2016年1月28日	星期四	黎浩然	四川省成都市城市名人酒店	四川省成都市	BIC-003	餐饮费	¥ 500.00	1	否
2016年1月29日	星期五	关天胜	山西省大同市南城墙永泰西门	山西省大同市	BIC-004	出租车费	¥ 45.00	1	否
2016年1月30日	星期六	李雅洁	浙江省杭州市西湖区北山路78号香格里拉饭店东楼1栋555房	浙江省杭州市	BIC-005	火车票	¥ 532.60	1	是
2016年1月31日	星期日	边金双	浙江省杭州市西湖区紫金港路21号	浙江省杭州市	BIC-006	高速道桥费	¥ 606.50	2	是
2016年2月1日	星期一	邹佳楠	北京市西城区阜成门外大街29号	北京市	BIC-007	燃油费	¥ 680.40	1	否
2016年2月2日	星期二	刘露露	福建省厦门市软件园二期观日路44号9楼	福建省厦门市	BIC-005	火车票	¥ 754.30	2	否
2016年2月3日	星期三	刘长辉	广东省广州市天河区黄埔大道666号	广东省广州市	BIC-006	高速道桥费	¥ 828.20	1	否
2016年2月4日	星期四	孟天祥	广东省广州市天河区林和西路1号广州国际贸易中心42层	广东省广州市	BIC-007	燃油费	¥ 902.10	2	否
2016年2月5日	星期五	唐雅林	江苏省南京市白下区汉中路89号	江苏省南京市	BIC-008	停车费	¥ 976.00	1	否
2016年2月6日	星期六	钱顺卓	天津市和平区南京路189号	天津市	BIC-009	通讯补助	¥ 1,049.90	1	是
2016年2月7日	星期日	刘露露	山东省青岛市颐中皇冠假日酒店三层多功能厅	山东省青岛市	BIC-006	高速道桥费	¥ 1,123.80	2	是
2016年2月8日	星期一	王崇江	广东省东莞市新城市商务中心区会展北路	广东省东莞市	BIC-007	燃油费	¥ 1,197.70	1	否

费用报销管理　费用类别　差旅成本分析报告　主要城市降水量

图 8-14　“费用报销管理”样张

“差旅成本分析报告”样张如图 8-15 所示。

差旅成本分析报告

统计项目	统计信息
2016年刘露露报销的火车票总计金额为：	¥ 4,202.60
2016年第一季度发生在上海市的差旅费用金额总计为：	¥ 8,833.00
2016年差旅费用金额中，飞机票占所有报销费用的比例为（保留2位小数）	4.92%
2016年发生在周末（星期六和星期日）中的出租车费总金额为：	¥ 1,893.17

图 8-15　“差旅成本分析报告”样张

“主要城市降水量”样张如图 8-16 所示。

城市（毫米）	1月	2月	3月	4月	5月	6月	7月	8月	9月	10月	11月	12月	合计降水量
北京	0.2	0	11.6	63.6	64.1	125.3	79.3	132.1	118.9	31.1	0	0.1	
天津	0.1	0.9	13.7	48.8	21.2	131.9	143.4	71.3	68.2	48.5	0	4.1	
石家庄	8	0	22.1	47.9	31.5	97.1	129.2	238.6	116.4	16.6	0.2	0.1	
太原	3.7	2.7	20.9	63.4	17.6	103.8	23.9	45.2	56.7	17.4	0	0	
呼和浩特	6.5	2.9	20.3	11.5	7.9	137.4	165.5	132.7	54.9	24.7	6.7	0	
沈阳	0	1	37.2	71	79.1	88.1	221.1	109.3	70	17.9	8.3	18.7	
长春	0.2	0.5	32.5	22.3	62.1	152.5	199.8	150.5	63	17	14.1	2.3	
哈尔滨	0	0	21.8	31.3	71.3	57.4	94.8	46.1	80.4	18	9.3	8.6	
上海	90.9	32.3	30.1	55.5	84.5	300	105.8	113.5	109.3	56.7	81.6	26.3	
南京	110.1	18.9	32.2	90	81.4	131.7	193.3	191	42.4	38.4	27.5	18.1	
杭州	91.7	61.4	37.7	101.9	117.7	361	114.4	137.5	44.2	67.4	118.5	20.5	
合肥	89.8	12.6	37.3	59.4	72.5	203.8	162.3	177.7	5.6	50.4	28.3	10.5	
福州	70.3	46.9	68.7	148.3	266.4	247.6	325.6	104.4	40.8	118.5	35.1	12.2	
南昌	75.8	48.2	145.3	157.4	104.1	427.6	133.7	68	31	16.6	138.7	9.7	
济南	6.8	5.9	13.1	53.5	61.6	27.2	254	186.7	73.9	18.6	3.4	0.4	
郑州	17	2.5	2	90.8	59.4	24.6	309.7	58.5	64.4	13.3	12.9	3.1	
武汉	72.4	20.7	79	54.3	344.2	129.4	148.1	240.7	40.8	92.5	39.1	5.6	
长沙	96.4	53.8	159.9	101.6	110	116.4	215	143.9	146.7	55.8	243.9	9.5	
广州	98	49.9	70.9	111.7	285.2	834.6	170.3	188.4	262.6	136.4	61.9	14.1	
南宁	76.1	70	18.7	45.2	121.8	300.6	260.1	317.4	187.6	47.6	156	23.9	

	6月
南京	131.7

图 8-16 “主要城市降水量”样张

实验九

PowerPoint 基本操作

一、实验目的

1．掌握幻灯片中字体、版式等的设置操作；

2．了解主题的应用；

3．了解新建相册的方法；

4．掌握插入幻灯片、图片、超链接及其他内容的操作方法；

5．设置幻灯片的切换和动画效果，掌握 SmartArt 图形的操作方法。

二、实验内容

1．根据素材文件夹下的文件“天河二号素材.docx”和相关图片文件，按下列要求制作幻灯片。

2．创建一个包含 10 张幻灯片的演示文稿，其中标题幻灯片 1 张，概况 2 张，特点、技术参数、自主创新和应用领域各 1 张，图片欣赏 3 张（其中 1 张为图片欣赏标题页）。幻灯片必须选择一种设计主题，要求字体和色彩合理、美观大方。

【提示】

（1）创建一个演示文稿，新建 10 张幻灯片。

（2）为幻灯片选择一种主题：单击“设计”→“主题”，选择一种合适的主题。

3．所有幻灯片中除标题和副标题外，其他文字的字体均设置为“微软雅黑”。将幻灯片保存为“PPT1-学号-姓名.pptx”。

【提示】可以通过幻灯片母版进行设置。

4．第 1 张幻灯片为标题幻灯片，标题为“天河二号超级计算机”，副标题为“——2014 年再登世界超算榜首”。

【提示】选择“开始”→“幻灯片”→“版式”→“标题幻灯片”，把素材中的“天河二号超级计算机”复制到幻灯片的标题位置，把“——2014 年再登世界超算榜首”复制到幻灯片的副标题位置。

5．第 2 张幻灯片采用“两栏内容”版式，左边一栏为文字，右边一栏为图片，图片为考生文件夹下的“Image1.jpg”。

【提示】

（1）将第 2 张幻灯片版式设为“两栏内容”，将素材中第二张幻灯片的文字复制到左栏。

（2）将光标放到右栏，选择“插入”→“图片”，找到素材中的“Image1.jpg”图片并单击“插入”按钮。

6．第 3, 4, 5, 6, 7 张幻灯片的版式均为“标题和内容”。素材中的黄底文字即为相应页幻灯片的标题文字。

【提示】

（1）设置第 3, 4, 5, 6, 7 张幻灯片的版式为“标题和内容”。

（2）复制素材中相应幻灯片的标题和内容文字。

7．第 4 张幻灯片的标题为“二、特点”，将其中的内容设为“垂直块列表”SmartArt 对象，素材中的红色文字为一级内容，蓝色文字为二级内容。为该 SmartArt 图形设置动画，要求组合图形“逐个”播放，并将动画的开始设置为“上一动画之后”。

【提示】

（1）选择“插入”→“SmartArt 图”→“列表”→“垂直块列表”，单击“确定”按钮，如图 9-1 所示。

（2）将素材中的红色文字放到左边框内，将蓝色文字放到右边框内。

（3）添加左边框，单击鼠标右键，选择“添加形状”→“在后面添加形状”，如图 9-2 所示。

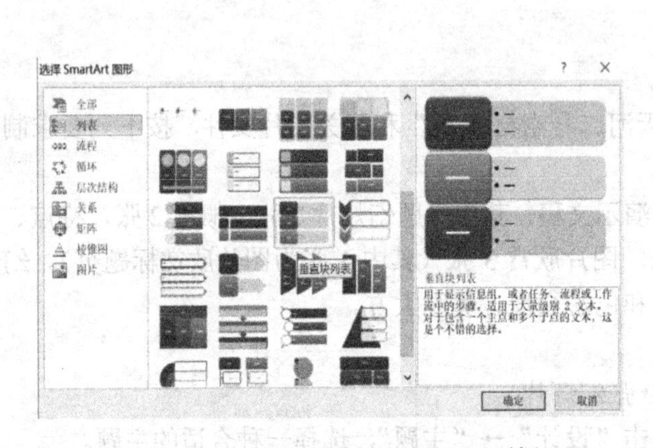

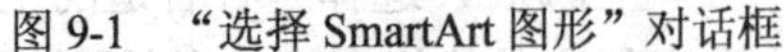
图 9-1 “选择 SmartArt 图形”对话框

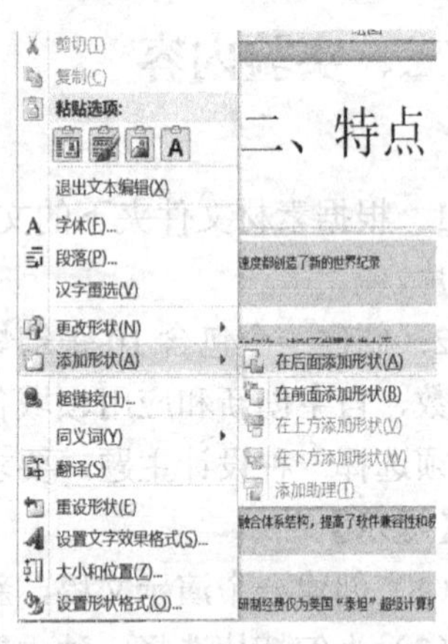

图 9-2 “添加形状”菜单项

（4）添加右边框。先选中左边框，单击鼠标右键，选择“添加形状”→“在下方添加形状”。

（5）选中 SmartArt 图，选择“动画”，在“动画”栏中选择一种动画效果。

（6）选择“动画”组中的“效果选项”按钮，在“序列”下选择“逐个”，如图 9-3 所示。

8．利用相册功能为素材文件夹下的 8 张图片 Image2.jpg～Image9.jpg“新建相册”，要求每页幻灯片 4 张图片，相框的形状为“居中矩形阴影”；将标题“相册”更改为“六、图片欣赏”；将相册中的三张幻灯片复制到“PPT1-学号-姓名.pptx”的最后。

【提示】

（1）单击“插入”，选择“相册”下拉框，单击“新建相册”，如图 9-4 所示。“图片版式”选择“4 张图片”，“相框形状”选择“居中矩形阴影”，单击“创建”按钮。

（2）把新建相册的标题“相册”更改为“六、图片欣赏”。

（3）选中相册中的所有幻灯片，将其复制到“PPT1-学号-姓名.pptx”中。

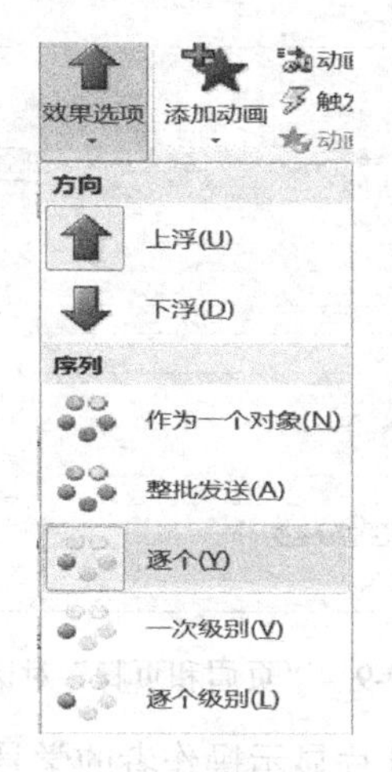

图 9-3 效果选项

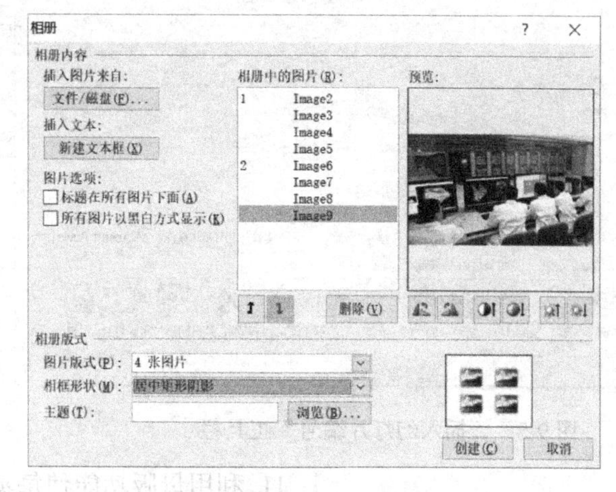

图 9-4 “相册”对话框

9．将该演示文稿分为 4 节，第一节的节名为“标题”，包含 1 张标题幻灯片；第二节的节名为“概况”，包含 2 张幻灯片；第三节的节名为“特点和参数等”，包含 4 张幻灯片；第四节的节名为“图片欣赏”，包含 3 张幻灯片。每节的幻灯片均采用同一种切换方式，节与节的幻灯片采用的切换方式不同。

【提示】

（1）在幻灯片浏览视图中，将光标定位到第一张幻灯片前，单击鼠标右键，在弹出的快捷菜单中选择“新增节”，如图 9-5 所示。

（2）在节名处单击鼠标右键，在弹出的快捷菜单中选择“重命名节”，如图 9-6 所示。

（3）在“重命名节”对话框中的“节名称”下输入第一节的名称“标题”，如图 9-7 所示。

（4）依次设置第二节、第三节、第四节。

（5）选中第 1 张幻灯片，选择一种切换方式，再选中第 2、3 张幻灯片，选择另一种切换方式，依次设置其他节的幻灯片切换方式。

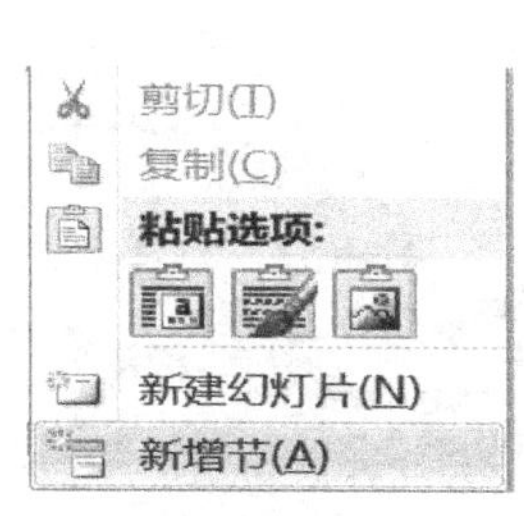

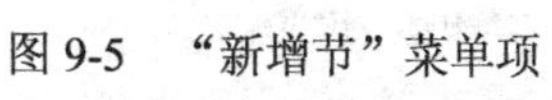

图 9-5 “新增节”菜单项

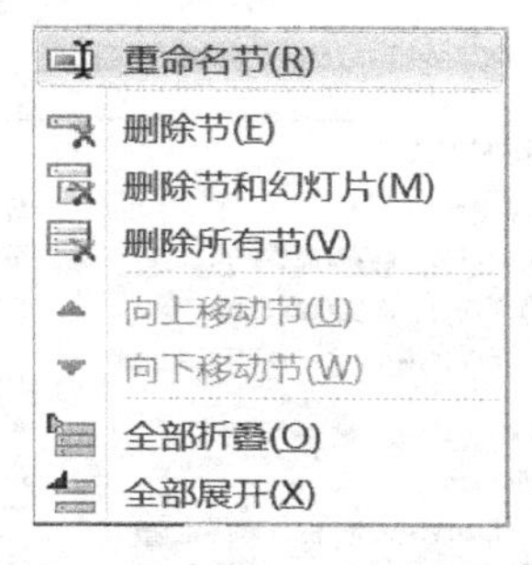

图 9-6 “重命名节”菜单项

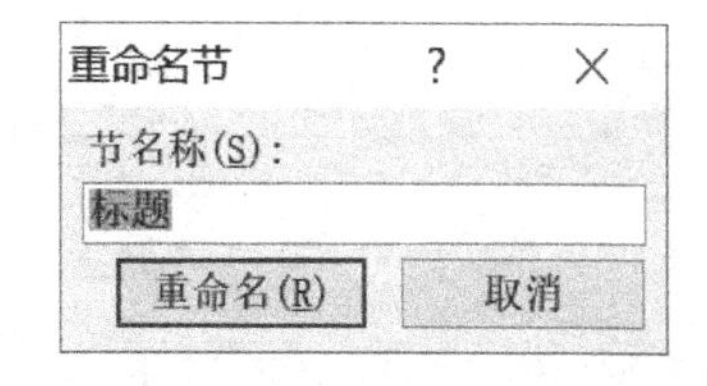

图 9-7 “重命名节”对话框

10．除标题幻灯片外，在其他幻灯片的页脚显示幻灯片编号。

【提示】

（1）选择“插入”→“文本”→“幻灯片编号”，如图 9-8 所示。

（2）在打开的“页眉和页脚”对话框中勾选“幻灯片编号”和“标题幻灯片中不显示”，单击“全部应用”按钮，如图 9-9 所示。

图 9-8 “插入幻灯片编号”工具栏

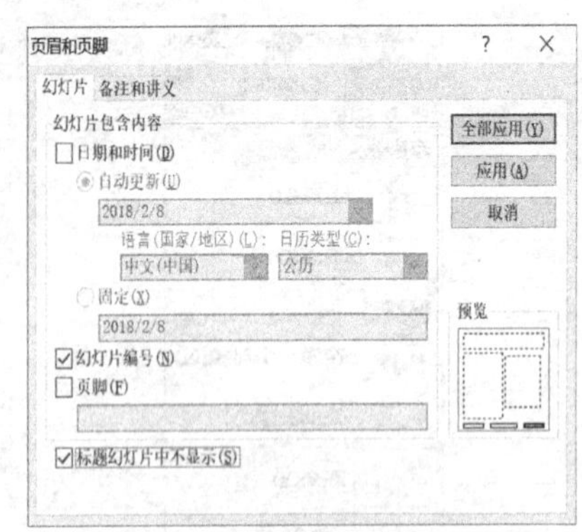

图 9-9 “页眉和页脚”对话框

11. 利用母版功能使每页幻灯片显示操作者的学号-姓名。

【提示】

（1）选择“视图”→“幻灯片母版”，打开“幻灯片母版”窗口，选择第一个幻灯片母版。

（2）在右边窗口的幻灯片页脚处插入一个文本框，在文本框中输入作者的学号-姓名，如图 9-10 所示。

（3）关闭母版视图。

单击此处编辑母版标题样式
• 单击此处编辑母版文本样式
– 第二级
• 第三级
– 第四级
» 第五级
学号-姓名

图 9-10 编辑幻灯片母版

12. 设置幻灯片为循环放映方式，若不点击鼠标，则幻灯片 10 秒钟后自动切换至下一张。

【提示】

（1）选择“幻灯片放映”选项卡中的“排练计时”，控制每张幻灯片放映时间为 10 秒。，如图 9-11 所示。

（2）将“放映类型”设置为“演讲者放映（全屏幕）”，将“放映选项”设置为“循环放映，按 Esc 键终止”，将“换片方式”设置为“如果存在排练时间，则使用它”，然后单击“确定”按钮，如图 9-12 所示。

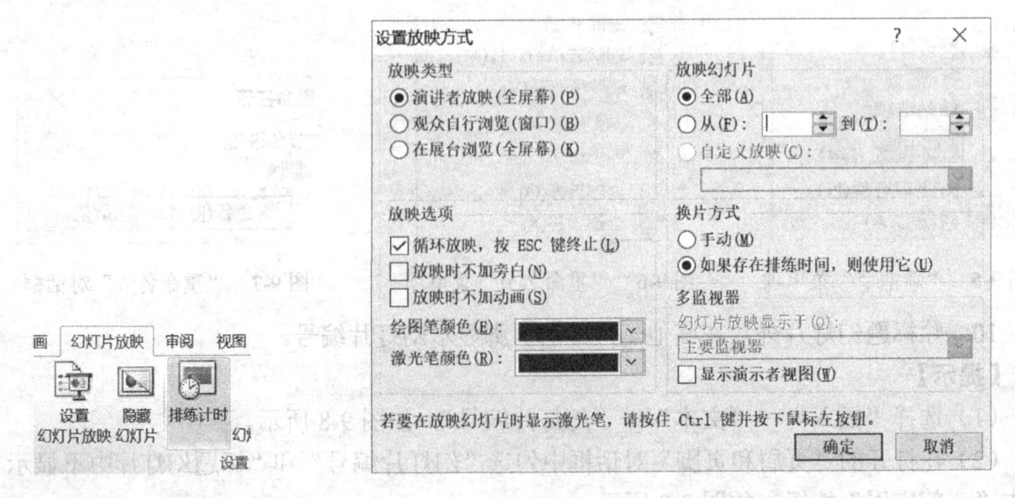

图 9-11 “排练计时”工具栏

图 9-12 “设置放映方式”对话框

三、样张

具体样张如图 9-13 所示。

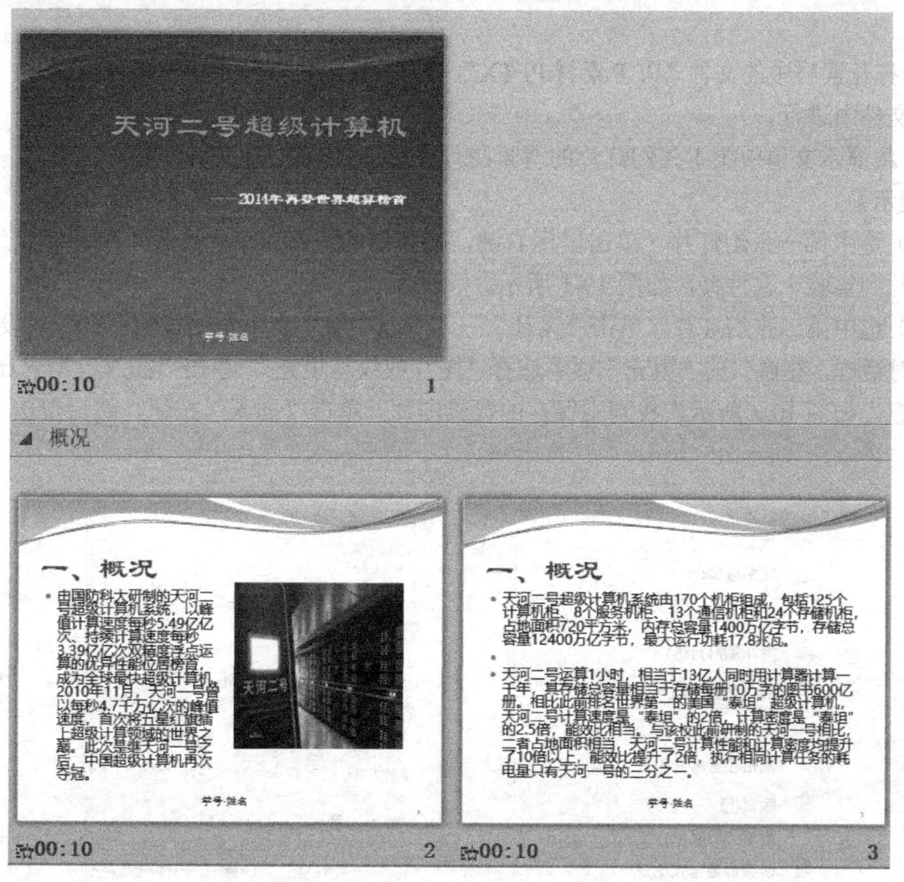

图 9-13　样张

实验十

PowerPoint 动画和多媒体技术的使用

一、实验目的

1．掌握幻灯片字体、背景等的设置方法；

2．掌握插入艺术字、超链接、音频等内容的操作方法；

3．设置幻灯片的切换和动画效果，掌握将文字转换为 SmartArt 图形的方法；

4．掌握在多个幻灯片中播放音频的方法；

5．掌握幻灯片放映的设置方法。

二、实验内容

1．打开素材中的文件“PPT 素材.PPTX”，将其另存为“PPT2-学号-姓名.pptx”，以下操作在此文件中进行。

2．将演示文稿中第 1 张幻灯片的背景图片应用到第 2 张幻灯片。

【提示】

（1）选中第一张幻灯片，单击鼠标右键，在弹出的快捷菜单中选择“保存背景”，保存背景图片到实验十文件夹，如图 10-1 所示。

（2）选中第二张幻灯片，单击“设计”→“背景”组中右下角的按钮，打开“设置背景格式”对话框，在窗口的“填充”项中选择“图片或纹理填充”，单击“插入自”下方的“文件”按钮，如图 10-2 所示。找到刚保存的背景图片，单击“插入”按钮，然后单击“关闭”按钮。

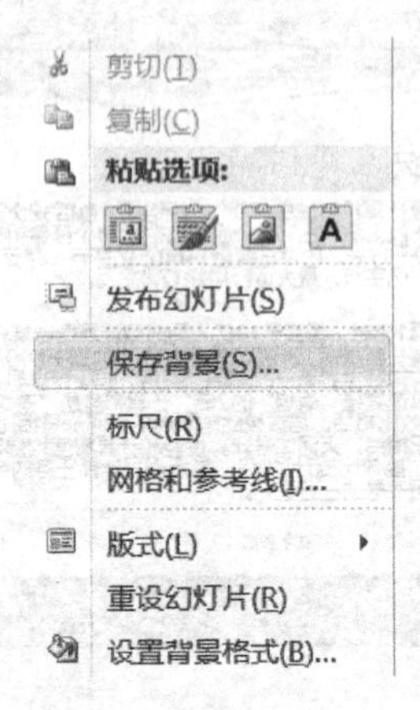

图 10-1　保存背景菜单项

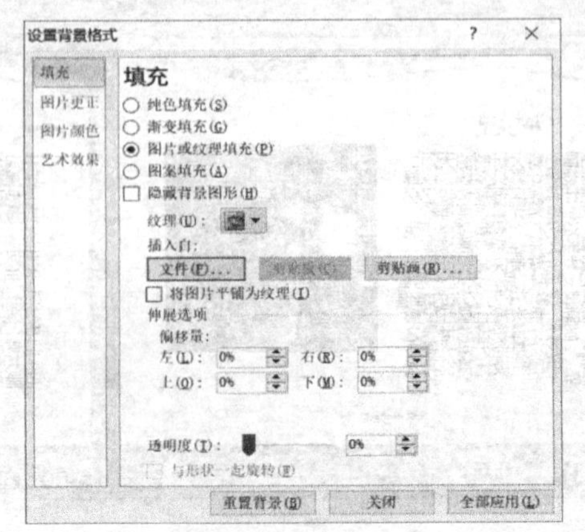

图 10-2　“设置背景格式”对话框

3．将文档中的所有中文文字的字体由“宋体”替换为“微软雅黑”。

【提示】

（1）选择“开始”→“编辑”→“替换”→“替换字体”。

（2）将“替换”选择为“宋体”，将“替换为”选择为“微软雅黑”，单击“替换”按钮。

4．在第二张幻灯片，将“信息工作者的每一天”改成艺术字，对艺术字设置“飞入”动画。

【提示】

（1）单击“插入”，再单击“艺术字”下拉框，选择合适的艺术字体。单击绘图工具中的“格式”，再单击“形状效果”进行修改，如图 10-3 所示。

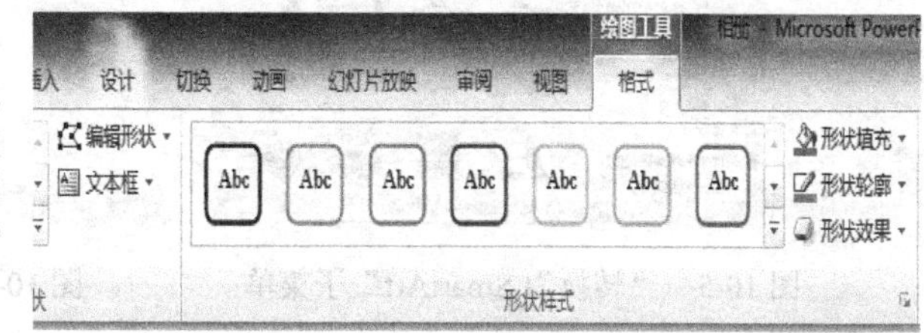

图 10-3 艺术字的“格式”工具栏

（2）选中艺术字，在“动画”选项卡下选择“飞入”。

5．在第 5 页幻灯片中插入“饼图”图形，展示如下沟通方式所占的比例：消息沟通，24%；会议沟通，36%；语音沟通，25%；企业社交，15%。为饼图添加系列名称和数据标签，调整大小并放到幻灯片中的适当位置。将该图表的动画效果设置为按类别逐个扇区上浮进入。

【提示】

（1）光标放到第 5 张幻灯片上，选择“插入”→“图表”→“饼图”，选择一种饼图，单击“确定”按钮。

	A	B
1	沟通方式	所占比例
2	消息沟通	24%
3	会议沟通	36%
4	语音沟通	25%
5	企业社交	15%
6		

图 10-4 将数据复制到 Excel

（2）这时系统会打开 Excel 文件，以默认的数据表生成一个饼图。调整 Excel 表格的大小为 5 行 2 列（根据沟通方式所占的比例表的大小来定），复制“沟通方式所占的比例”表的数据，以替换 Excel 中的表格数据，如图 10-4 所示。

（3）选中饼图，选择“图表工具”→“设计”→“图表布局”中的“布局 4”。

6．在第 7 张幻灯片后插入一张新幻灯片，将该幻灯片的版式设置为“标题和内容”。在标题位置输入“作品赏析”；在内容文本框中输入 3 行文字：“湖光春色”“冰消雪融”和“田园风光”。

7．将“湖光春色”“冰消雪融”和“田园风光”3 行文字转换成样式为“蛇形图片半透明文本”的 SmartArt 对象，并将 Photo(1).jpg、Photo(6).jpg 和 Photo(11).jpg 定义为该 SmartArt 对象的显示图片。

【提示】

（1）选中这 3 行文本，单击鼠标右键，选择“转换为 SmartArt” →“其他 SmartArt 图形”，如图 10-5 所示。

（2）选择“图片”中的“蛇形图片半透明文本”，单击“确定”按钮，如图 10-6 所示。

（3）依次单击图片图标，在实验十的素材文件夹中分别选择 Photo(1).jpg、Photo(6).jpg 和 Photo(11).jpg。

8．为 SmartArt 对象添加“轮子”进入动画效果，并对动画重新排序。

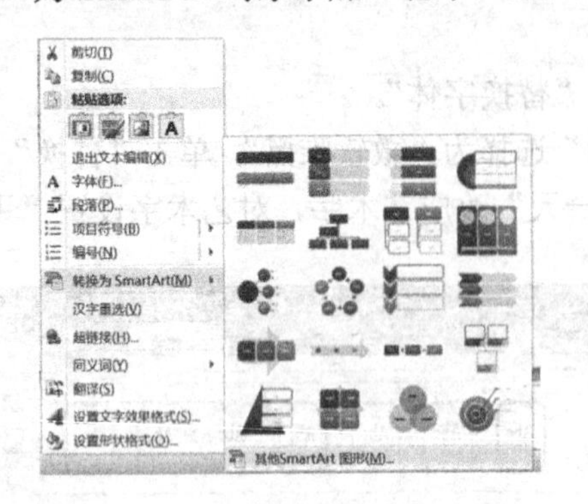

图 10-5　“转换为 SmartArt”子菜单

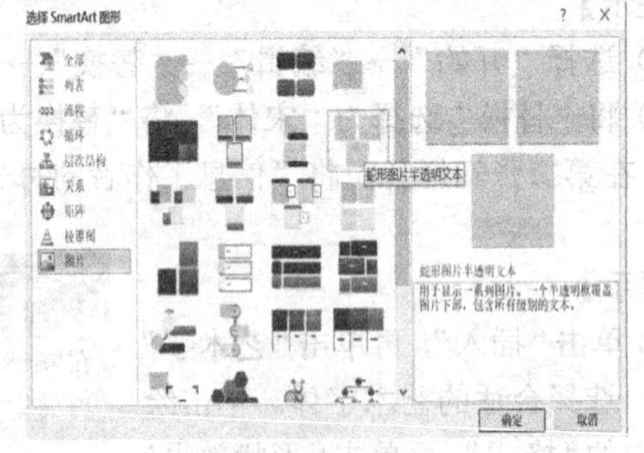

图 10-6　“选择 SmartArt 图形”对话框

9．新建第 9、10、11 张幻灯片，每张幻灯片包含 4 张图片，这些图片按顺序分别对应素材中的 Photo(1).jpeg 到 Photo(12).jpeg。

【提示】

（1）新建 3 张幻灯片，版式选择“空白”。

（2）选择“插入”→“图片”，在第 9 张幻灯片中插入实验十素材中的 Photo(1).jpeg 到 Photo(4).jpeg，先设置图片大小，然后调整对齐。第 10 张、第 11 张幻灯片的制作方法相同。

10．在 SmartArt 对象元素中添加幻灯片跳转链接，以便单击“湖光春色”时可跳转到第 9 张幻灯片，单击“冰消雪融”时可跳转到第 10 张幻灯片，单击“田园风光”时可跳转到第 11 张幻灯片。

【提示】选中文字并右键单击鼠标，选择“超链接”→“本文档中的位置”，即可对幻灯片进行链接，如图 10-7 所示。

11．在第二张幻灯片后插入背景音频文件。

【提示】

（1）插入音频后单击小喇叭，在音频工具中单击“播放”，将“开始”选择为“自动”，勾选“放映时隐藏，循环播放直到停止，播完返回开头”复选框，使播放时音乐贯穿始终，如图 10-8 所示。

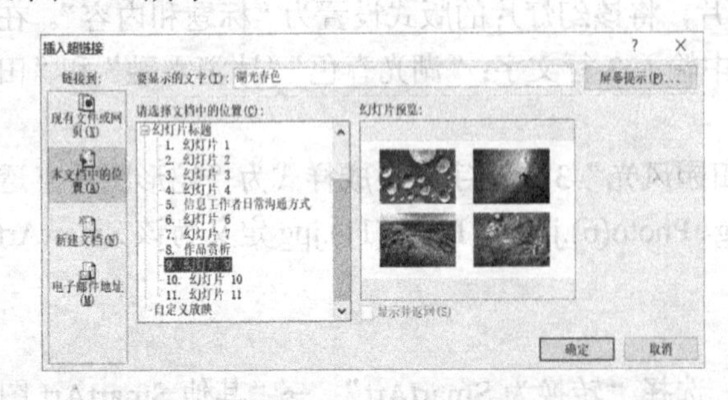

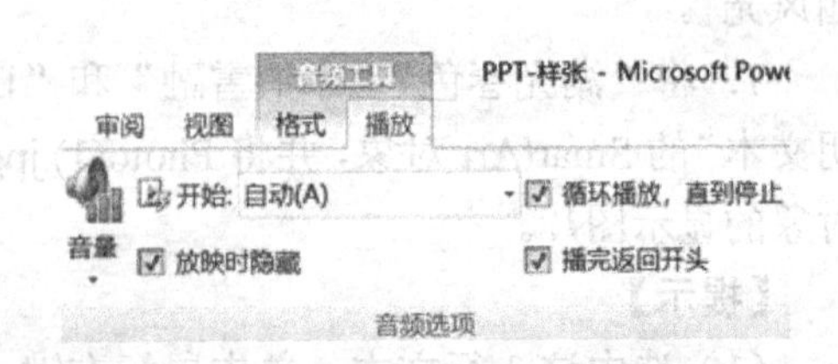

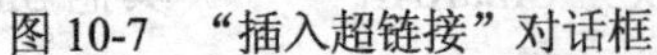

图 10-7　“插入超链接”对话框　　　　图 10-8　音频工具播放设置工具栏

（2）选择“动画”→“高级动画”→“动画窗格”，单击音乐动画文字框后的小箭头，选择“效果”选项卡，将“开始播放”选为“从上一位置”，将“停止播放”选为“在 11 张幻灯片后”，如图 10-9 所示，设置到幻灯片结束播放音乐。

12．为第 9、10、11 张幻灯片中的图片设置动画，并在动画窗格中对图片的播放顺序进行修改。

【提示】

（1）选中一张图片，选择“动画”选项卡下“动画”组中的一种动画。依次设置其他图片的动画。

（2）在“动画窗格”中可以修改图片的播放顺序，选中一张图片，按住鼠标左键拖动，可以改变图片的顺序，如图 10-10 所示。

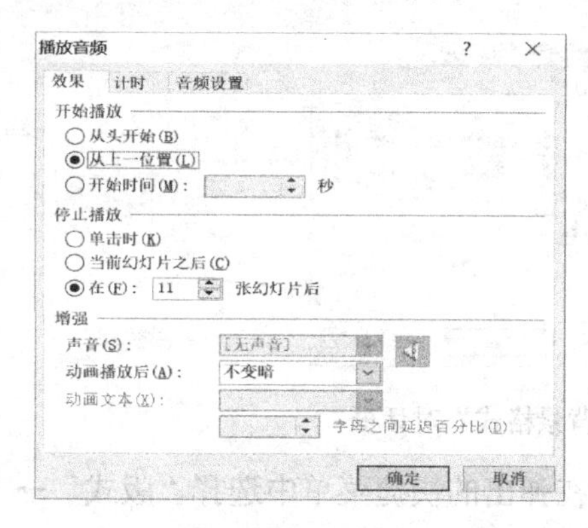

图 10-9 “播放音频”对话框

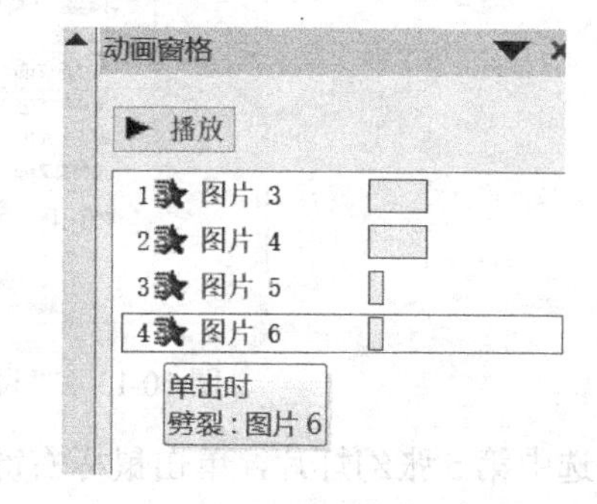

图 10-10 “动画窗格”设置界面

13．插入一个新的幻灯片母版，将其重命名为“中国梦母版 2”，将其背景图片设为素材文件“母版背景图片 2.jpg”，并将图片平铺为纹理。设置第 5 张幻灯片和第 8 张幻灯片，以便应用该母版中的适当版式。

【提示】

（1）选择“视图”→“幻灯片母版”，在“幻灯片母版”选项卡下选择“插入幻灯片母版”，如图 10-11 所示。

（2）选中新插入母版的第一张母版，单击鼠标右键，选择“重命名母版”，如图 10-12 所示。

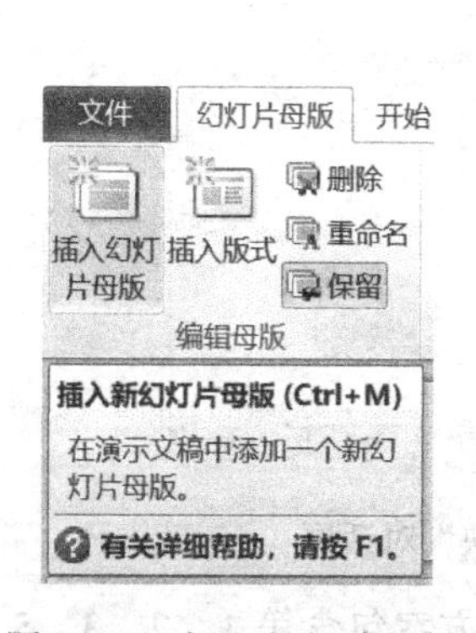

图 10-11 插入幻灯片母版

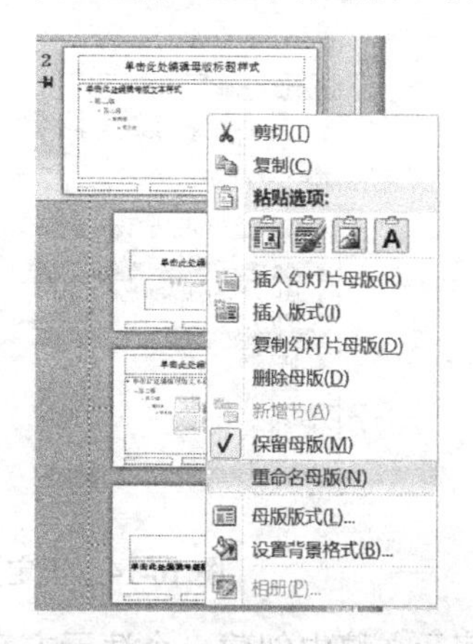

图 10-12 重命名幻灯片母版

（3）选择“幻灯片母版”选项卡下的“背景”→ “背景样式”→“设置背景格式”。

（4）在打开的对话框中，将“填充”设置为“图片或纹理填充”，单击“插入自”下方的“文件（F）”按钮，勾选下方的“将图片平铺为纹理”复选框，单击“关闭”按钮，如图 10-13 所示。

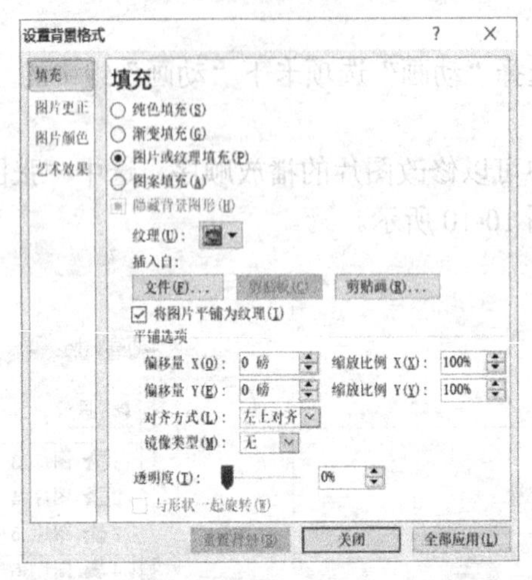

图 10-13 “设置背景格式”对话框

（5）选中第 5 张幻灯片，单击鼠标右键，在弹出的快捷菜单中选择“版式”→“中国梦母版 2”下的“仅标题”版式。第 8 张幻灯片的设置方法与此相同。

14．在该演示文稿中创建一个演示方案，该演示方案包含第 1、2、4、7 张幻灯片，并将该演示方案命名为“放映方案 1”。

【提示】

（1）选择“幻灯片放映”→“自定义幻灯片放映”→“自定义放映”。

（2）在自定义放映窗口中单击“新建”按钮，在打开的窗口中，于“幻灯片放映名称”中输入“放映方案 1”，在左侧的列表框中选中第 1、2、4、7 张幻灯片，单击“添加”按钮添加到右侧的“在自定义放映中的幻灯片”列表中，然后单击“确定”按钮，如图 10-14 所示。

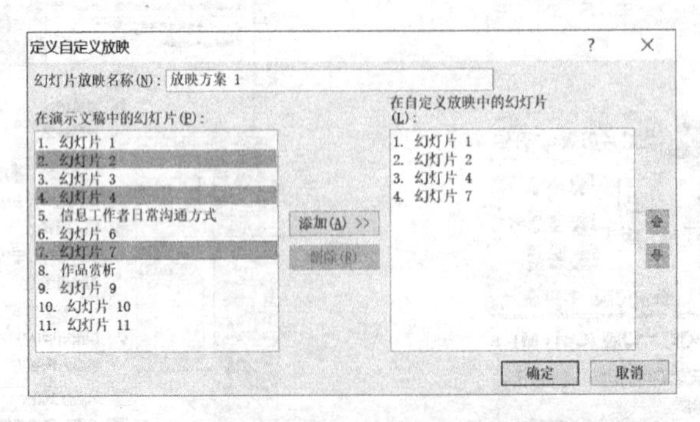

图 10-14 “定义自定义放映”对话框

15．在该演示文稿中创建一个演示方案，该演示方案包含第 1、2、3、5、6 张幻灯片，并将该演示方案命名为“放映方案 2”。

【提示】创建方法仿照“放映方案 1”。

三、样张

具体样张如图 10-15 所示。

图 10-15　样张

图 10-15 样张（续）

实验十一

Access 表和数据库的基本操作

一、实验目的

1．掌握 Access 2010 数据库的创建方法和过程；
2．掌握 Access 2010 表的创建方法和过程；
3．掌握 Access 2010 字段属性的设置方法；
4．掌握 Access 2010 记录的输入方法；
5．掌握 Access 2010 表间关联关系的建立。

二、实验内容

1．建立一个名为“图书馆查询管理系统”的数据库。

启动 Access 2010 后，在 Access 2010 程序窗口上方的“文件”选项卡中选择“新建”，如图 11-1 所示，然后在窗口中部“可用模板”选项区中选择“空数据库”，如图 11-2 所示，在窗口右侧的“创建数据库”选项区中，单击“修改文件位置”按钮，如图 11-3 所示，出现如图 11-4 所示的“文件新建数据库”对话框，在“文件名”文本框中输入“图书馆查询管理系统”，单击“确定”按钮，返回“创建数据库”选项区，单击“创建”按钮。

文件 开始 创建
保存
对象另存为
数据库另存为
打开
关闭数据库
信息
最近所用文件
新建
打印
保存并发布
帮助
选项
退出

图 11-1 “文件”选项卡

图 11-2 “可用模板”选项区

图 11-3 “创建数据库”选项区

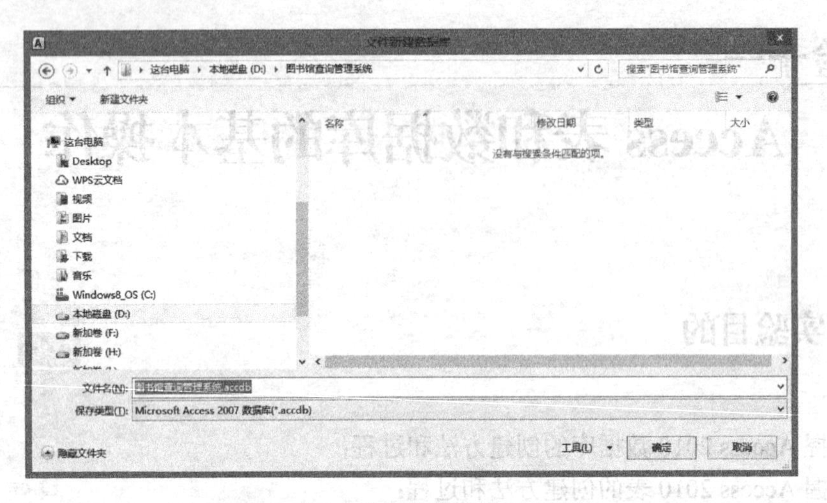

图 11-4 “文件新建数据库”对话框

2. 通过“表设计”功能创建“图书信息表”，并输入如图 11-5 所示的记录。

图书信息表

书籍编号	书籍名称	类别代码	出版社	作者姓名	书籍价格	书籍页码	登记日期	是否借出	单击以添加
1	数字电路	001	高等教育出版社	闫石	35	531	2008/3/5	☑	
2	数据库原理	001	高等教育出版社	萨师煊	27	472	2008/5/16	☑	
3	Access基础教程	002	水利水电出版社	于繁华	22	240	2008/9/8	☐	
4	文化基础	002	高等教育出版社	杨振山	22	300	2010/9/1	☑	
5	计算机网络	001	电子工业出版社	谢希仁	35	457	2011/10/12	☑	
6	计算机世界	003	计算机世界杂志社	计算机世界	8	64	2012/12/3	☐	
7	电脑爱好者	003	电脑爱好者杂志社	电脑爱好者	10	100	2012/11/5	☐	

图 11-5 “图书信息表”记录

（1）打开“图书馆查询管理系统”数据库，单击“创建”选项卡，在“表格”组件中单击“表设计”按钮，打开“表设计”窗口，如图 11-6 所示。

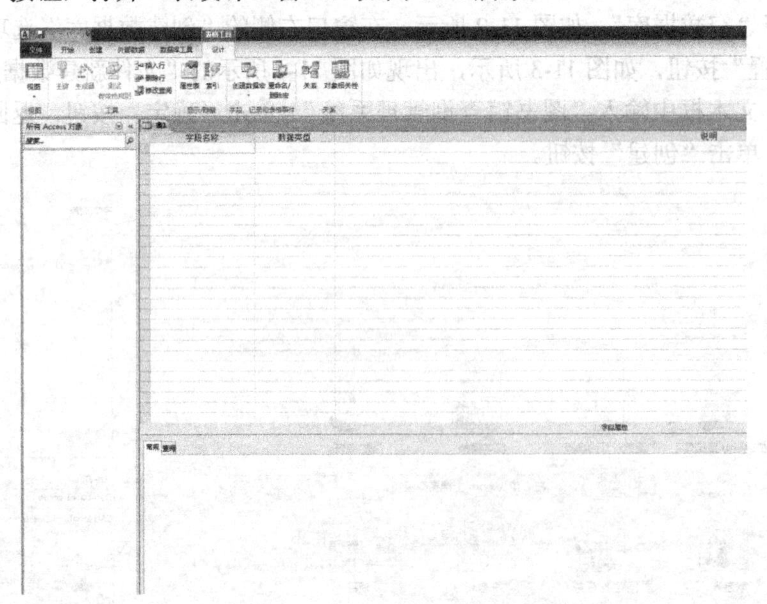

图 11-6 “表设计”窗口

（2）在“字段名称”列下的第一个空白行中输入“书籍编号”，并在本行“数据类型”列中选择“文本”，在“常规”选项卡中将“字段大小”属性值改为20，如图11-7所示。采用同样的方法按照表11-1中的图书信息，依次完成其他字段的定义。

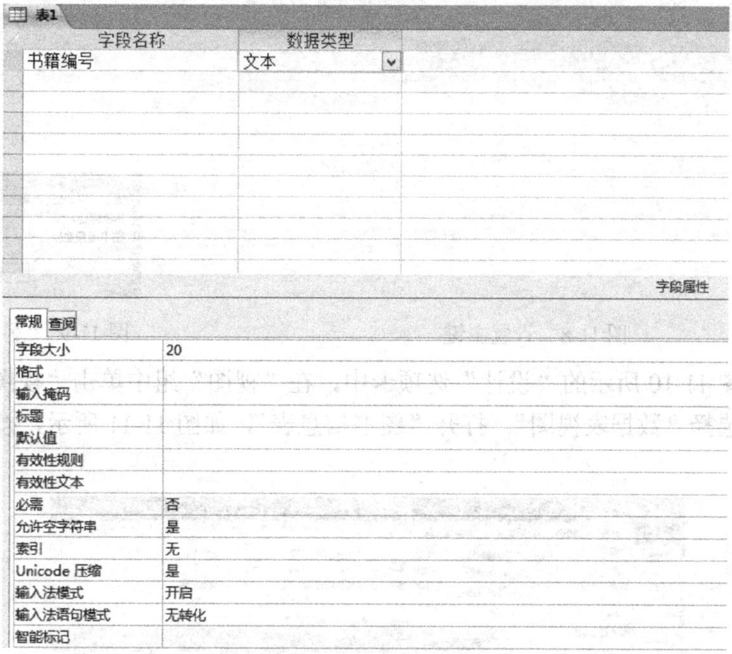

图11-7 定义表中的字段

表11-1 图书信息表

字段名称	数据类型	长　度	备　注
书籍编号	文本	20	主键
书籍名称	文本	50	
类别代码	文本	5	
出版社	文本	50	
作者姓名	文本	30	
书籍价格	数字	单精度	格式：固定；小数位数：2
书籍页码	文本	10	
登记日期	日期/时间		
是否借出	是/否		格式：是/否

（3）完成所有字段的定义后，右键单击“书籍编号”字段，从弹出的快捷菜单中选择“主键”，如图11-8所示，将“书籍编号”字段设为“图书信息表”的主键。

（4）单击工具栏中的“保存”按钮，在如图11-9所示的“另存为”对话框中输入表的名称“图书信息表”。

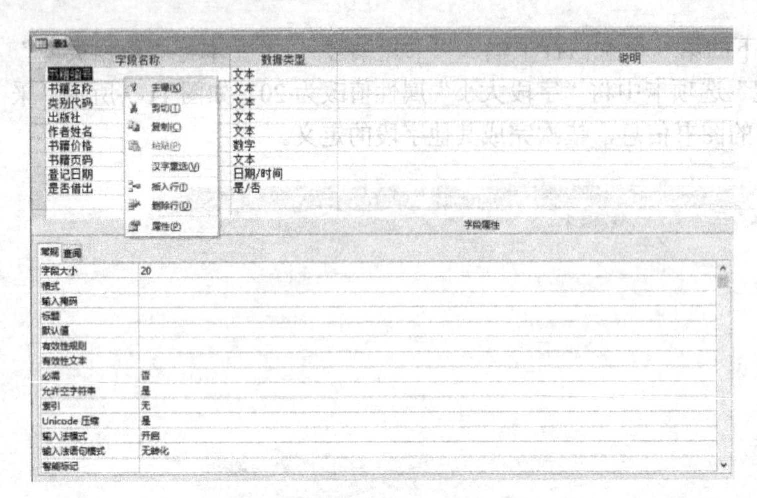

图 11-8 设置主键

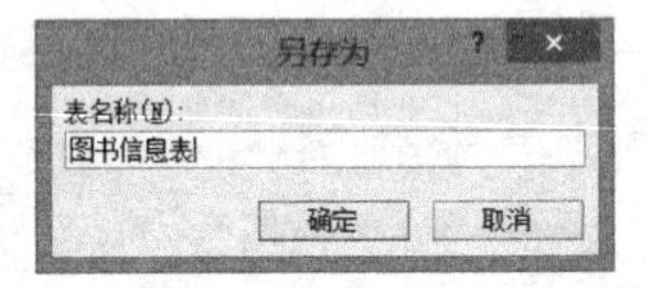

图 11-9 “另存为”对话框

（5）在如图 11-10 所示的“设计”选项卡中，在“视图”组中单击“视图”下拉按钮，从下拉列表中选择“数据表视图”，打开“图书信息表”，如图 11-11 所示，按照给定的信息输入记录。

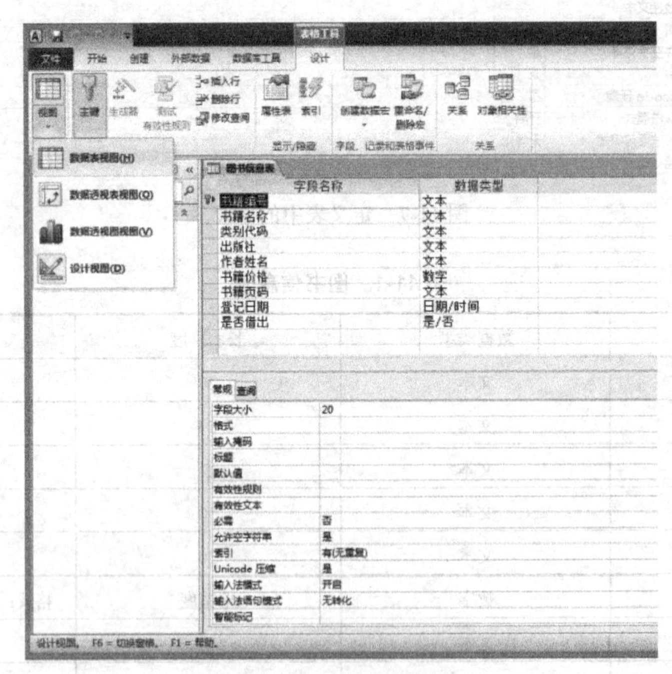

图 11-10 “数据库”窗口

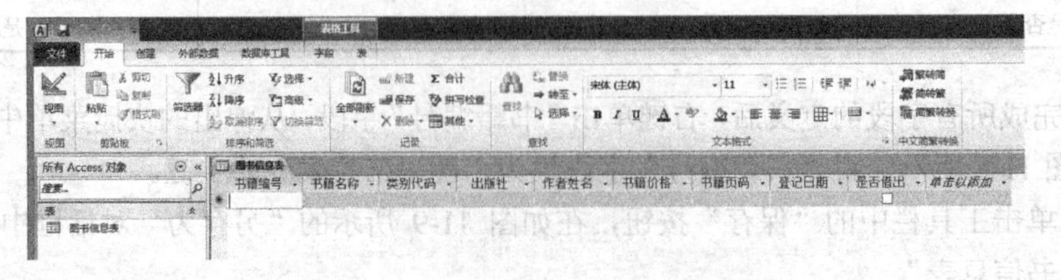

图 11-11 “图书信息表”的数据表视图

（6）输入“日期/时间”类型的数据时，如图 11-12 所示，既可以直接输入数据，也可以单击单元格右侧的“日期时间”按钮，通过“日期”控件选取。输入全部数据后关闭本窗口。

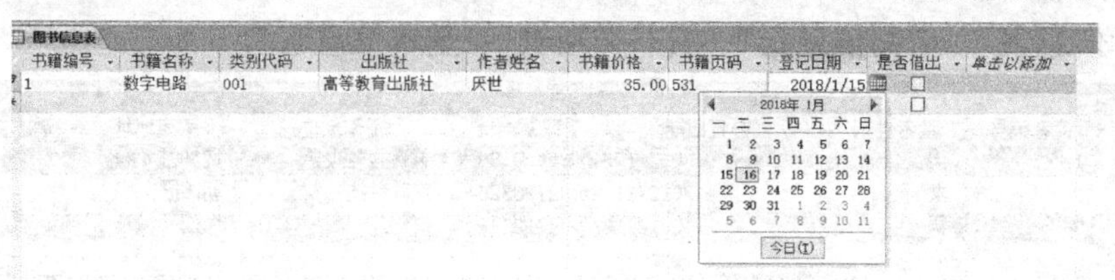

图 11-12　日期/时间类型数据的输入

参照以上设计过程继续创建“读者信息表”“借阅信息表”“图书信息表”“基本信息表”，表结构如表 11-2 至表 11-5 所示。

表 11-2　读者信息表

字段名称	数据类型	长　度	备　注
读者编号	文本	15	主键
读者姓名	文本	10	
读者性别	文本	1	
办证日期	日期/时间		
联系电话	文本	30	
工作单位	文本	50	
家庭地址	文本	50	

表 11-3　借阅信息表

字段名称	数据类型	长　度	备　注
读者编号	文本	15	主键
书籍编号	文本	20	主键
借书日期	日期/时间		主键
还书日期	日期/时间		
超出天数	数字	整型	
罚款金额	数字	单精度	格式：固定；小数位数：2

表 11-4　图书类别表

字段名称	数据类型	长　度	备　注
类别代码	文本	5	主键
书籍类别	文本	20	
借出天数	数字	整型	

表 11-5　基本信息表

字段名称	数据类型	长　度	备　注
借出册数	数字	整型	
罚款	数字	单精度	格式：固定；小数位数：2

输入记录如图 11-13 至图 11-16 所示。读者可以根据自身的情况进行输入，或通过设计视图练习创建表和输入记录，也可从实验素材“图书馆查询管理系统-样例.accdb”中复制并粘贴“读者信息表”“借阅信息表”“图书类别表”“基本信息表”。

读者信息表

	读者姓名	读者编号	读者性别	办证日期	联系电话	工作单位	家庭地址	单击以添加
⊞	田亮	1	男	2012/10/15	85656789	长春师范大学	宽城区	
⊞	胡佳	2	女	2012/11/26	82798326	吉联科技	朝阳区	
⊞	王平	3	男	2012/12/9	84712348	教育厅	绿园区	
*								

图 11-13 “读者信息表”记录

借阅信息表

	读者编号	书籍编号	借书日期	还书日期	超出天数	罚款金额	单击以添加
	1	1	2012/12/14	2013/2/12	0	0.00	
	1	4	2013/3/1	2013/3/22	0	0.00	
	1	5	2013/4/12		0	0.00	
	2	2	2013/4/1		0	0.00	
	2	3	2013/1/9	2013/2/1	0	0.00	
	3	1	2013/5/8		0	0.00	
*							

图 11-14 “借阅信息表”记录

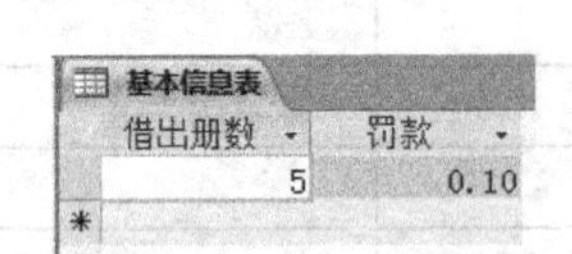

基本信息表

	借出册数	罚款
	5	0.10
*		

图 11-15 “图书类别表”记录

图书类别表

	类别代码	书籍类别	借出天数	单击以添加
⊞	001	专业	30	
⊞	002	基础	60	
⊞	003	报刊	7	
⊞	004	外文	90	
*				

图 11-16 “基本信息表”记录

3．打开“图书馆查询管理系统-样例.accdb”中的“员工表”，修改其字段属性。

（1）将“员工编号”字段的“输入掩码”属性设置为 1 位字母+2 位数字。

（2）将“出生日期”字段的显示格式设置为××月××日××××，如 09 月 06 日 1970。

（3）将“部门”字段的“标题”属性设置为“所在部门”，将“默认值”属性设置为“中文期刊”。

（4）将“性别”字段的“有效性规则”属性设置为“性别只能是男或女”。

【操作提示】

在“数据库”窗口的对象列表中右键单击“员工表”，从快捷菜单中选择“设计视图”命令，打开设计视图。

（1）在“员工表”的设计视图中选中“员工编号”字段，并在“字段属性”区的“输入掩码”属性框中输入“L00”，如图 11-17 所示。

（2）在“员工表”的设计视图中选中“出生日期”字段，并在其“字段属性”区的“格式”属性框中输入“mm 月 dd 日 yyyy”，如图 11-18 所示。

（3）在“员工表”的设计视图中选中“部门”字段，并在其“字段属性”区的“标题”属性框中输入“所在部门”，在“默认值”属性框中输入“中文期刊”，如图 11-19 所示。

（4）在“员工表”的设计视图中选中“性别”字段，并在其“字段属性”区的“有效性规则”属性框中输入“"男" or "女"”，如图 11-20 所示。

员工表

字段名称	数据类型	说
员工编号	文本	
姓名	文本	
性别	文本	
出生日期	日期/时间	
部门	文本	
照片	OLE 对象	

字段属性

常规 查阅

字段大小	255
格式	@
输入掩码	L00
标题	
默认值	
有效性规则	
有效性文本	
必需	否
允许空字符串	是
索引	有(无重复)
Unicode 压缩	否
输入法模式	开启
输入法语句模式	无转化
智能标记	

图 11-17　设置“输入掩码”属性

员工表

字段名称	数据类型	说
员工编号	文本	
姓名	文本	
性别	文本	
出生日期	日期/时间	
部门	文本	
照片	OLE 对象	

字段属性

常规 查阅

格式	mm\月dd\日yyyy
输入掩码	
标题	
默认值	
有效性规则	
有效性文本	
必需	否
索引	无
输入法模式	关闭
输入法语句模式	无转化
智能标记	
文本对齐	常规
显示日期选取器	为日期

图 11-18　设置“格式”属性

员工表

字段名称	数据类型	说
员工编号	文本	
姓名	文本	
性别	文本	
出生日期	日期/时间	
部门	文本	
照片	OLE 对象	

字段属性

常规 查阅

字段大小	255
格式	@
输入掩码	
标题	所在部门
默认值	"中文期刊"
有效性规则	
有效性文本	
必需	否
允许空字符串	是
索引	无
Unicode 压缩	否
输入法模式	开启
输入法语句模式	无转化
智能标记	

图 11-19 设置“标题”和“默认值”属性

员工表

字段名称	数据类型	说明
员工编号	文本	
姓名	文本	
性别	文本	
出生日期	日期/时间	
部门	文本	
照片	OLE 对象	

字段属性

常规 查阅

字段大小	255
格式	@
输入掩码	
标题	
默认值	
有效性规则	"男" Or "女"
有效性文本	
必需	否
允许空字符串	是
索引	无
Unicode 压缩	否

图 11-20 设置“有效性规则”属性

单击工具栏上的“保存”按钮，完成字段属性的设置。修改后的样式可切换到数据表视图查看，如图 11-21 所示。

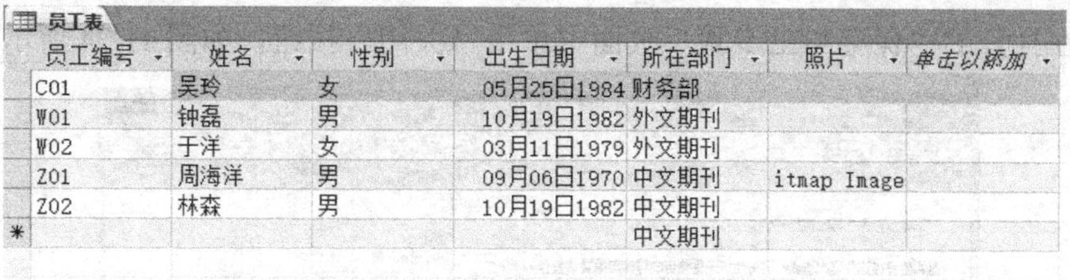

员工表

员工编号	姓名	性别	出生日期	所在部门	照片	单击以添加
C01	吴玲	女	05月25日1984	财务部		
W01	钟磊	男	10月19日1982	外文期刊		
W02	于洋	女	03月11日1979	外文期刊		
Z01	周海洋	男	09月06日1970	中文期刊	itmap Image	
Z02	林森	男	10月19日1982	中文期刊		
*				中文期刊		

图 11-21　修改后的“员工表”数据表视图

4．打开“图书馆查询管理系统-样例.accdb”中的“读者信息表”，将其导出为 Excel 文件。

将“读者信息表”导出为“读者 xls.xlsx”的步骤如下。

（1）在“数据库”窗口的对象列表中右键单击“读者信息表”，如图 11-22 所示，从快捷菜单中选择“导出”子菜单中的“Excel 文件”命令。

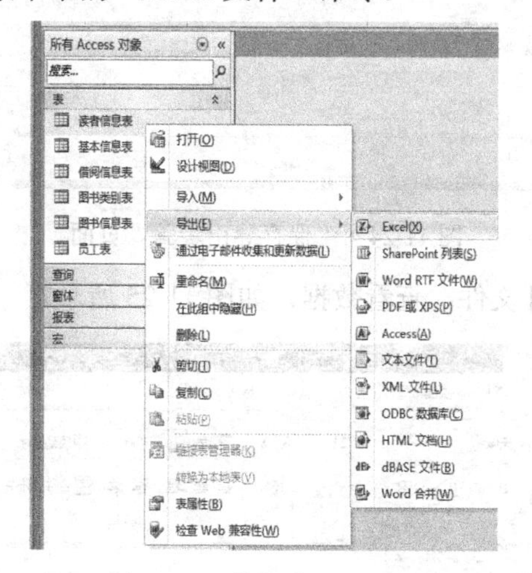

图 11-22　数据库导出选项

（2）在如图 11-23 所示的“导出-Excel 电子表格”对话框中，单击“浏览”按钮，在“保存文件”对话框中，设置存储路径和文件名后，单击“确定”按钮。

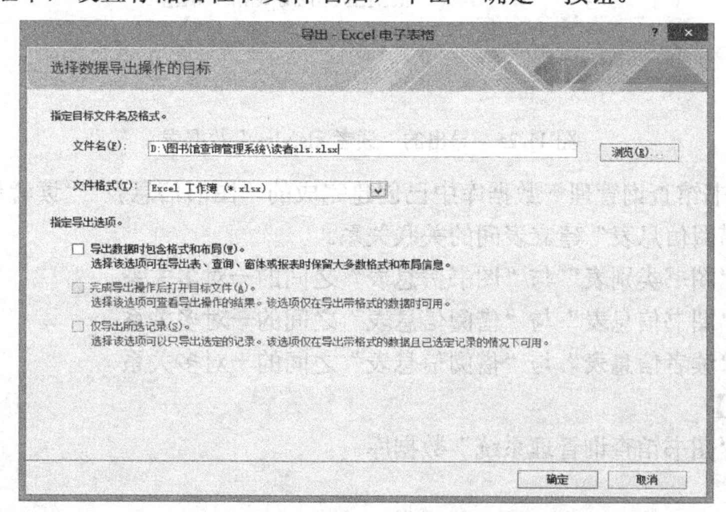

图 11-23　“导出-Excel 电子表格”对话框

（3）在打开的“保存导出步骤”页面中单击“关闭”按钮，如图 11-24 所示。

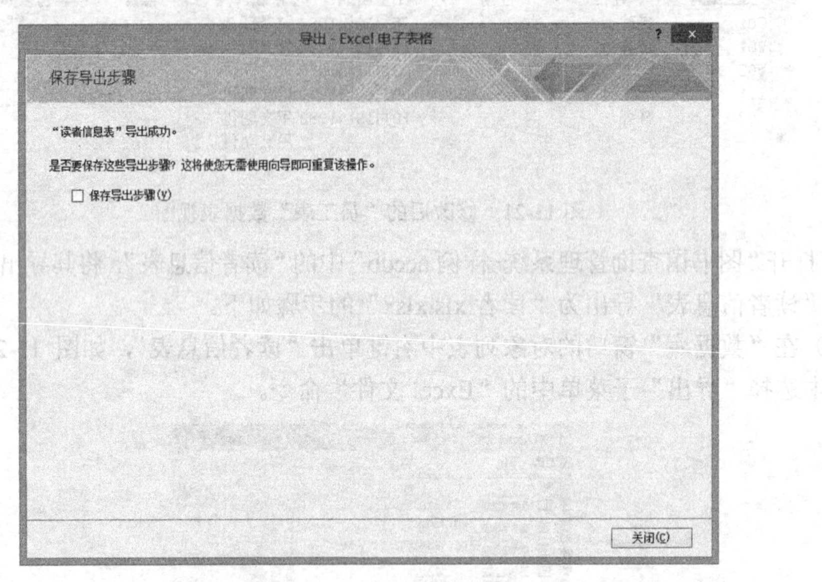

图 11-24 “保存导出步骤”页面

（4）打开导出的 Excel 文件，查看数据，如图 11-25 所示。

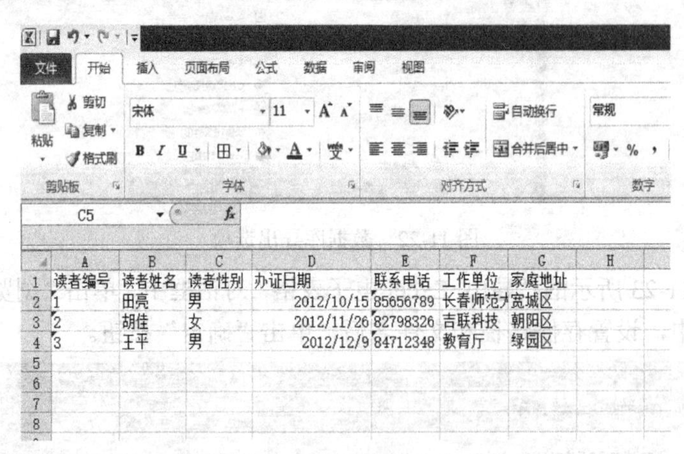

读者编号	读者姓名	读者性别	办证日期	联系电话	工作单位	家庭地址
1	田亮	男	2012/10/15	85656789	长春师范	宽城区
2	胡佳	女	2012/11/26	82798326	吉联科技	朝阳区
3	王平	男	2012/12/9	84712348	教育厅	绿园区

图 11-25 导出的“读者 xls.xlsx”数据表

5．为“图书馆查询管理”数据库中已创建完成的“图书信息表”“读者信息表”“图书类别表”和“借阅信息表”建立表间的关联关系。

（1）建立“图书类别表”与“图书信息表”之间的一对多关系。

（2）建立“图书信息表”与“借阅信息表”之间的一对多关系。

（3）建立“读者信息表”与“借阅信息表”之间的一对多关系

【操作提示】

（1）打开“图书馆查询管理系统”数据库。

（2）单击“数据库工具”选项卡“关系”组中的“关系”按钮，在如图 11-26 所示的“显示表”对话框中选中 4 张表，单击“添加”按钮，弹出如图 11-27 所示的“关系”窗口，单击“关闭”按钮。

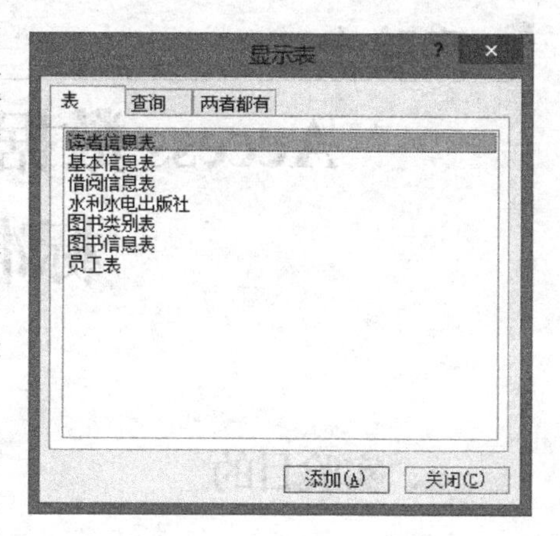

图 11-26 “显示表”对话框

在“关系”窗口中，按住鼠标左键，将“图书类别表”中的“类别代码”字段拖到“图书信息表”的“类别代码”字段上后，松开鼠标左键，弹出“编辑关系”对话框，如图 11-28 所示。

（3）在“编辑关系”对话框中，选择“实施参照完整性”，再单击“创建”按钮，两个表之间就有了一条连线，由此“图书类别表”和“图书信息表”之间就建立了一对多的关联关系，如图 11-29 所示。

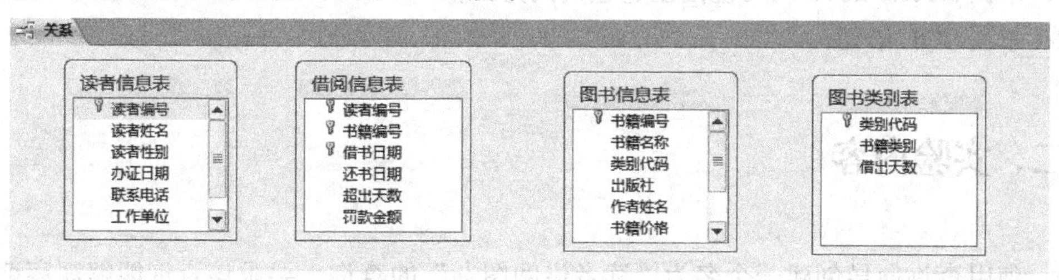

图 11-27 “关系”窗口

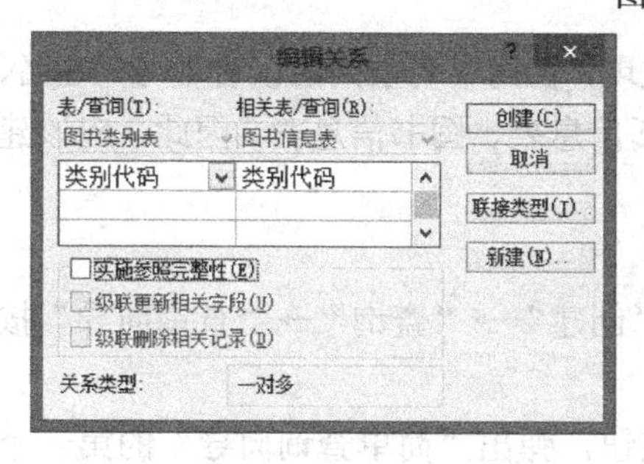

图 11-28 “编辑关系”对话框

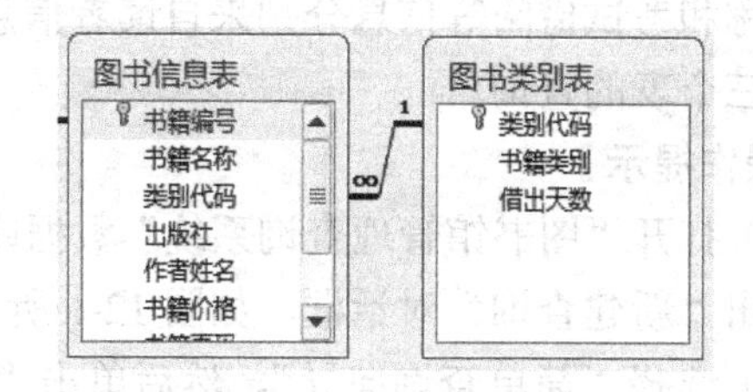

图 11-29 “图书类别表”与“图书信息表”间的一对多关系

（4）采用同样的方法，创建“图书信息表”与“借阅信息表”、“读者信息表”与“借阅信息表”之间的一对多关系。设计好的“图书馆查询管理系统”数据库中的表间关联关系如图 11-30 所示。

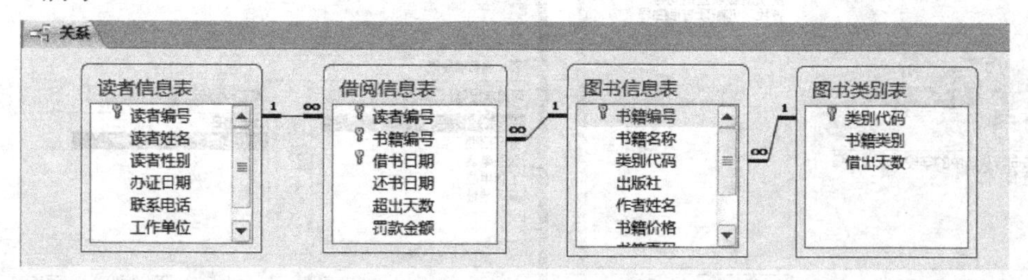

图 11-30 设计好的“关系”窗口

（5）关闭“关系”窗口，保存对关系布局的更改。

实验十二

Access 数据查询和关系数据库标准语言 SQL

一、实验目的

1．掌握 Access 2010 利用视图创建查询的方法；

2．掌握 SQL 语句。

二、实验内容

1．使用查询向导创建一个名为“读者借阅图书”的查询。要求该查询能够观察读者编号、姓名、书籍名称及借阅的情况。

分析题目要求及“图书馆管理查询系统”数据库发现，查询中观察到的读者编号、姓名、书籍名称和考试借阅等信息分别来自读者信息表、借阅信息表、图书信息表。因此，应该建立基于三个表的查询。

【操作提示】

（1）打开“图书馆管理查询系统”数据库，单击“创建”→“查询”→“查询向导”按钮，弹出“新建查询”对话框，如图 12-1 所示。

（2）选择“简单查询向导”，然后单击“确定”按钮，弹出“简单查询向导”的第一个对话框，如图 12-2 所示。

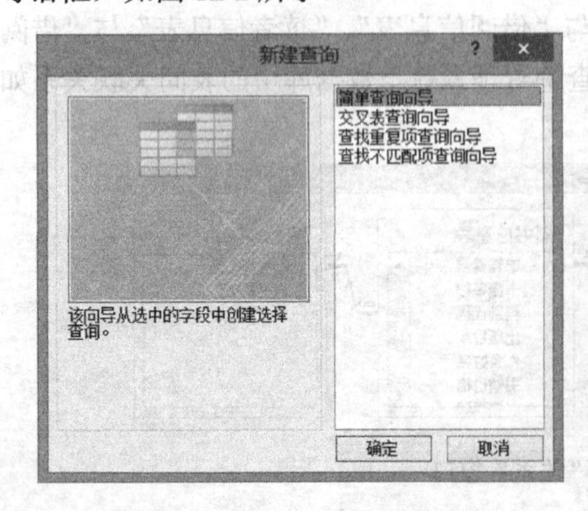

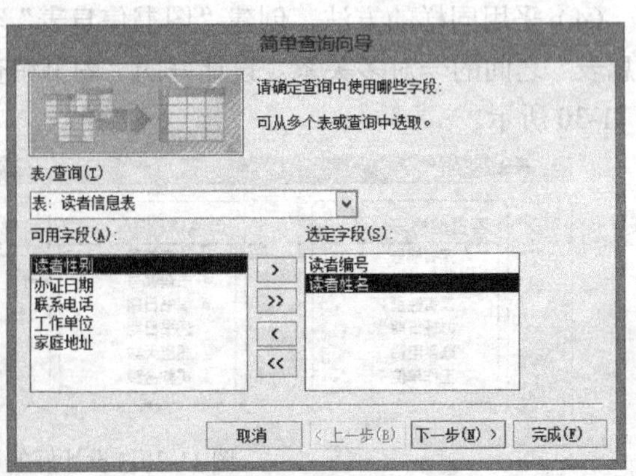

图 12-1　“新建查询”对话框　　图 12-2　“简单查询向导”的第一个对话框

（3）选择查询的数据源。在该对话框中，单击“表/查询”下拉列表框右侧的下拉箭头按钮，从弹出的下拉列表中选择“表：读者信息表”。这时，“可用字段”列表框中显示“读者信息表”表中包含的所有字段。双击“读者编号”和“读者姓名”字段，将其添加到“选定字段”列表框中。

使用相同的方法，将“图书信息表”表中的“书籍名称”及“借阅信息表”表中的“借书日期”和“还书日期”添加到“选定字段”列表框中。最终结果如图 12-3 所示。

（4）单击“下一步”按钮，弹出“简单查询向导”的第二个对话框。选择“明细（显示每个记录的每个字段）”，如图 12-4 所示。

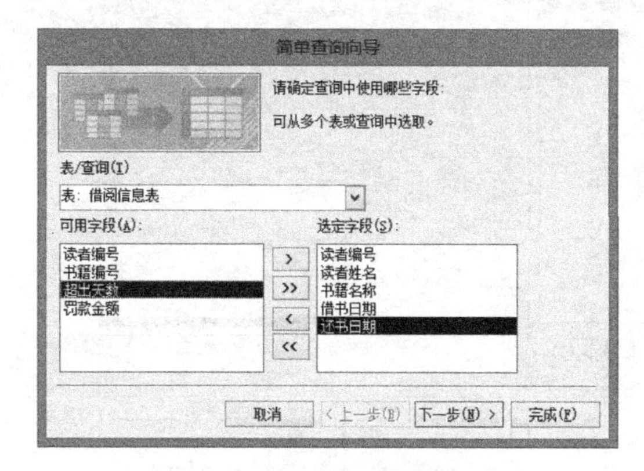

图 12-3　字段选定最终结果

图 12-4　明细查询和汇总查询

（5）单击“下一步”按钮，弹出“简单查询向导”的第三个对话框。在“请为查询指定标题”文本框中输入“读者借阅图书”。

（6）单击“完成”按钮，查询结果如图 12-5 所示。

读者借阅图书

读者姓名	书籍名称	借书日期	还书日期	读者编号
田亮	数字电路	2012/12/14	2013/2/12	1
田亮	文化基础	2013/3/1	2013/3/22	1
田亮	计算机网络	2013/4/12		1
胡佳	数据库原理	2013/4/1		2
胡佳	Access基础教程	2013/1/9	2013/2/1	2
王平	数字电路	2013/5/8		3
*				

图 12-5　读者借阅图书查询结果

2．创建一个名为“查询价格”的单表选择查询。

以“图书信息表”作为数据来源，查找书籍价格在 30 元以下的图书记录，查询结果如图 12-6 所示。

查询价格

书籍编号	书籍名称	类别代码	出版社	作者姓名	书籍价格
2	数据库原理	001	高等教育出版社	萨师煊	27
3	Access基础教程	002	水利水电出版社	于繁华	22
4	文化基础	002	高等教育出版社	杨振山	22
6	计算机世界	003	计算机世界杂志社	计算机世界	8
7	电脑爱好者	003	电脑爱好者杂志社	电脑爱好者	10
*					0

图 12-6　查询结果表

【操作提示】

（1）单击“创建”→“查询”→“查询设计”按钮，打开“查询设计”窗口和“显示表”对话框，如图 12-7 所示。

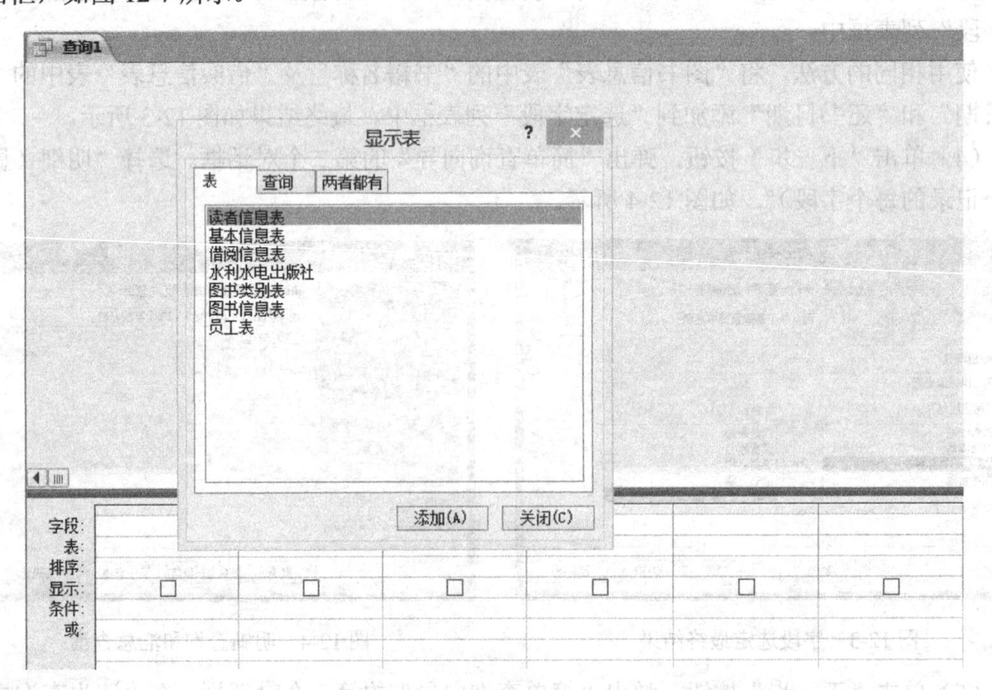

图 12-7 “查询设计”窗口和“显示表”对话框

（2）在“显示表”对话框中，选定“图书信息表”并单击“添加”按钮，将它添加到“查询设计”窗口中，然后关闭“显示表”对话框，如图 12-8 所示。

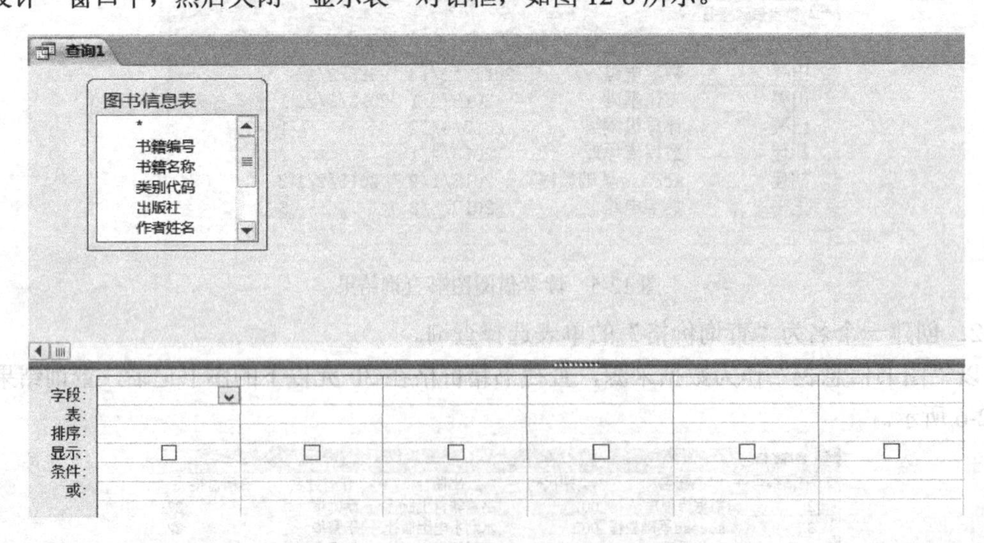

图 12-8 确定数据源的“查询设计”窗口

（3）在“设计网格”区的“字段”行中分别选定各列所要显示的字段内容，并在“书籍价格”列的“条件”行输入“<30”，如图 12-9 所示。

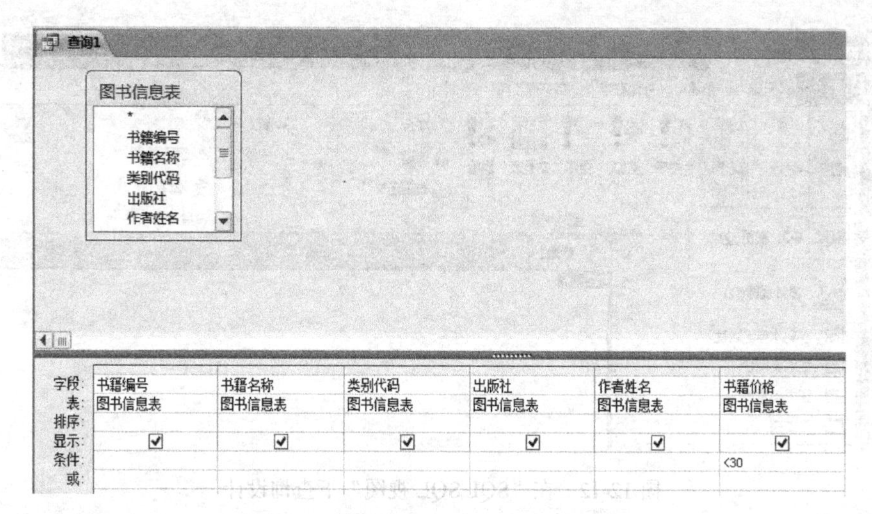

图 12-9　设计完成的“查询设计”窗口

（4）单击工具栏上的“保存”按钮，在弹出的“另存为”对话框中将查询命名为“查询价格”，如图 12-10 所示。单击“确定”按钮，完成查询的建立过程。

（5）单击工具栏上的“运行”按钮可看到如图 12-6 所示的结果。

（6）切换到“SQL SQL 视图”，如图 12-11 所示，查看上述查询的 SQL 语句。

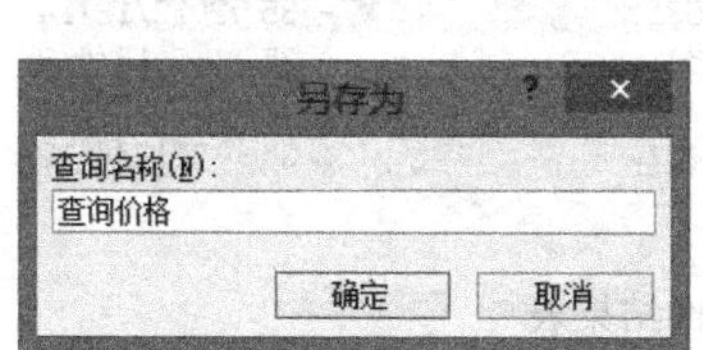

图 12-10　“另存为”对话框　　　　图 12-11　切换到“SQL SQL 视图”

3．利用 SQL 语句创建一个名为“查询性别”的查询。

以“读者信息表”为数据源，查询男性读者的信息，结果按“读者编号”升序排序。

【操作提示】

单击“创建”→“查询”→“查询设计”按钮，关闭“显示表”对话框，切换到“SQL SQL 视图”，如图 12-12 所示。

在代码编写区域输入：

```
SELECT 读者信息表.读者编号, 读者信息表.读者姓名, 读者信息表.读者性别, 读者信息表.办证日期
FROM 读者信息表
WHERE(((读者信息表.读者性别)="男"))
ORDERBY 读者信息表.读者编号;
```

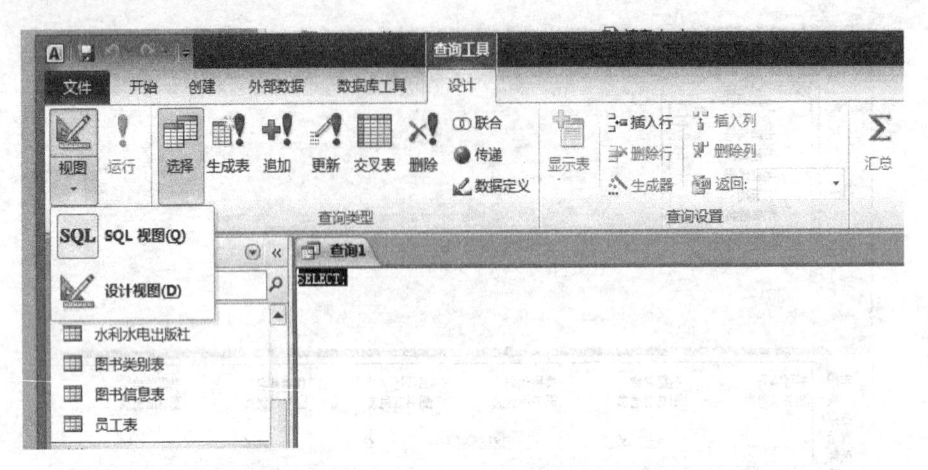

图 12-12　在“SQL SQL 视图”下查询设计

查询性别

读者编号	读者姓名	读者性别	办证日期
1	田亮	男	2012/10/15
3	王平	男	2012/12/9

图 12-13　查询结果表

（2）单击工具栏上的“保存”按钮，在弹出的“另存为”对话框中将查询命名为“查询性别”，完成查询的建立过程。

（3）单击工具栏上的“运行”按钮可看到如图 12-13 所示的结果。

4．创建一个名为“查询专业”的多表选择查询。

以“图书信息表”“图书类别表”“借阅信息表”和“读者信息表”作为数据来源，查找专业类别图书的借阅情况，查询结果如图 12-14 所示。

查询_专业

读者编号	读者姓名	书籍名称	书籍页码	书籍价格	借书日期
1	田亮	数字电路	531	35	2012/12/14
3	王平	数字电路	531	35	2013/5/8
2	胡佳	数据库原理	472	27	2013/4/1
1	田亮	计算机网络	457	35	2013/4/12
*					

图 12-14　查询结果表

【操作提示】

（1）单击“创建”→“查询”→“查询设计”按钮，打开“查询设计”窗口和“显示表”对话框，如图 12-7 所示。

（2）在“显示表”对话框中，依次选定查询所需要的数据来源表“读者信息表”“借阅息表”“图书信息表”“图书类别表”，并单击“添加”按钮，将它们分别添加到“查询设计”窗口中，然后关闭“显示表”对话框，如图 12-15 所示。

（3）在“设计网格”区的“字段”行中分别选定各列所要显示的字段内容，并在“书籍类别”列的“条件”行输入“专业”，取消对“显示”复选框的选中，如图 12-16 所示。

（4）单击工具栏上的“保存”按钮，在弹出的“另存为”对话框中将查询命名为“查询类别”。单击“确定”按钮，完成查询的建立过程。

（5）单击工具栏上的“运行”按钮，可看到如图 12-14 所示的结果。

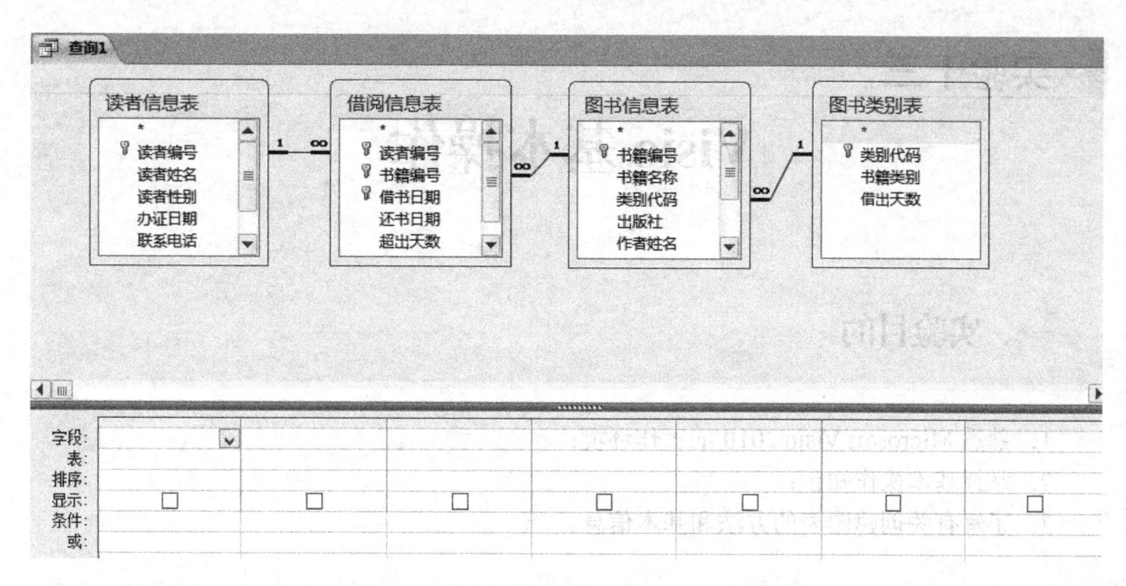

图 12-15　确定数据源的“查询设计”窗口

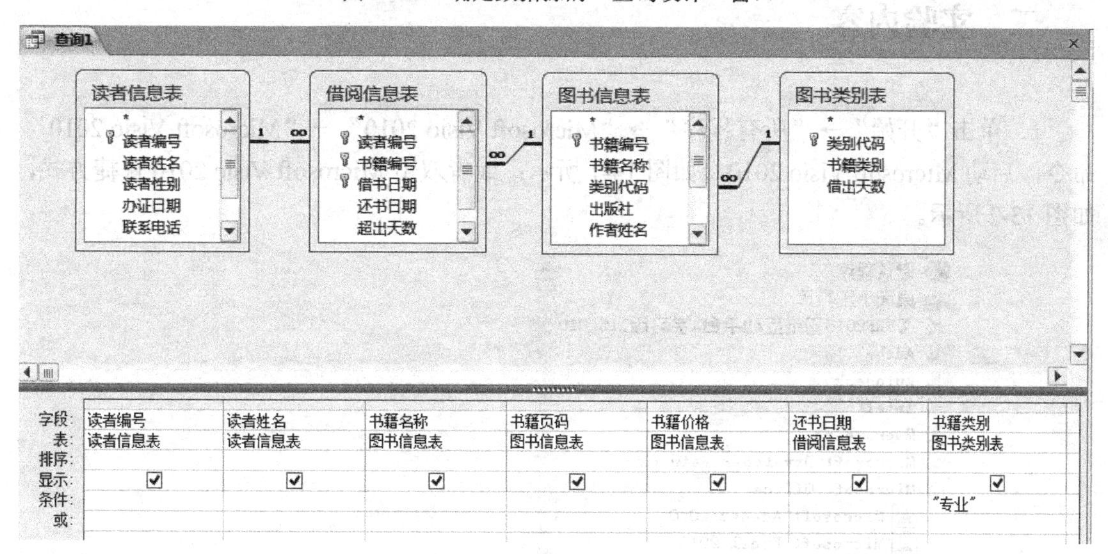

图 12-16　设计完成的“查询设计”窗口

（6）切换到“SQL 视图”，查看上述查询的 SQL 语句，具体如下：

SELECT 读者信息表.读者编号, 读者信息表.读者姓名, 图书信息表.书籍名称, 图书信息表.书籍页码, 图书信息表.书籍价格, 借阅信息表.借书日期

FROM(图书类别表 INNERJOIN 图书信息表 ON 图书类别表.类别代码=图书信息表.类别代码) INNERJOIN(读者信息表 INNERJOIN 借阅信息表 ON 读者信息表.读者编号=借阅信息表.读者编号) ON 图书信息表.书籍编号=借阅信息表.书籍编号

WHERE(((图书类别表.书籍类别)="专业"));

实验十三

Visio 基本操作

一、实验目的

1. 熟悉 Microsoft Visio 2010 的工作环境；
2. 掌握基本操作知识；
3. 了解有关创建图表的方法和基本信息。

二、实验内容

1. 单击“开始”→“所有程序”→“Microsoft Visio 2010”→“Microsoft Visio 2010”命令，启动 Microsoft Visio 2010，如图 13-1 所示；或者双击 Microsoft Visio 2010 快捷方式，如图 13-2 所示。

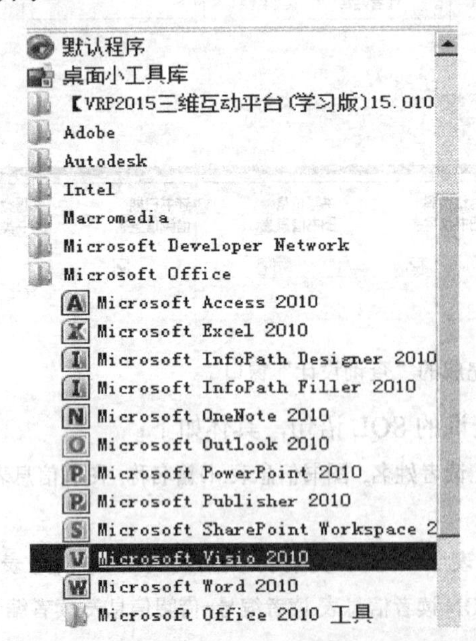

图 13-1 菜单启动 Microsoft Visio 2010

图 13-2 快捷方式启动 Visio 2010

2. 正常启动 Microsoft Visio 2010 后，在默认情况下，软件显示如图 13-3 所示的初始工作界面，该界面中的“模板类别”任务窗格将模板组织到更简单的模板类别中。借助每个模板的缩略图预览和说明，用户可以快速识别最适合图表的模板。每个类别中最常用的

Microsoft Visio 2010 模板显示在相应类别视图的顶部。

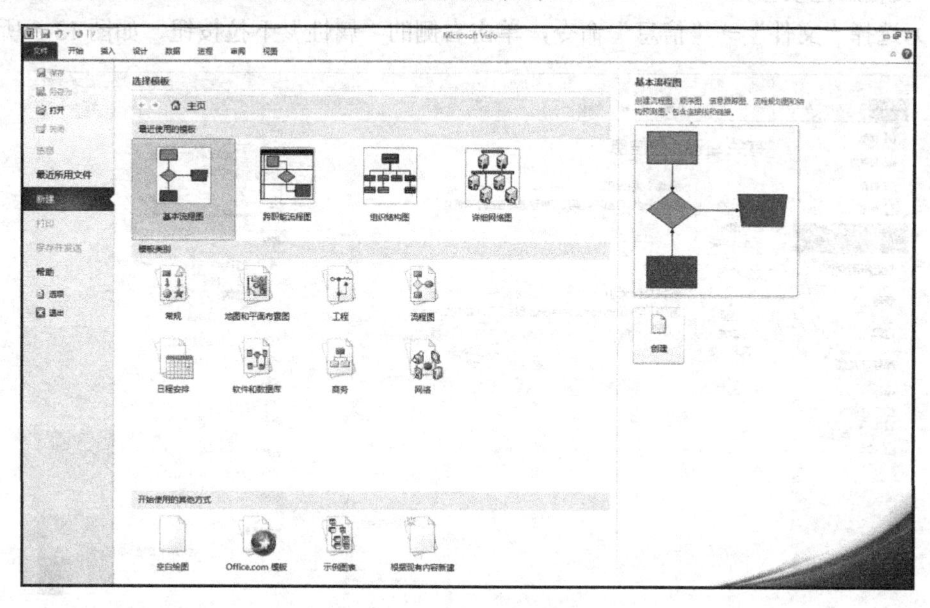

图 13-3　初始工作界面

3．设置高级选项，选择“文件”→“选项”命令，单击“高级”选项，对高级选项中的内容进行修改并保存，如图 13-4 所示。

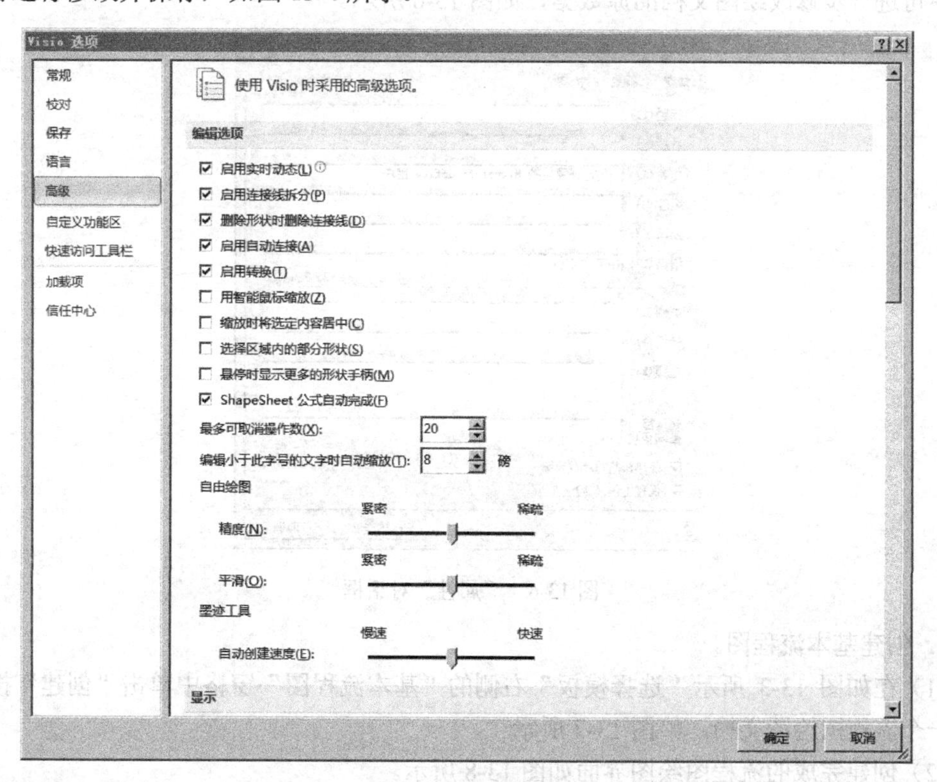

图 13-4　编辑高级选项

4．文档属性设置。

（1）选择“文件”→“信息”命令，单击右侧的“属性”下拉按钮，如图 13-5 所示。

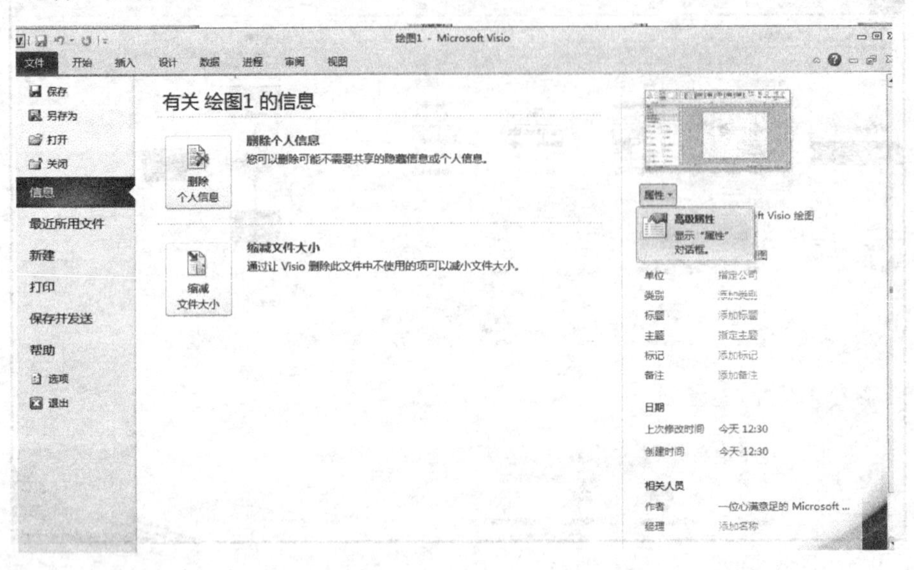

图 13-5　文档信息

（2）在弹出的下拉列表中执行“高级属性”命令，打开绘图文档的属性对话框，在该对话框中可进一步修改绘图文档的原数据，如图 13-6 所示。

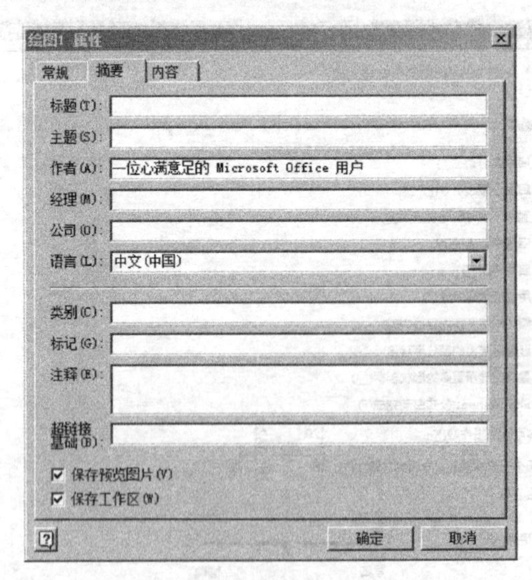

图 13-6　“属性”对话框

5．创建基本流程图。

（1）在如图 13-3 所示“选择模板”右侧的“基本流程图”窗格中单击“创建”按钮，创建一个流程图绘图文档，如图 13-7 所示。

（2）创建完成的流程图绘图界面如图 13-8 所示。

（3）单击“基本流程图形状”模具中所需要的按钮，并拖动到绘图窗格中，如图 13-9 所示。

（4）单击“开始”→“工具”→“连接线”按钮，连接形状，如图 13-10 所示。

（5）双击形状，在其中添加文字，如图 13-11 所示。

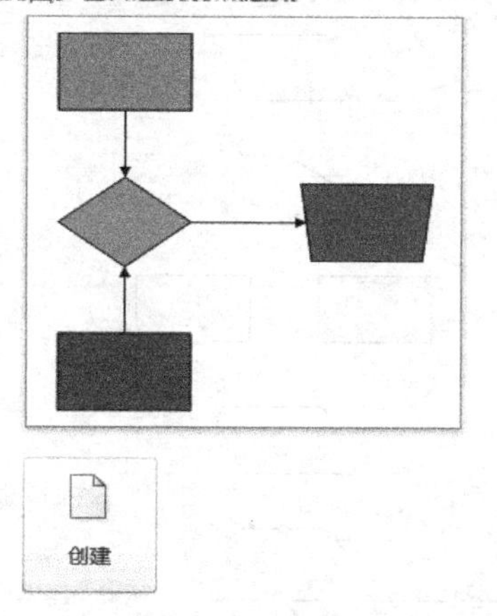

图 13-7 创建流程图

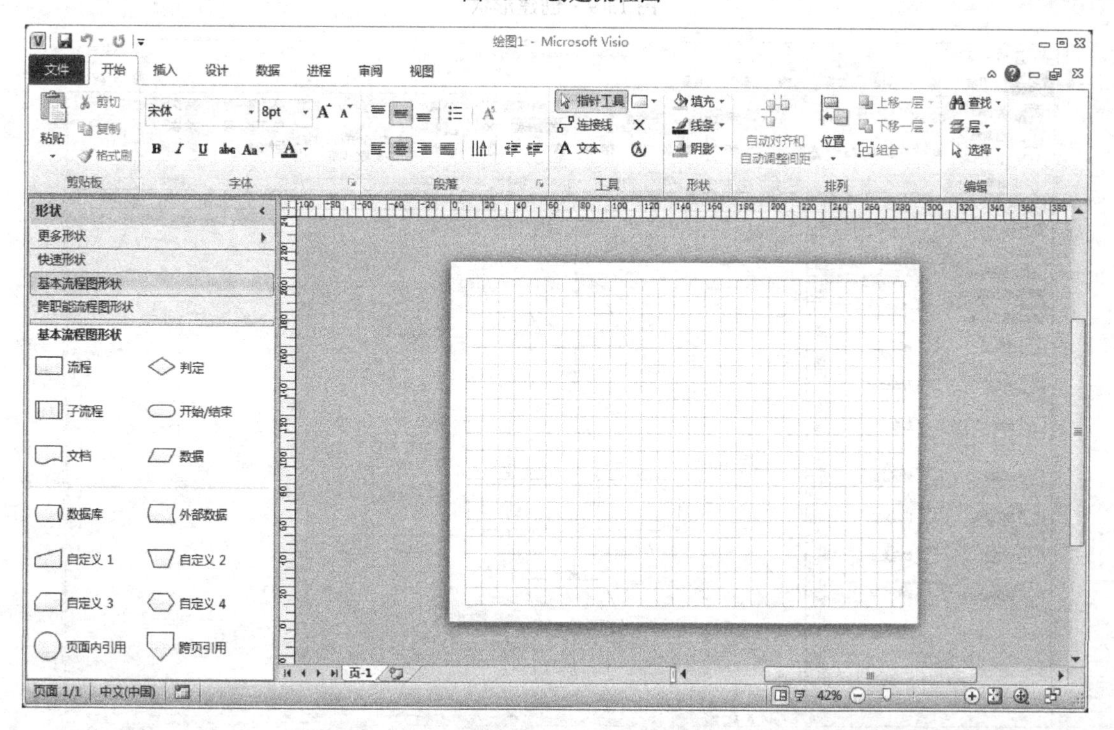

图 13-8　流程图界面

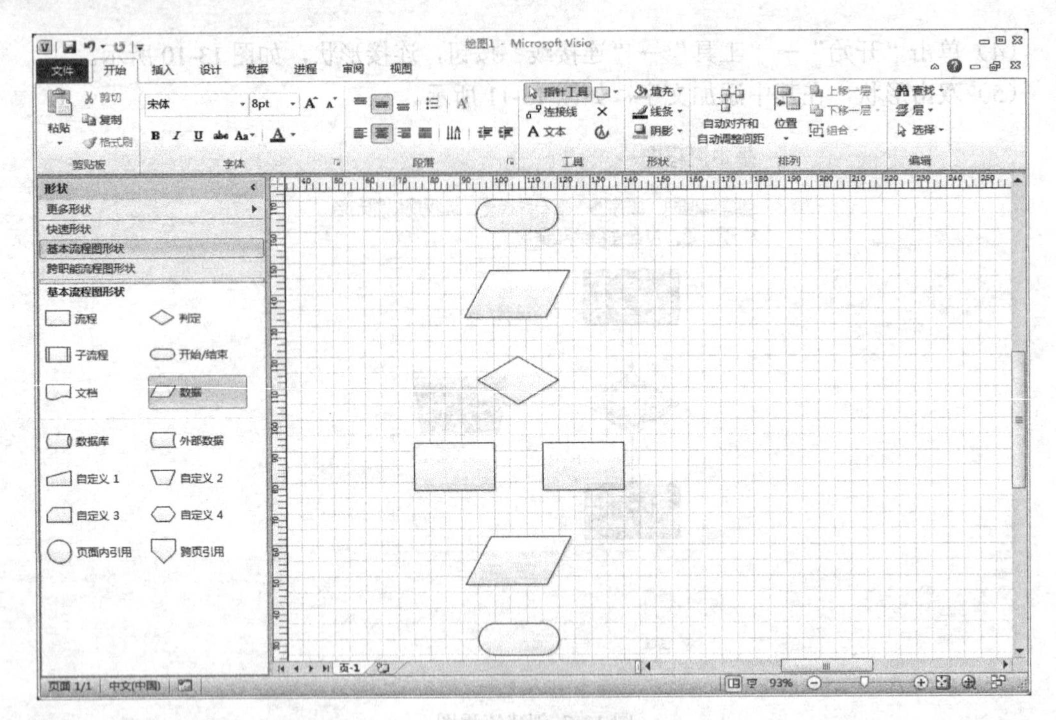

图 13-9 创建形状

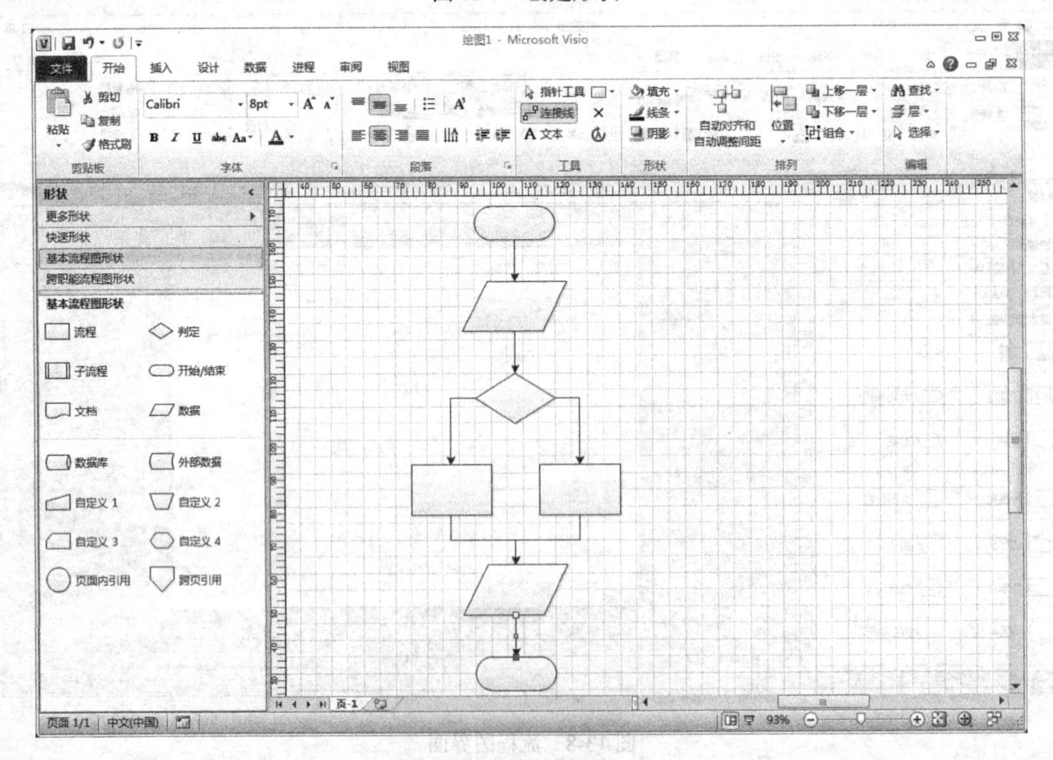

图 13-10 连接形状

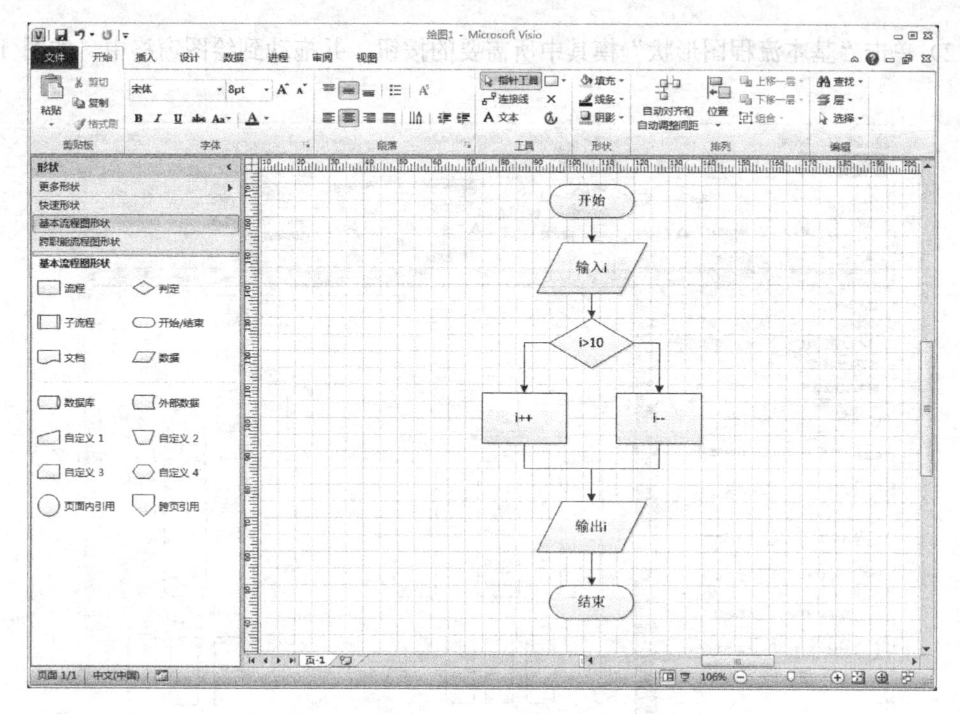

图 13-11　添加文字

6．创建基本模块图。

（1）在“选择模板”右侧的“基本流程图”界面中单击“创建”按钮，创建一个模块图的绘图文档。创建完成的模块图绘图界面如图 13-12 所示。

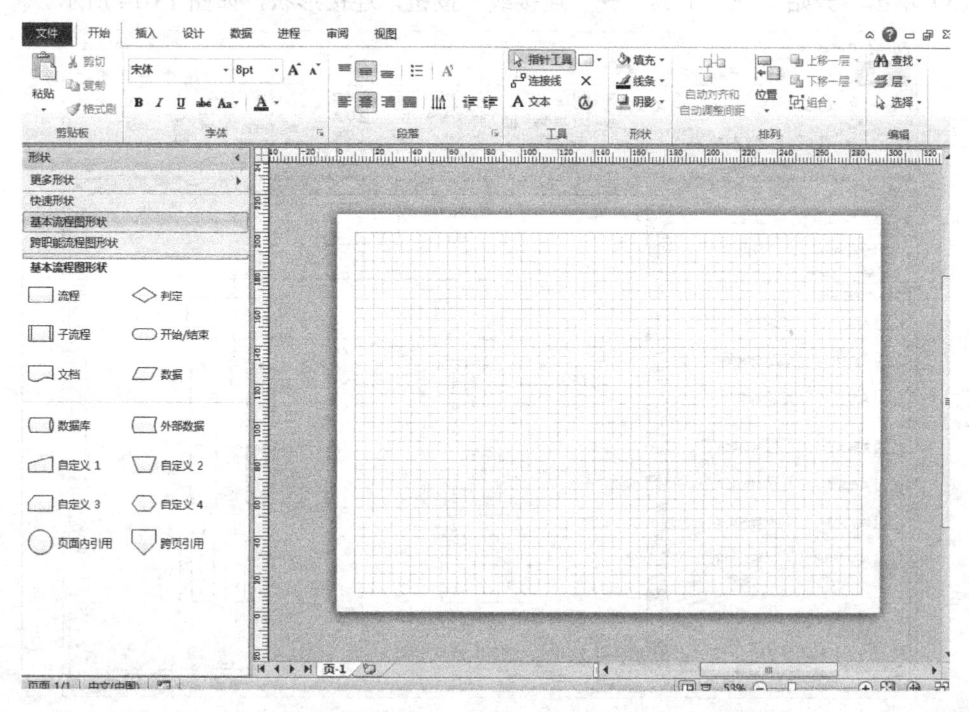

图 13-12　模块图界面

（2）单击“基本流程图形状”模具中所需要的按钮，并拖动到绘图窗格中，如图 13-13 所示。

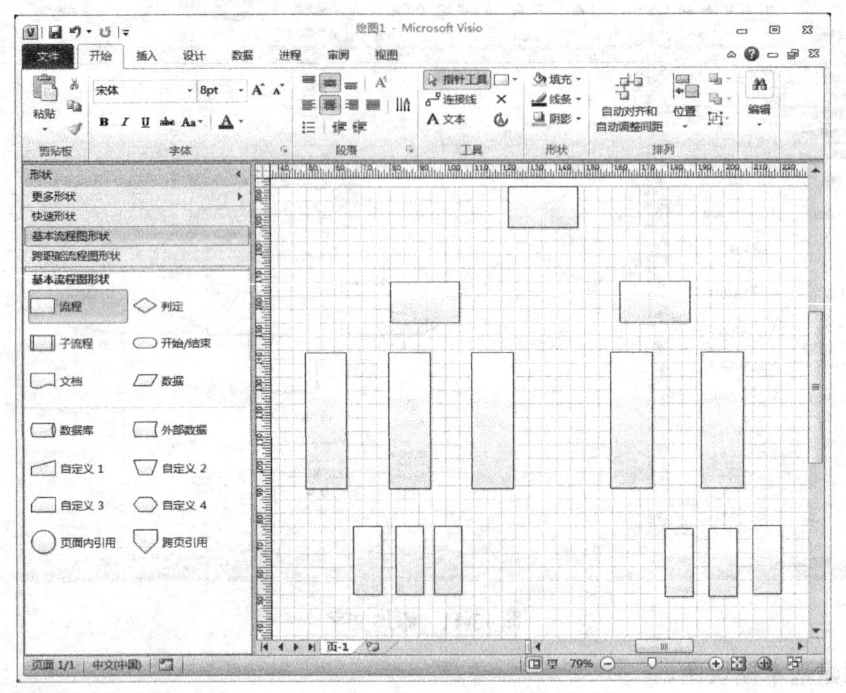

图 13-13 创建形状

（3）单击“开始”→“工具”→“连接线”按钮，连接形状，如图 13-14 所示。

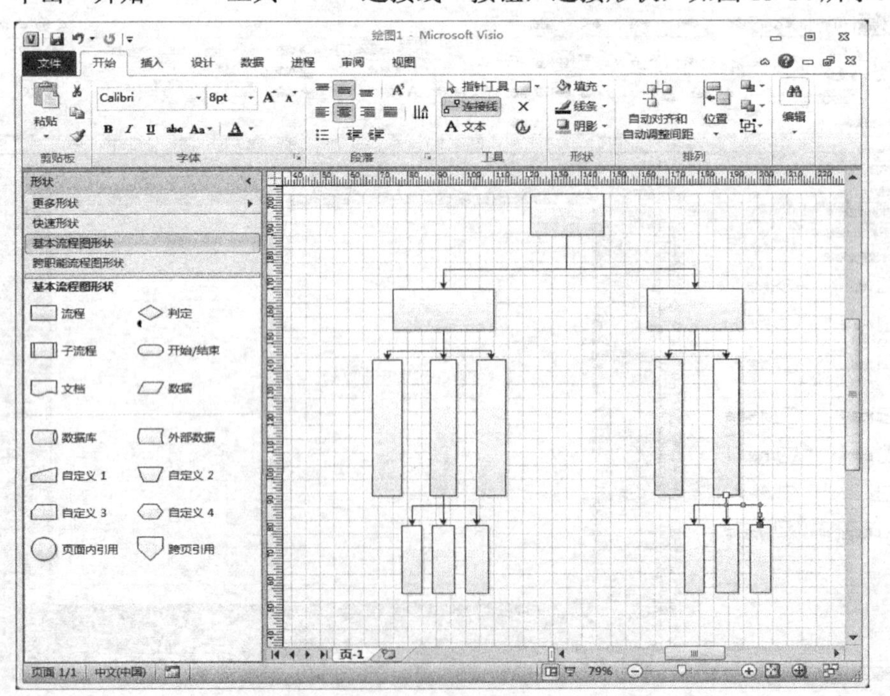

图 13-14 连接形状

（4）双击形状，在其中添加文字，如图 13-15 所示。

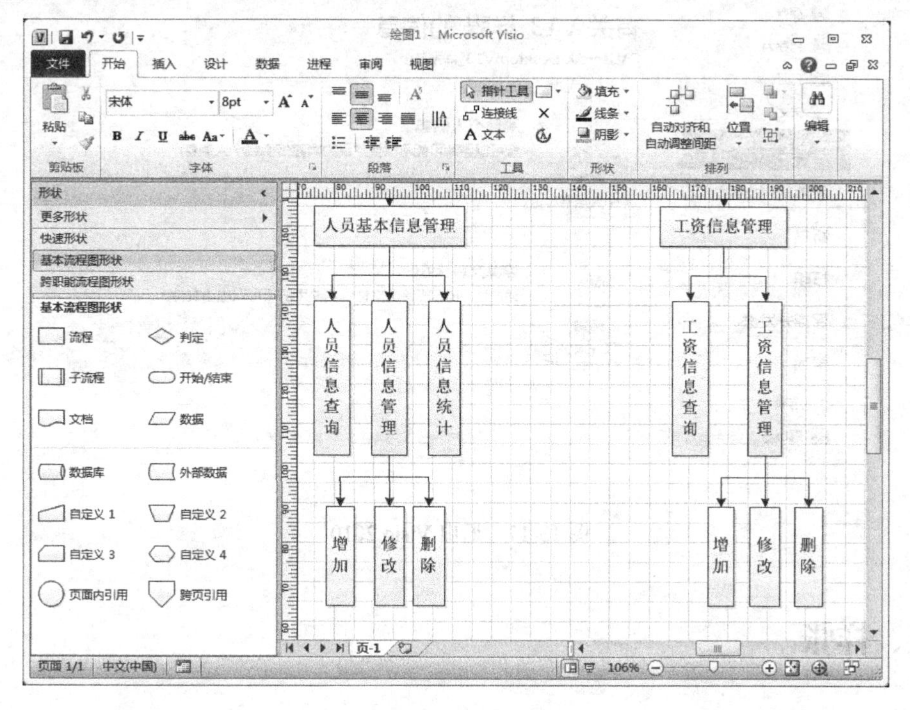

图 13-15　添加文字

7．选择“文件”→“另存为”命令，将文件保存到需要保存的位置，如图 13-16 所示。

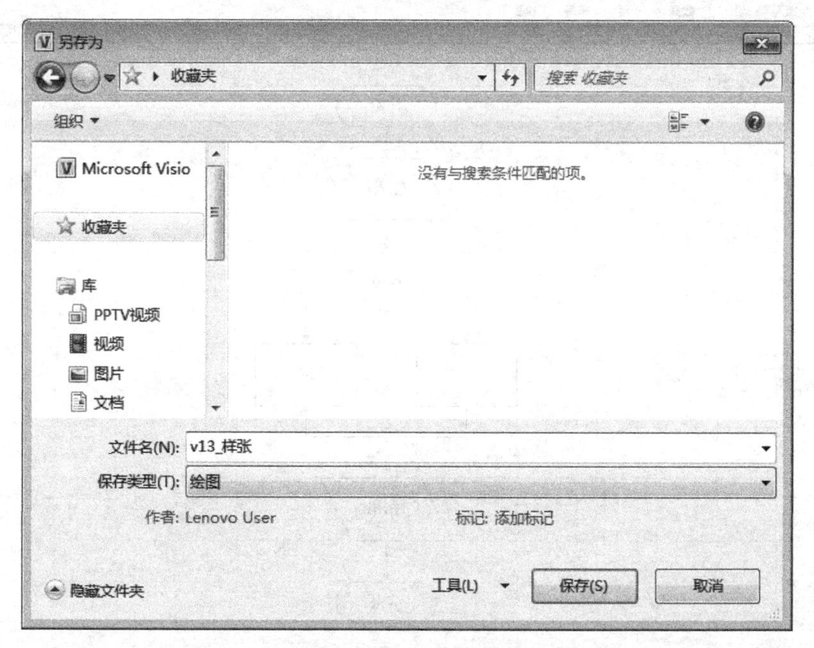

图 13-16　保存文件

8．退出 Microsoft Visio 2010。单击“文件”→“退出”命令，即可退出 Microsoft Visio 2010，如图 13-17 所示。也可按快捷键 Alt + F4 关闭 Microsoft Visio 2010。

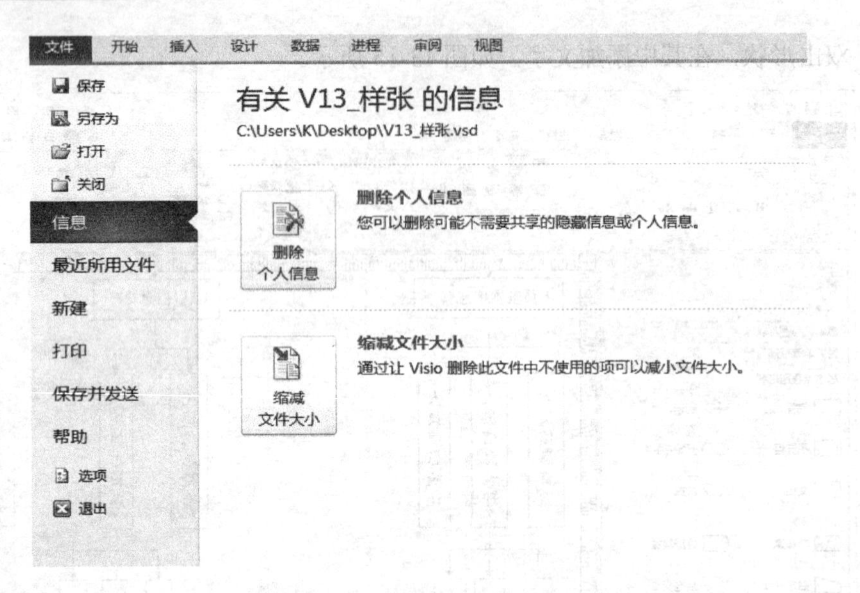

图 13-17　退出 Visio 2010

三、样张

具体样张效果如图 13-18 和图 13-19 所示。

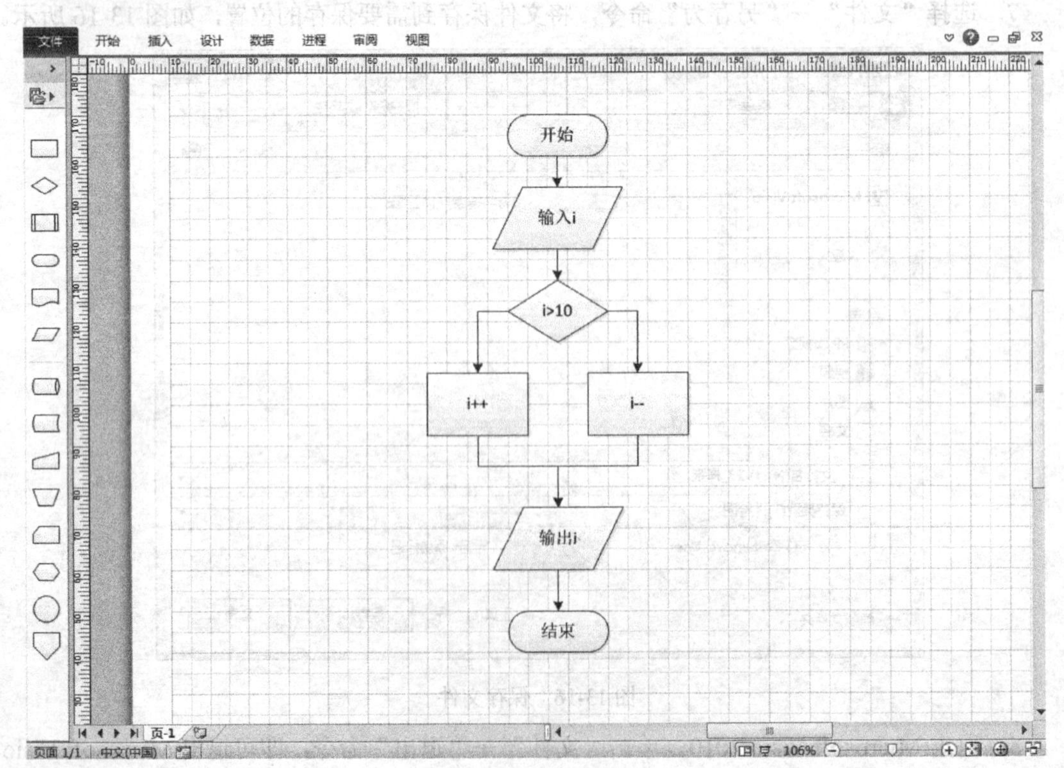

图 13-18　样张 1

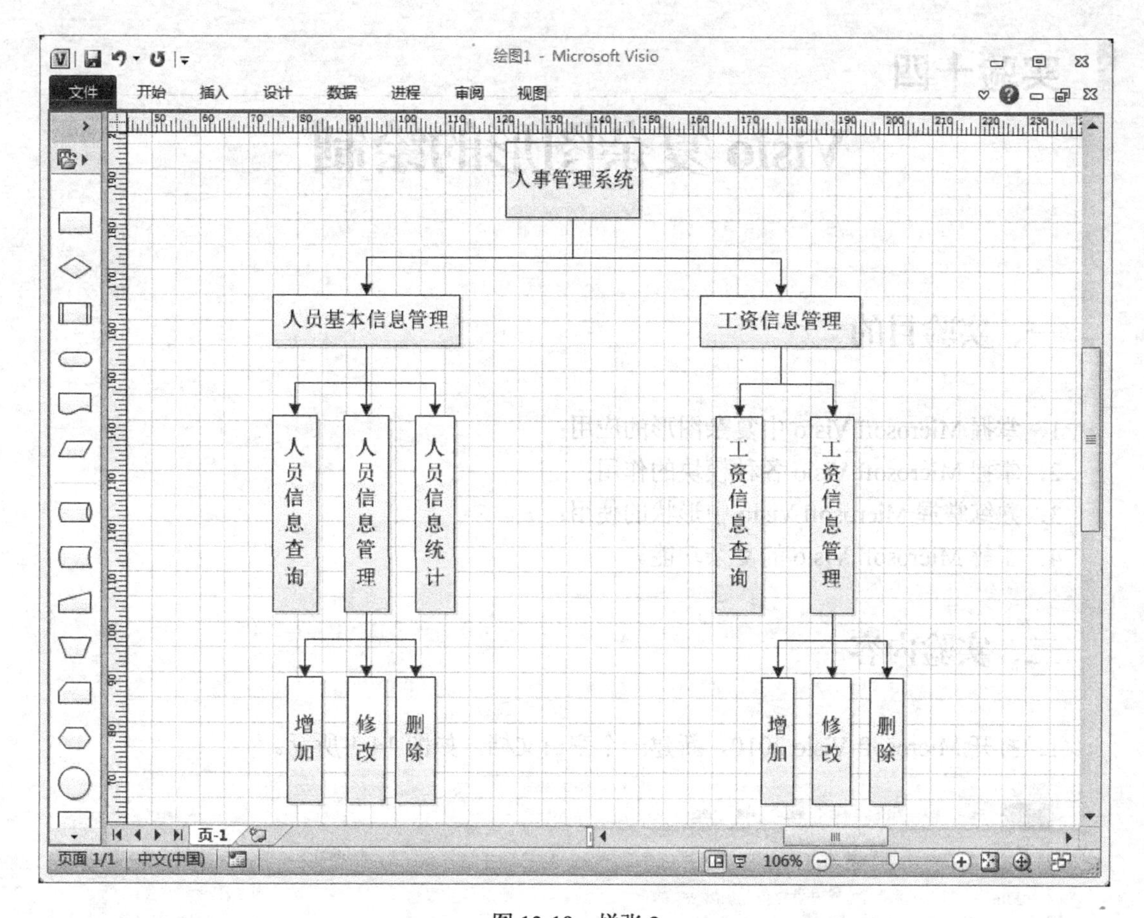
绘图1 - Microsoft Visio
文件
开始
插入
设计
数据
进程
审阅
视图
人事管理系统
人员基本信息管理
工资信息管理
人员信息查询
人员信息管理
人员信息统计
工资信息查询
工资信息管理
增加
修改
删除
增加
修改
删除
页-1
页面 1/1
中文(中国)
106%

图 13-19　样张 2

实验十四

Visio 复杂图形的绘制

一、实验目的

1．掌握 Microsoft Visio 中复杂图形的应用；
2．掌握 Microsoft Visio 各种模块的作用；
3．熟练掌握 Microsoft Visio 中形状的使用；
4．了解 Microsoft Visio 的复杂功能。

二、实验内容

1．打开 Microsoft Visio 2010，新建一个空白文档，如图 14-1 所示。

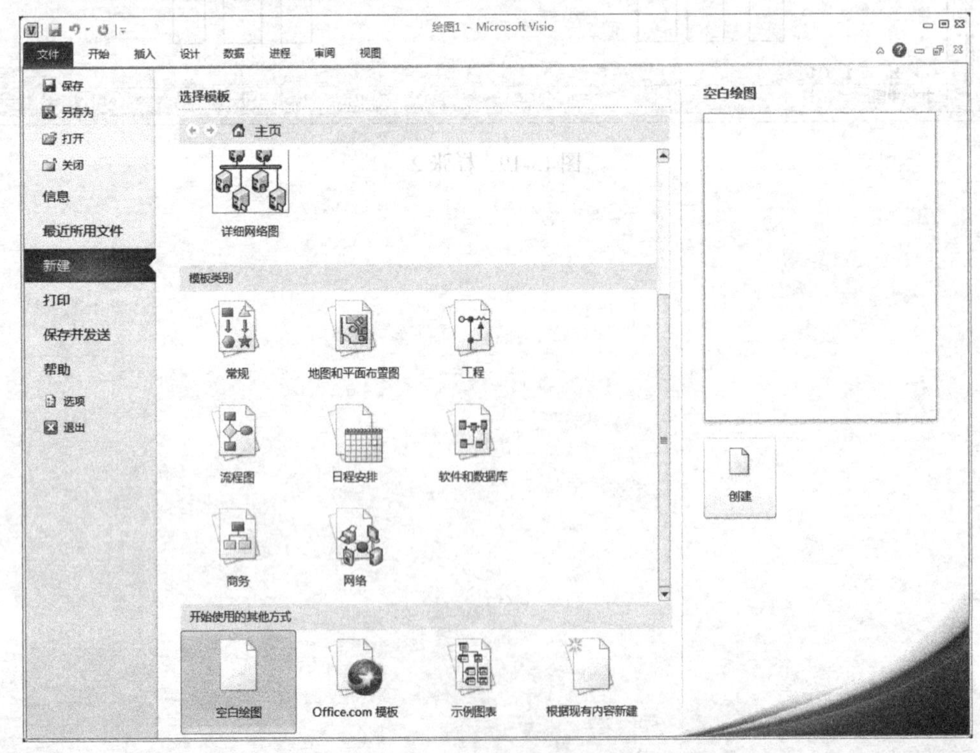

图 14-1　新建空白文档

2．添加背景。

（1）单击“设计”→“背景”→“背景”下拉按钮，出现可选择的背景，如图 14-2 所示。

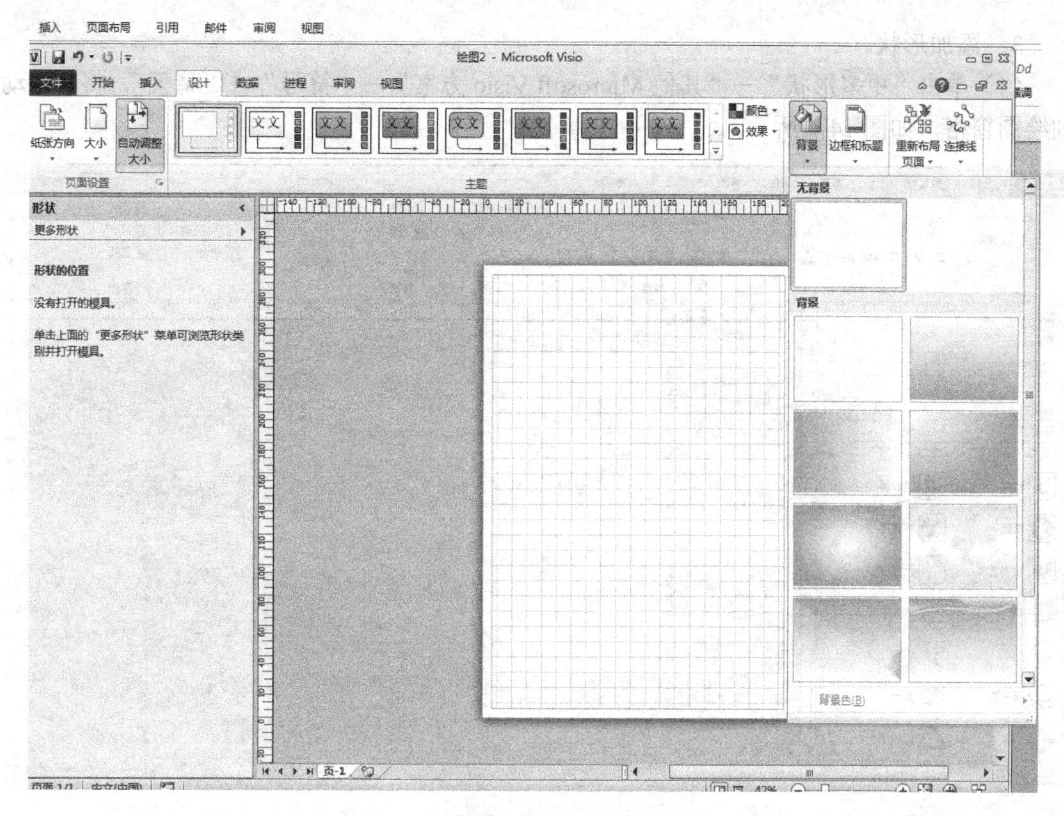

图 14-2　选择背景

（2）选择所需要的背景并添加，如图 14-3 所示。

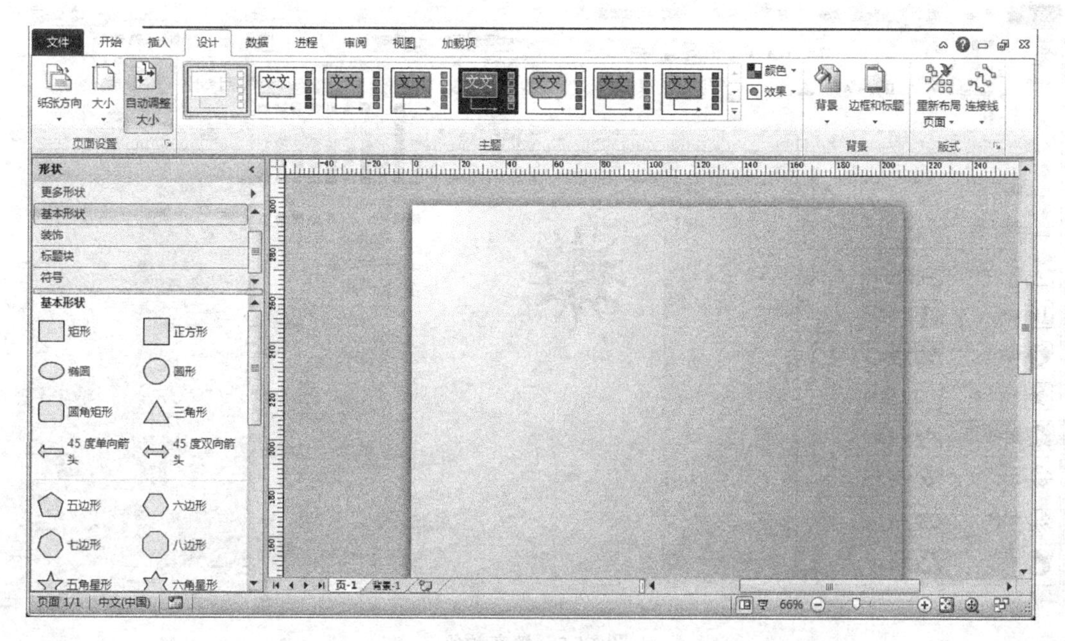

图 14-3　添加背景

3．添加形状。

（1）单击“更多形状”→“其他 Microsoft Visio 方案”→“符号”→“晴天”，将其拖动到绘图窗格，如图 14-4 所示。

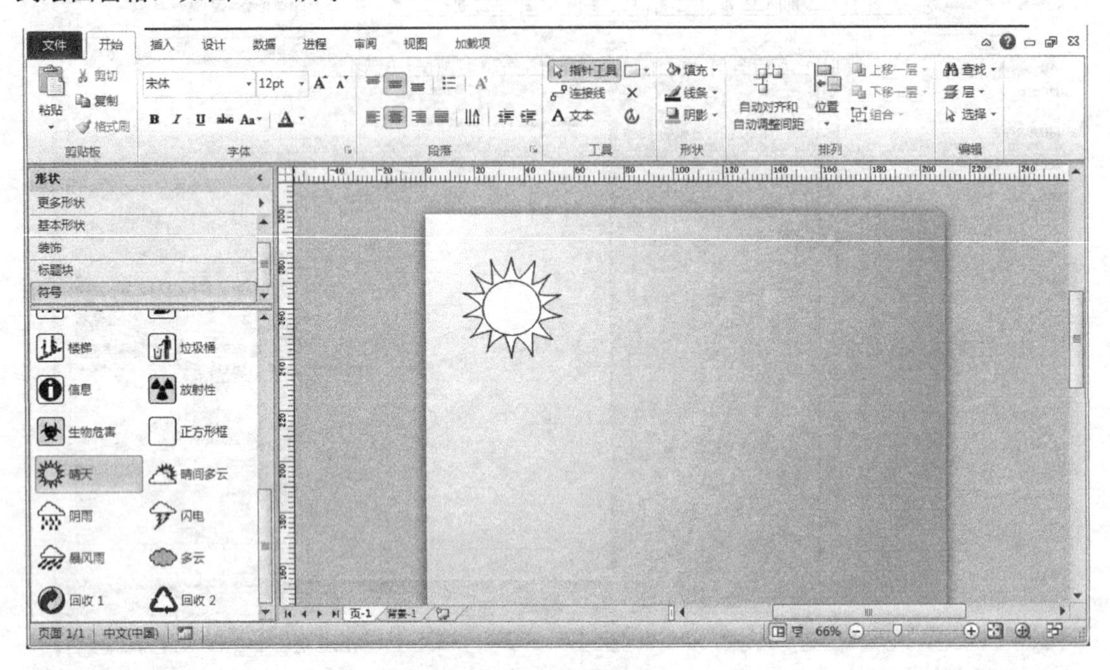

图 14-4　绘制太阳

（2）单击“开始”→“形状”→“填充”下拉按钮，选择红色，如图 14-5 所示。

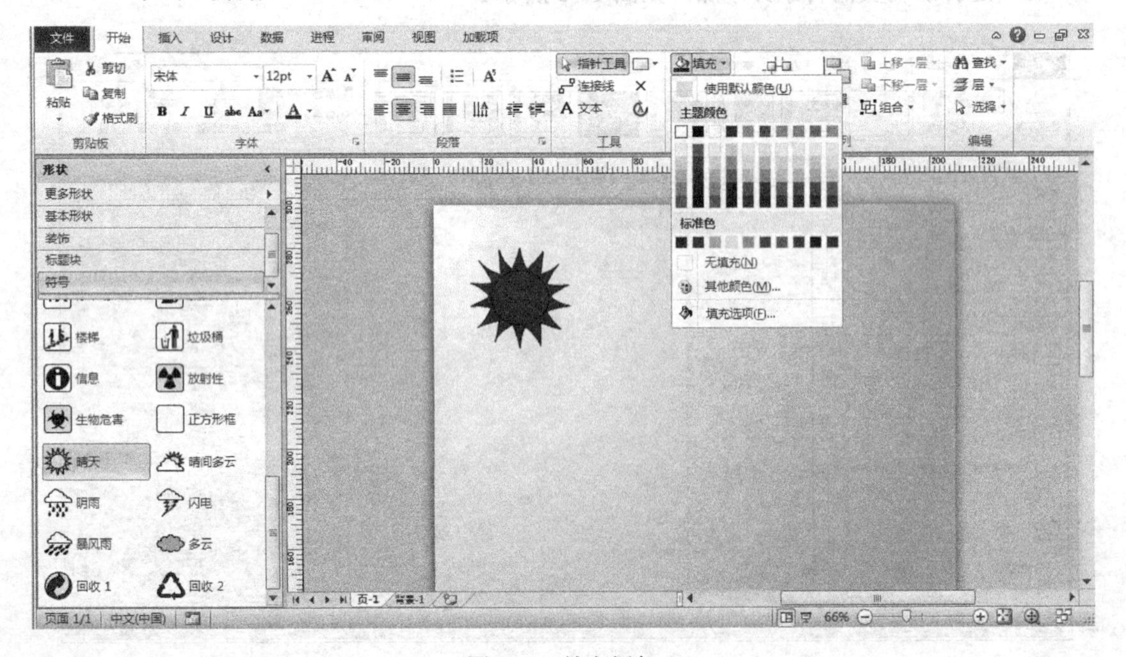

图 14-5　填充颜色

（3）单击“更多形状”→“其他 Microsoft Visio 方案”→“符号”→“多云”，将其拖动到绘图窗格中，如图 14-6 所示。

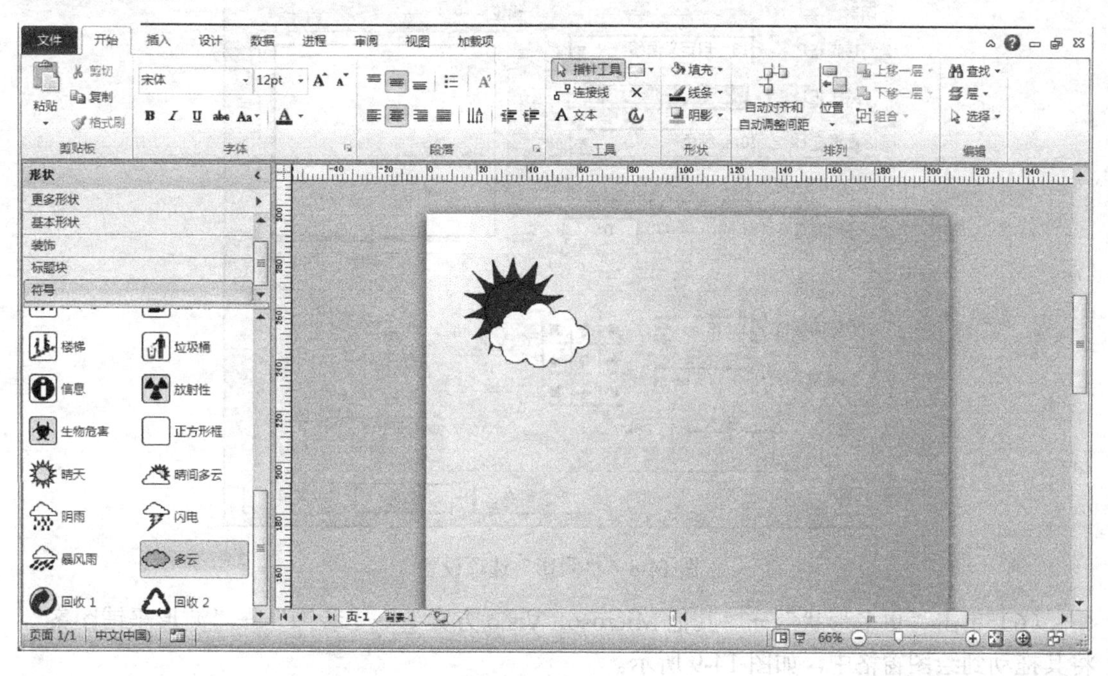

图 14-6　添加多云

（4）单击“开始”→“形状”→“阴影”下拉按钮，选择“阴影”选项，如图 14-7 所示。

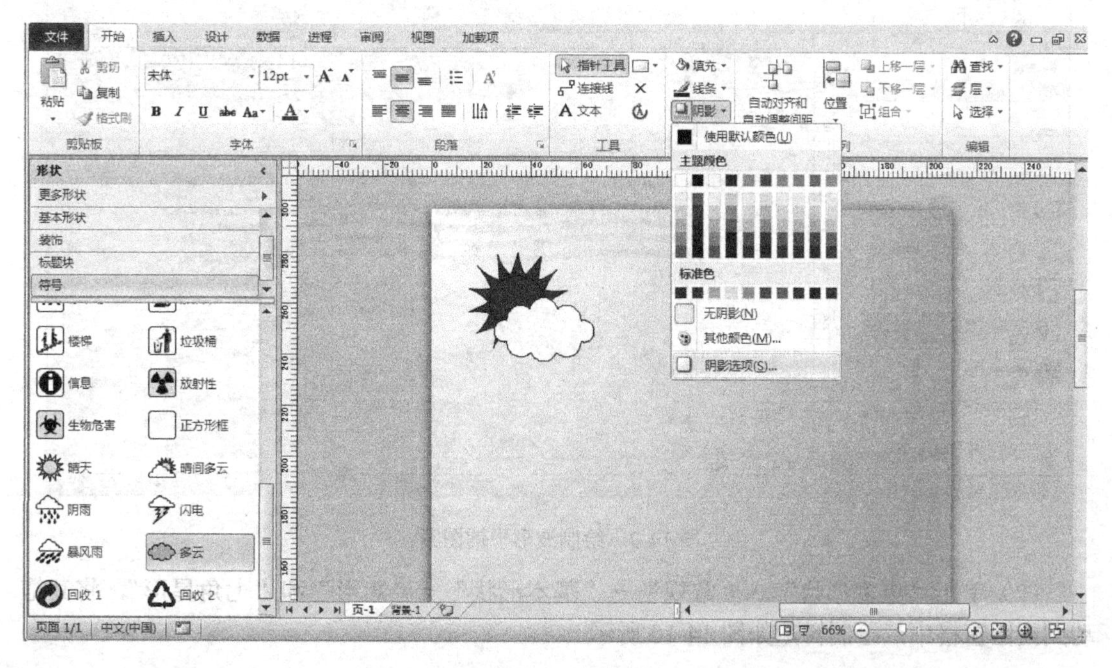

图 14-7　阴影选项

（5）在弹出的“阴影”对话框中设置“阴影”的样式、颜色等参数，如图 14-8 所示。

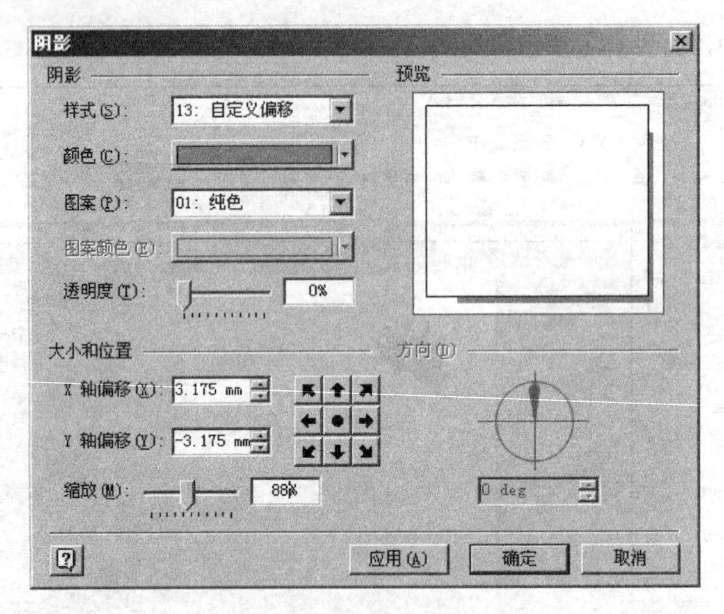

图 14-8 “阴影”选项设置

（6）单击“更多形状”→“其他 Microsoft Visio 方案”→“装饰”→“波形平铺图案”，将其拖动到绘图窗格中，如图 14-9 所示。

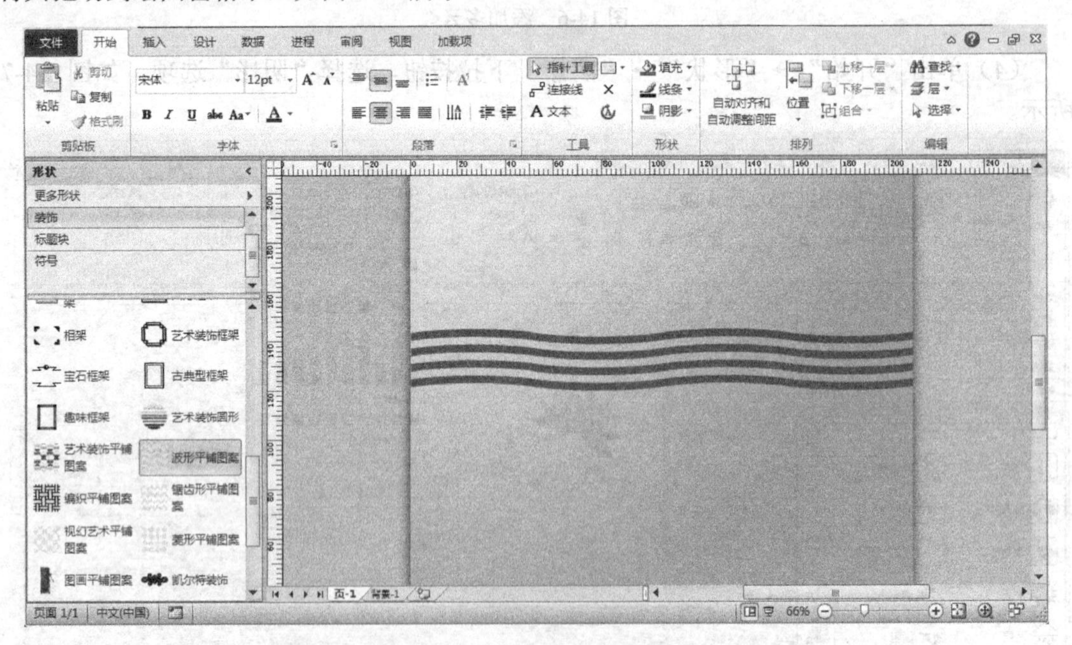

图 14-9 绘制波形平铺图案

（7）单击“更多形状”→“常规”→“基本形状”→“矩形”和“七角星形”，将其拖动到绘图窗格中，绘制树，如图 14-10 所示。

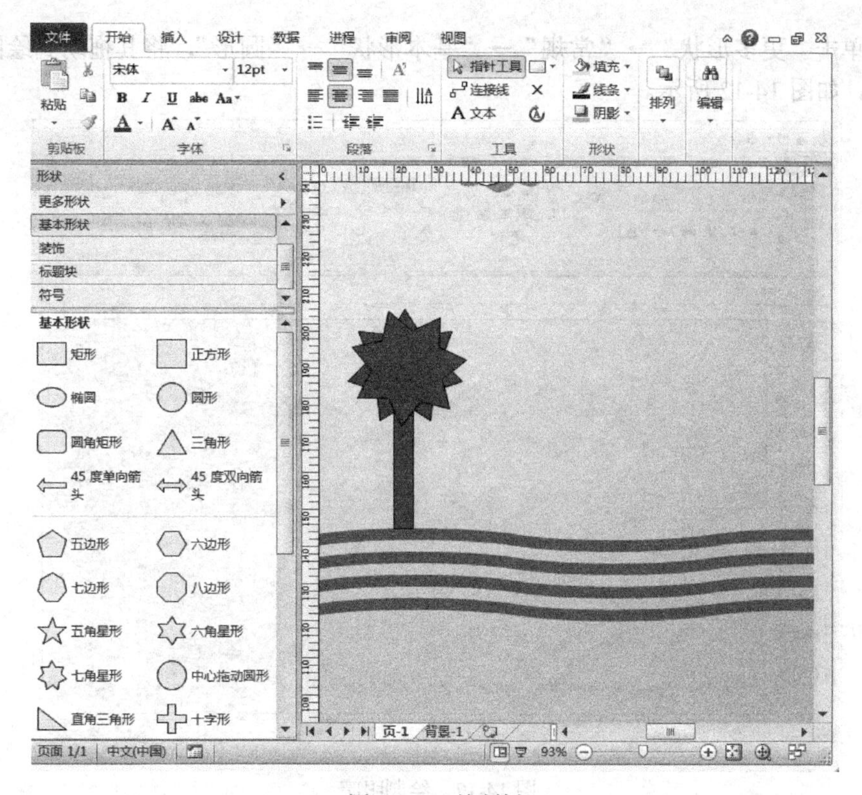

图 14-10　绘制树

4. 绘制笑脸。

（1）单击“更多形状”→“常规”→“基本形状”→“椭圆”，将其拖动到绘图窗格中作为脸，并填充颜色，如图 14-11 所示。

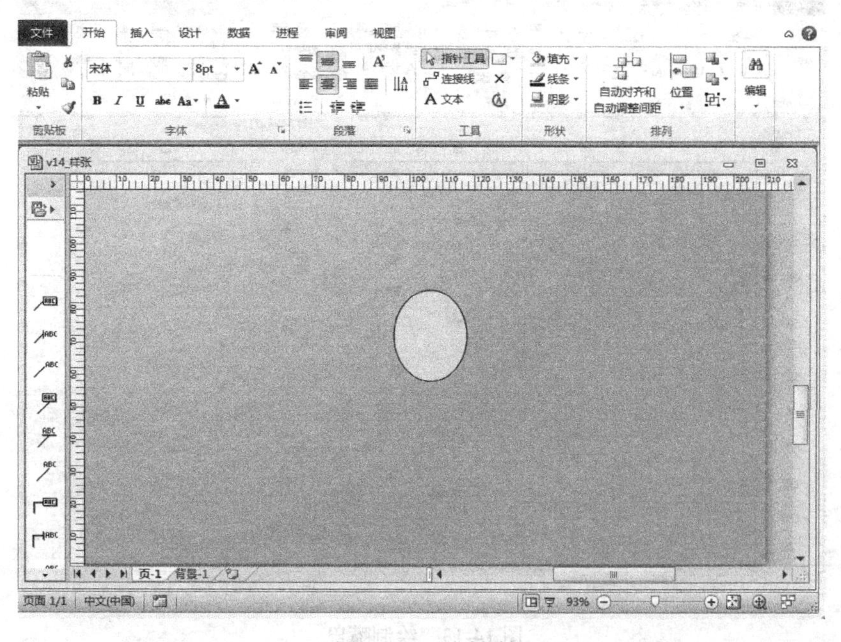

图 14-11　绘制脸

（2）单击“更多形状”→“常规”→“基本形状”→“圆形”，将其拖动到绘图窗格中作为眼睛，如图 14-12 所示。

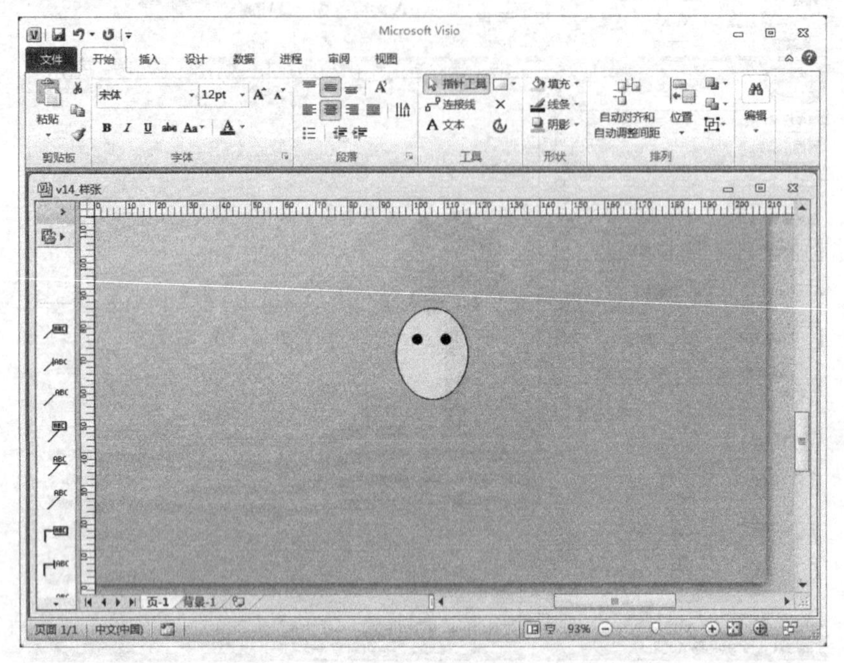

图 14-12　绘制眼睛

（3）单击“开始”→“工具”→“指针工具”下拉按钮，在下拉列表中选择“弧形”，绘制嘴巴，如图 14-13 所示。

图 14-13　绘制嘴巴

5. 分别单击“更多形状”→“常规”→“基本形状”→“三角形”“矩形”和“正方形”按钮，将它们拖动到绘图窗格中，绘制成房子并填充颜色，如图14-14所示。

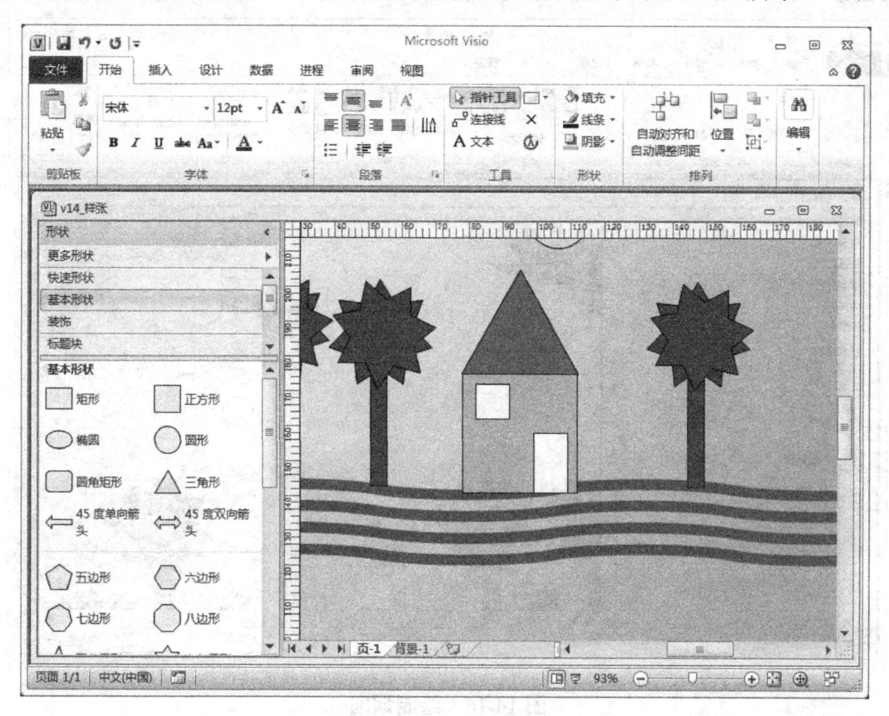

图14-14 绘制房子

6. 分别单击“更多形状”→“常规”→“基本形状”→“六角星形”和“矩形”，将它们拖动到绘图窗格中，绘制成花朵并填充颜色，如图14-15所示。

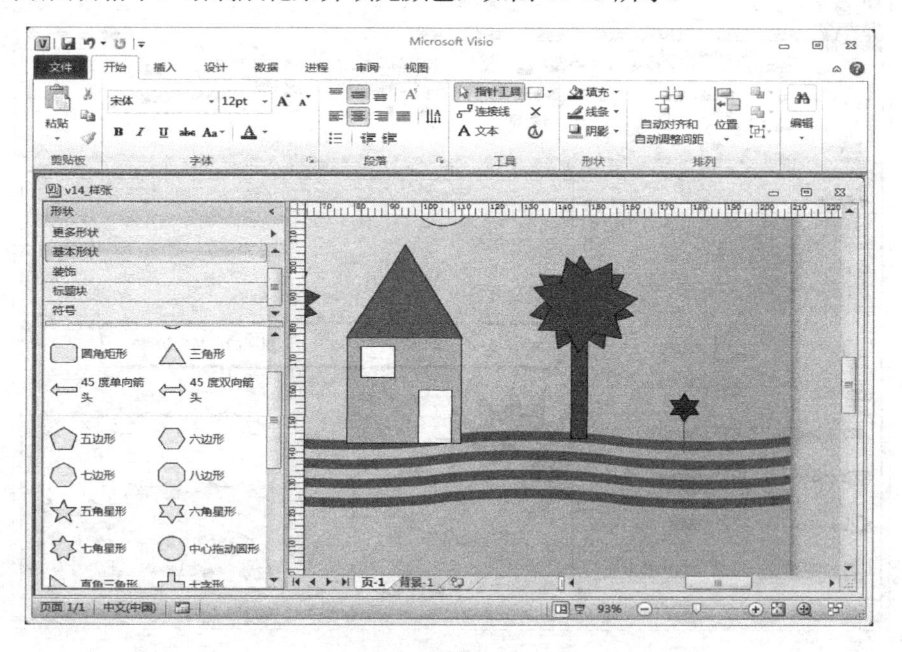

图14-15 绘制花朵

7．分别选择"更多形状"→"常规"→"基本形状"→"矩形"和"圆形"，将它们拖动到绘图窗格中，绘制成烟囱和烟，并填充颜色，如图 14-16 所示。

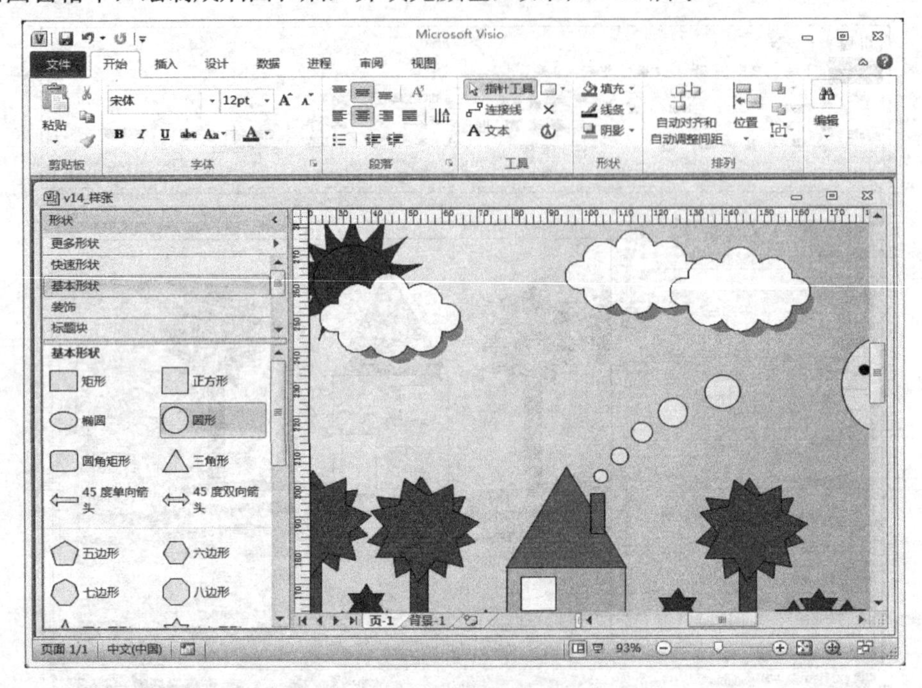

图 14-16　绘制烟囱

8．单击"更多形状"→"其他 Microsoft Visio 方案"→"标注"→"圆角图章"，将其拖动到绘图窗格中，并添加文字，如图 14-17 所示。

图 14-17　添加文字

9. 选择“文件”→“另存为”命令，将文件保存在需要保存的位置，如图 14-18 所示。

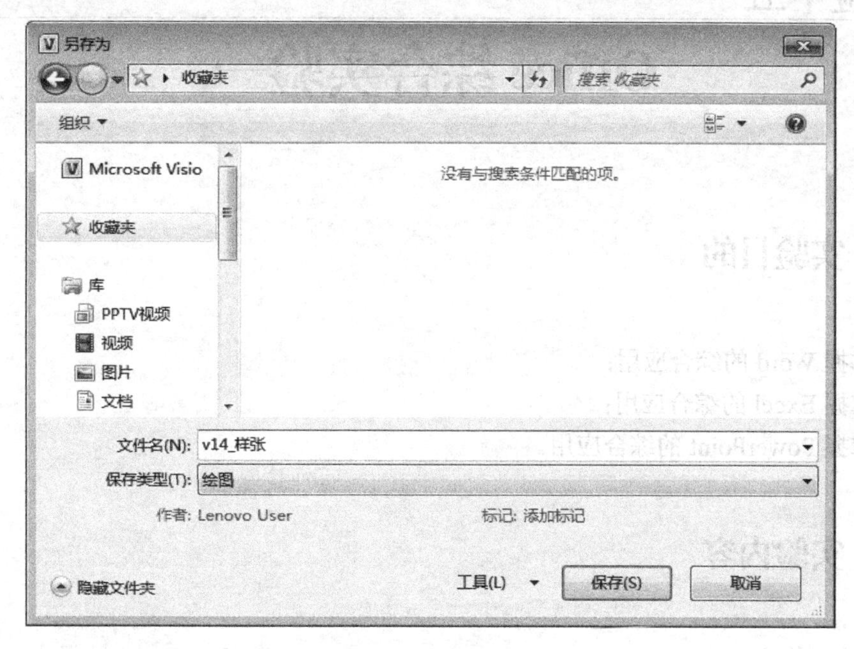

图 14-18　保存文件

三、样张

具体样张效果如图 14-19 所示。

图 14-19　样张

实验十五

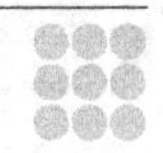

Office 综合实验一

一、实验目的

1．掌握 Word 的综合应用；
2．掌握 Excel 的综合应用；
3．掌握 PowerPoint 的综合应用。

二、实验内容

本实验内容分三个小题，Word、Excel 和 PowerPoint 各一题。

1．Word 综合实验

打开素材文件夹下的“Z1-Word 素材.docx”，将其另存为“Z1-学号-姓名.docx”，后续操作均基于此文件。

（1）修改文档的纸张大小为“A4”，纸张方向为纵向，上、下页边距为 2.5 厘米，页眉和页脚距离边界皆为 1.6 厘米，每页 38 行，每行 38 个字符。

（2）为文档插入“细条纹”封面，将文档开头的标题文本“西方绘画对运动的描述和它的科学基础”移动到封面页标题占位符中，修改字体为“华文琥珀”、40 号字，居中对齐。并删除多余占位符。

（3）在文档的第 2 页，插入“飞越型提要栏”内置文本框，并将红色文本“一幅画最优美的地方和最大的生命力就在于它能够表现运动，画家们将运动称为绘画的灵魂。——拉玛左（16 世纪画家）”移动到文本框内。

（4）将文档中 8 个字体颜色为蓝色的段落设置为“标题 1”样式，将 3 个字体颜色为绿色的段落设置为“标题 2”样式，并按照表 15-1 的要求修改“标题 1”和“标题 2”样式的格式。

表 15-1 “标题 1”和“标题 2”样式的格式要求

标题 1 样式	字体格式：方正姚体，小三号，加粗，字体颜色为“白色，背景 1” 段落格式：段前段后间距 0.5 行，左对齐，并与下段同页 底纹：应用于标题所在段落，颜色为“紫色，强调文字颜色 4，深色 25%”
标题 2 样式	字体格式：方正姚体，四号，字体颜色为“紫色，强调文字颜色 4，深色 25%” 段落格式：段前段后间距 0.5 行，左对齐，并与下段同页 边框：对标题所在段落应用下框线，宽度为 0.5 磅，颜色为“紫色，强调文字颜色 4，深色 25%”，且距正文的间距为 3 磅

（5）新建名称为“图片”的样式，应用于文档正文中的 10 张图片，并修改样式为居中对齐和与下段同页；修改图片下方的注释文字，将手动的标签和编号“图 1”到“图 10”替换为可以自动编号和更新的题注，并将所有题注内容设置为居中对齐，小四号字，中文字体为黑体，西文字体为 Arial，段前、段后间距为 0.5 行；修改标题和题注以外的所有正文文字的段前和段后间距为 0.5 行。

（6）将正文中使用黄色突出显示的文本“图 1”到“图 10”替换为可以自动更新的交叉引用，引用类型为图片下方的题注，只引用标签和编号。

（7）在文档中，除首页外，在页脚正中央添加页码，正文页码自 1 开始，格式为“I, II, III, …”。

【操作提示】

（1）单击“页面布局”选项卡中“页面设置”功能区右下角的小图标，打开“页面设置”对话框，切换到“文档网格”选项卡，按图 15-1 所示的那样进行设置。

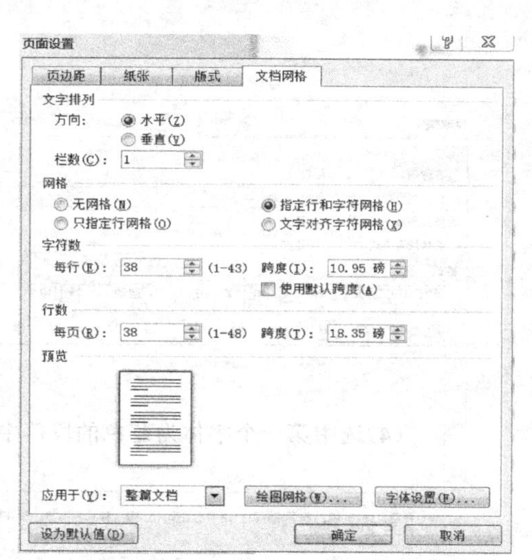

图 15-1 “页面设置”对话框

（2）单击“插入”选项卡中“页”功能区的“封面”，在弹出的列表中选择“细条纹类型”，将文字移动到对应的占位符，不需要的占位符用 Delete 键删除。

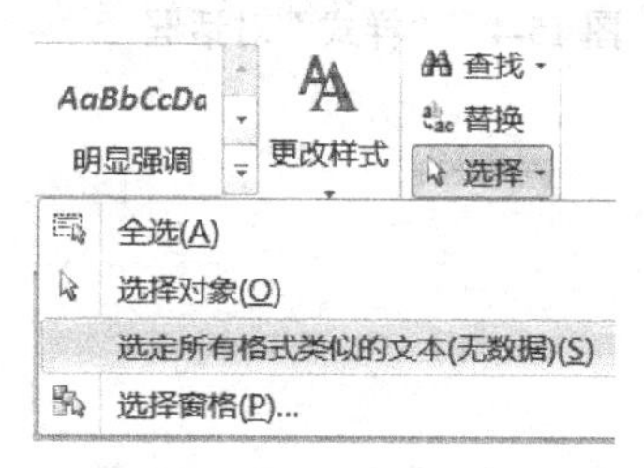

图 15-2 选择相同颜色的所有文字

（3）单击“插入”选项卡中“文本”功能区的“文本框”，在弹出的列表中选择“飞跃型提要栏”，将文字移动到对应的占位符。

（4）选中第一个字体为蓝色的段落中的所有文字，单击“开始”选项卡中“编辑”功能区的“选择”按钮，在弹出的下拉菜单中选择“选定所有格式类似的文本”，如图 15-2 所示。再单击“样式”功能区的“标题 1”。将鼠标移动到“样式”功能区的“标题 1”按钮，单击鼠标右键，在弹出的快捷菜单中选择“修改”，打开“修改样式”对话框，如图 15-3 所示，按照题中表格的要求修改样式。标题 2 的操作同标题 1。

（5）选中第一张图片，单击“开始”选项卡中“样式”功能区右下角的小图标，在弹出的“样式”对话框中单击左下角的“新建样式”按钮，如图 15-4 所示。弹出“根据格式设置创建新样式”对话框，如图 15-5 所示。在对话框中设置“居中对齐”和“与下段同页”。

题注的设置参见实验三中关于长文档的编辑。

打开图 15-4 所示的“样式”对话框，将鼠标移动到“正文”，单击后面的下拉三角形，在弹出的下拉菜单中单击“全选”，如图 15-6 所示，选中所有正文内容，再进行段前、段后设置。

（6）选中黄色文字“图 1”，单击“引用”选项卡中“题注”功能区的交叉引用，按图 15-7 所示的那样进行设置。按同样的方法设置黄色文字“图 2”～“图 10”。

（7）单击“插入”选项卡中“页眉和页脚”功能区的“页码”，在弹出的下拉菜单中选择“页面底端-普通数字 2”，插入页码。单击“页眉页脚工具”中的“页码”按钮，在弹出的菜单中选中“设置页码格式”，打开“页码格式”对话框，按图 15-8 所示的那样进行设置。

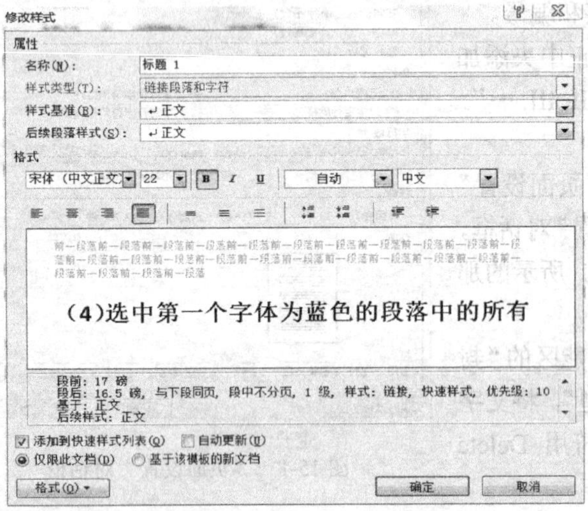

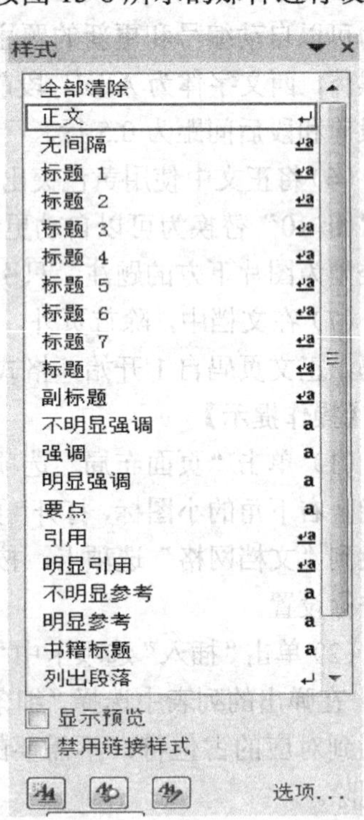

图 15-3 “修改样式”对话框

图 15-4 “样式”对话框

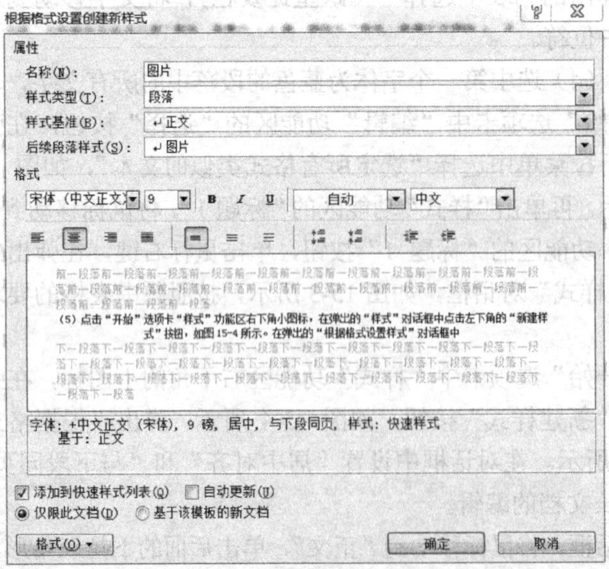

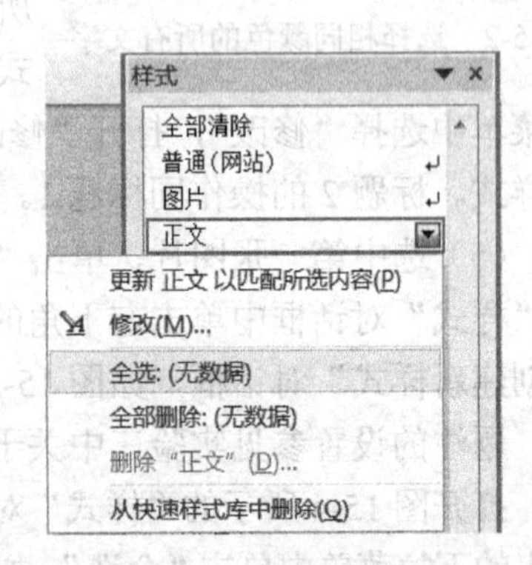

图 15-5 “根据格式设置创建新样式”对话框

图 15-6 选中所有正文

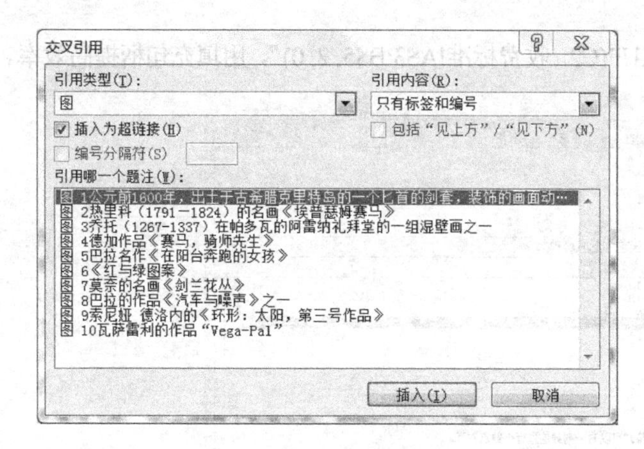

图 15-7 “交叉引用”对话框

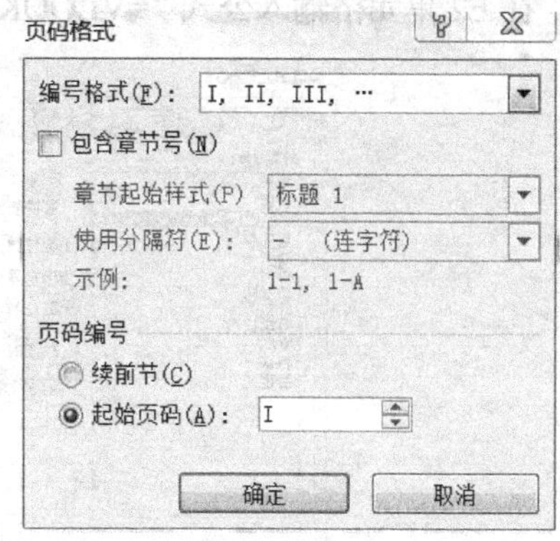

图 15-8 “页码格式”对话框

2. Excel 综合实验

某停车场计划调整收费标准，拟从原来“不足 15 分钟按 15 分钟收费”调整为“不足 15 分钟部分不收费”的收费政策。市场部抽取了历史停车收费记录，期望通过分析掌握政策调整后对营业额的影响。请根据素材文件夹下“Z1-Excel 素材.xlsx”文件中的数据信息，帮助市场分析员完成此项工作。将文件“Z1-Excel 素材.xlsx”另存为“Z1-学号-姓名.xlsx”，后续操作均基于此文件。

具体要求如下：

（1）在“停车收费记录”工作表中，涉及金额的单元格均设置为带货币符号（¥）的会计专用类型格式，并保留两位小数。参考“收费标准”工作表，利用公式将收费标准金额输入到“停车收费记录”工作表的“收费标准”列。

（2）利用“停车收费记录”工作表中“出场日期”“出场时间”与“进场日期”“进场时间”列的关系，计算“停放时间”列，该列计算结果的显示方式为“××小时××分钟”。

（3）依据停放时间和收费标准，计算当前收费金额并填入“收费金额”列；计算拟采用新收费政策后的预计收费金额，并填入“拟收费金额”列；计算拟调整后的收费与当前收费之间的差值，并填入“收费差值”列。

（4）对“停车收费记录”工作表数据套用“表样式中等深浅 12”表格格式，并添加汇总行，对“收费金额”“拟收费金额”和“收费差值”列进行汇总求和。

（5）在“收费金额”列中，将单次停车收费达到 100 元的单元格突出显示为黄底红字格式。

（6）新建名为“数据透视分析”的工作表，工作表标签颜色为绿色。在该工作表中创建 3 个数据透视表。位于 A3 单元格的数据透视表的行标签为“车型”，列标签为“进场日期”，求和项为“收费金额”，以分析当前每天的收费情况；位于 A11 单元格的数据透视表的行标签为“车型”，列标签为“进场日期”，求和项为“拟收费金额”，以分析调整收费标准后每天的收费情况；位于 A19 单元格的数据透视表的行标签为“车型”，列标签为“进场日期”，求和项为“收费差值”，以分析调整收费标准后每天的收费变化情况。

【操作提示】

（1）选中 E、K、L、M 列，单击鼠标右键，选择“设置单元格格式”。在打开的“设置单元格格式”对话框中，按图 15-9 所示的那样进行设置。

在 E2 单元格输入公式“=VLOOKUP(C2, 收费标准!A$3:B$5, 2, 0)”，用填充句柄提高效率。

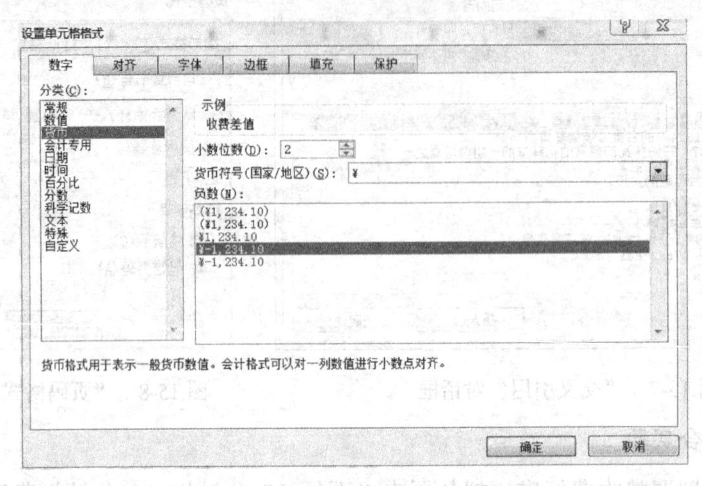

图 15-9 “设置单元格格式”对话框

（2）在 J2 单元格输入公式“=DATEDIF(F2, H2, "YD")*24+(I2-G2)”，用填充句柄提高效率。然后选中 J 列，将单元格格式设置为自定义类型“hh”小时“mm”分钟。

（3）计算

① 计算收费金额，在 K2 单元格中输入公式“=E2*ROUNDUP((HOUR(J2)*60+MINUTE(J2))/15,0)”。

② 计算拟收费金额，在 L2 单元格中输入公式“=E2*TRUNC((HOUR(J2)*60+MINUTE(J2))/15)”。

③计算差值，在 M2 单元格中输入公式“=K2-L2”，并向下自动填充单元格。用填充句柄提高效率。

（4）选中 A1:M550 单元格区域，单击“开始”选项卡下“样式”功能组中的“套用表格样式”按钮，选择“表样式中等深浅 12”。选中“表格工具”选项卡下“表格样式选项”功能区的“汇总行”复选框。选中 K551 单元格，单击单元格右侧的黑色三角形，在弹出的列表框中选择“求和”。L551 单元格按同样的方法处理。

（5）选中 K2:K550 单元格区域，单击“开始”选项卡下“样式”功能组中的“条件格式”按钮，在弹出的菜单中选择“突出显示单元格规则”后的“其他规则”，在“新建格式规则”对话框中按图 15-10 所示的那样进行设置。

（6）参考实验六 Excel 实验数据管理和图表化中的第 7 小题。

3. PowerPoint 综合实验

魏老师正在准备有关审计业务档案管理的培训课件，其助手搜集并整理了存放在 Word 文档“Z1-PPT_素材.docx”中的一份相关资料。按下列要求帮助魏老师完成 PPT 课件的整合制作。

（1）在素材文件夹下创建一个名为“Z1-学号-姓名.pptx”的新演示文稿，后续操作均基于此文件。该演示文稿需要包含 Word 文档“Z1-PPT_素材.docx”中的所有内容，Word 素材文档中的红色文字、绿色文字、蓝色文字分别对应演示文稿中每页幻灯片的标题文字、第一级文本内容、第二级文本内容。

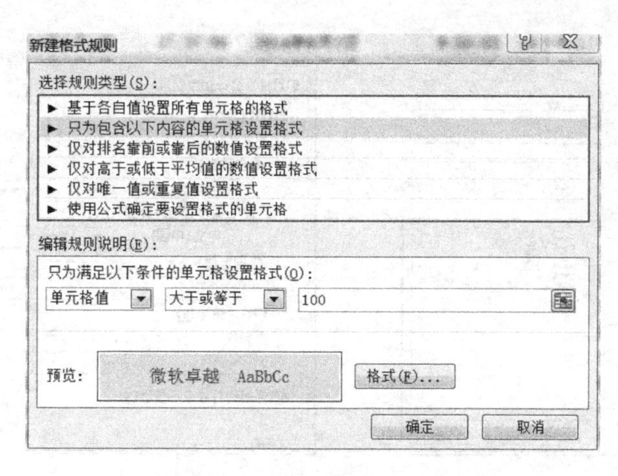

图 15-10 “新建格式规则”对话框

（2）将第 1 张幻灯片的版式设为“标题幻灯片”，在该幻灯片的右下角插入任意一幅剪贴画，依次为标题、副标题和新插入的图片设置不同的动画效果，其中副标题作为一个对象发送，并且指定动画出现顺序为图片、副标题、标题。

（3）将第 3 张幻灯片的版式设为“两栏内容”，在右侧的文本框中，插入考生文件夹下的 Excel 文档“业务报告签发稿纸.xlsx”中的模板表格，并保证该表格内容随 Excel 文档的改变而自动变化。

（4）将第 4 张幻灯片“业务档案管理流程图”中的文本，转换为“Z1-PPT_素材.docx”文件中的示例图所示的 SmartArt 图形，并适当更改其颜色和样式。为本张幻灯片的标题和 SmartArt 图形添加不同的动画效果，并令 SmartArt 图形伴随着“风铃”声逐个级别地顺序飞入。为 SmartArt 图形中“建立业务档案”下的文字“案卷封面、备考表”，添加到考生文件夹下的 Word 文档“封面备考表模板.docx”的超链接。

（5）将标题为“七、业务档案的保管”所属的幻灯片拆分为 3 张幻灯片，其中（一）～（三）为 1 张，（四）及下属内容为 1 张，（五）及下属内容为 1 张，标题均为“七、业务档案的保管”。为“（四）业务档案保管的基本方法和要求”所在的幻灯片添加备注“业务档案保管需要做好的八防工作：防火、防水、防潮、防霉、防虫、防光、防尘、防盗”。

（6）在每张幻灯片的左上角添加协会的标志图片 Logo1.png，使其位于最底层以免遮挡标题文字。除标题幻灯片外，其他幻灯片均包含幻灯片编号、自动更新的日期，日期格式为××××年××月××日。

（7）将演示文稿按下列要求分为 3 节，分别为每节应用不同的设计主题和幻灯片切换方式。

节名	包含的幻灯片
档案管理概述	1～4
归档和整理	5～8
档案保管和销毁	9～13

【操作提示】

（1）在 Word 中打开“Z1-PPT_素材.docx”，选中第一行红色文本，单击“开始”选项卡下“编辑”功能区的“选择”按钮，在弹出的菜单中单击“选定所有格式类似的文本”，将选中的所有文本设置为“标题 1”样式。按照同样的方法将绿色文本设置为“标题 2”，将蓝色文本设置为“标题 3”，单击“保存”按钮，关闭这个 Word 文档。

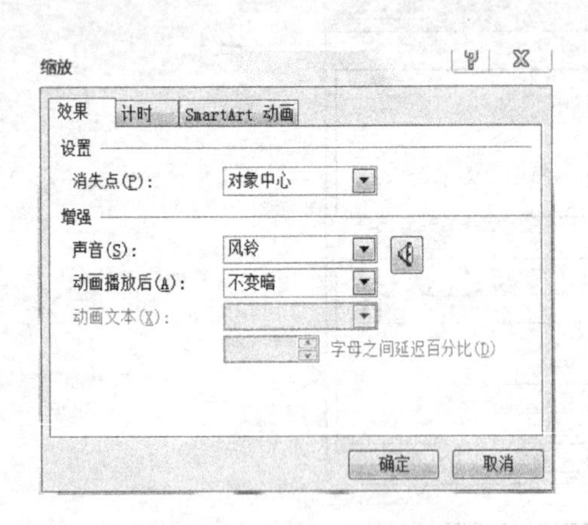

图 15-11 动画的“效果”选项

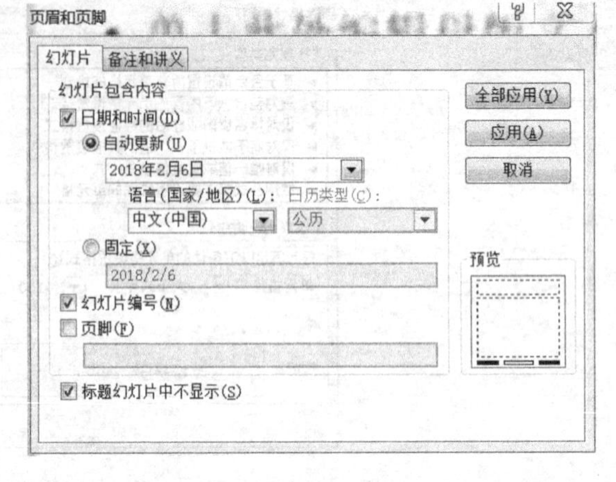

图 15-12 “页眉和页脚”对话框

新建一个 PPT 文件，单击“文件”→“打开”命令，在“打开”对话框中将文件类型更改为“所有文件（*.*）”，打开“Z1-PPT_素材.docx”，然后另存为文件“Z1-学号-姓名.pptx”。

（2）选中副标题，单击“动画”选项卡下“动画”功能区的“效果选项”按钮，然后选择“作为一个对象”，即可将副标题作为一个对象发送。单击“动画”选项卡下“高级动画”功能区的“动画窗格”按钮，在右侧的编辑区域通过上下拖曳来改变播放顺序。

（3）单击“插入”选项卡下“文本”功能区的“对象”按钮，在“插入对象”对话框中选择“由文件创建”，并勾选“链接”选项。单击“浏览”按钮，选择素材文件“业务报告签发稿纸.xlsx”。

（4）单击“插入”→“SmartArt 图形”→“流程”→“分阶段流程”，对照着素材中的示例图，将文字复制到 SmartArt 图中对应的位置。动画的效果选项设置为“逐个级别”。单击“动画”功能区右下角的小图标，打开“效果选项”对话框，按图 15-11 所示设置声音（本示意图的动画效果为“缩放”）。

（5）选择第 10 张幻灯片，切换到“大纲”视图，将光标定位在文字“（四）业务档案保管的基本方法和要求”之前，按 Enter 键。然后单击“开始”选项卡下“段落”功能区的“降低列表级别”，即可实现拆分。

（6）单击“插入”选项卡下“文本”功能区的“幻灯片编号”，在弹出的对话框中按图 15-12 所示的那样进行设置，单击“全部应用”按钮关闭对话框。在“幻灯片母版”中插入标志图片，并将其置于底层。

（7）将光标定位到左侧第一张幻灯片之前，单击鼠标右键，选择“新增节”，右击“无标题节”，选择“重命名”，修改为“档案管理概述”。按照相同方法创建其他节。选中第 1 节中的 4 张幻灯片，进行主题和切换方式的设置。然后依次处理其余两节中的幻灯片。

三、样张

参见素材文件夹中的答案文件。

实验十六

Office 综合实验二

一、实验目的

1. 掌握 Word 的综合应用；
2. 掌握 Excel 的综合应用；
3. 掌握 PowerPoint 的综合应用。

二、实验内容

本实验内容分三个小题，Word、Excel 和 PowerPoint 各一题。

1. Word 综合实验

张静准备暑期去一家大公司实习，为获得难得的实习机会，打算利用 Word 制作一份简洁而醒目的个人简历，示例样式如“简历参考样式.jpg”所示，要求如下。

新建一个空白 Word 文件，并命名为“Z2-学号-姓名.docx”，保存在素材文件夹中，此后的操作均基于此文件，否则不得分。张静的个人简历详细信息保存在“Z2-Word 素材.txt”中。

（1）调整文档版面，要求纸张大小为 A4，页边距（上、下）为 2.5 厘米，页边距（左、右）为 3.2 厘米。

（2）根据页面布局需要，在适当的位置插入标准色为橙色与白色的两个矩形，其中橙色矩形占满 A4 幅面，文字环绕方式设为“浮于文字上方”，作为简历的背景。

（3）参照示例文件，插入标准色为橙色的圆角矩形，并添加文字“实习经验”，插入一个短划线的虚线圆角矩形框。

（4）参照示例文件，插入文本框和文字，并调整文字的字体、字号、位置和颜色。其中“张静”应为标准色红色的艺术字，“寻求能够……”文本效果应为跟随路径的“上弯弧”。

（5）根据页面布局需要，插入考生文件夹下的图片 1.png，依据样例进行裁剪和调整，并删除图片的剪裁区域；然后根据需要插入图片 2.jpg、3.jpg、4.jpg，并调整图片位置。

（6）参照示例文件，在适当的位置使用形状中的标准色橙色箭头（提示：其中横向箭头使用线条类型箭头），插入 SmartArt 图形，并进行适当的编辑。

（7）参照示例文件，在“促销活动分析”等 4 处使用项目符号“对勾”，在“曾任班长”等 4 处插入符号“五角星”，颜色为标准色红色。调整各部分的位置、大小、形状和颜色，以展现统一、良好的视觉效果。

【操作提示】

（1）单击“页面布局”选项卡下“页面设置”功能区右下角的小图标，打开“页面设置”

对话框进行设置。

（2）单击“插入”选项卡下“插图”功能区的“形状”按钮，在弹出的列表中选择“矩形”，并将矩形大小调整为与页面一致。单击“绘图工具”选项卡下“形状样式”功能区的“形状填充”，在弹出的下拉菜单中选择“标准色橙色”。选中橙色矩形，单击鼠标右键，在弹出的快捷菜单中选择“自动换行”→“浮于文字上方”。按照相同的方法再插入一个白色矩形。

（3）插入一个圆角矩形，形状填充为“标准色橙色”，形状轮廓为“无”。在圆角矩形上单击鼠标右键，在弹出的快捷菜单中选择“添加文字”，并输入“实习经验”。再插入一个圆角矩形，形状填充设置为“无”，形状轮廓设置为“标准色橙色”和“虚线-短划线”，并调整为合适的大小。选中虚线圆角矩形，单击右键，选择“置于底层”→“下移一层”。

（4）插入艺术字后，单击“绘图工具”选项卡下“艺术字样式”功能区的“文本效果”按钮，在弹出的菜单中选择“转换”→“跟随路径”→“下弯弧”。

（5）单击“插入”选项卡下“插图”功能区的“图片”按钮，分别插入 4 张图片。将图片设置为“浮于文字上方”。为便于操作，可将图片先在其他 Word 文档中调整好后，再复制过来。其中图片 1.png 插入到 Word 文档中之后，可用“图片工具”中的“裁剪”功能，将多余部分去除。

（6）插入箭头的操作和矩形相似。插入的 SmartArt 图的类型是“流程图”中的“上移步骤流程”。为便于操作，可在其他 Word 文档中将 SmartArt 图设置好后再复制过来。

（7）单击“插入”选项卡下“符号”功能区的符号按钮，在弹出的菜单中选择“其他符号”→“实心星”，将颜色更改为红色。

2. Excel 综合实验

小李今年毕业后，在一家计算机图书销售公司担任市场部助理，主要工作职责是为部门经理分析和汇总销售信息，根据要求完成销售数据的统计和分析工作。在素材文件夹下，打开“Z2-Excel 素材.xlsx”文件，将其另存为“Z2-学号-姓名.xlsx”，之后的所有操作均基于此文件。

（1）对“订单明细表”工作表进行格式调整，通过套用表格格式（表样式浅色 9）方法将所有销售记录调整为一致的外观格式，并将“单价”列和“小计”列所包含的单元格调整为“会计专用”（人民币）数字格式。

（2）根据图书编号，在“订单明细表”工作表的“图书名称”列中，使用 VLOOKUP 函数完成图书名称的自动填充。“图书名称”和“图书编号”的对应关系在“编号对照”工作表中。

（3）根据图书编号，在“订单明细表”工作表的“单价”列中，使用 VLOOKUP 函数完成图书单价的自动填充。“单价”和“图书编号”的对应关系在“编号对照”工作表中。

（4）在“订单明细表”工作表的“小计”列中，计算每笔订单的销售额。

（5）根据“订单明细表”工作表中的销售数据，统计所有订单的总销售金额，并将其填写在“统计报告”工作表的 B3 单元格中。

（6）根据“订单明细表”工作表中的销售数据，统计《MS Office 高级应用》图书在 2012 年的总销售额，并将其填写在“统计报告”工作表的 B4 单元格中。

（7）根据“订单明细表”工作表中的销售数据，统计隆华书店在2011年第3季度的总销售额，并将其填写在“统计报告”工作表的B5单元格中。

（8）根据“订单明细表”工作表中的销售数据，统计隆华书店在2011年的每月平均销售额（保留2位小数），并将其填写在“统计报告”工作表的B6单元格中。

【操作提示】

（1）略。

（2）在“订单明细表”工作表的E3单元格中输入公式“=VLOOKUP(D3, 表2, 2, FALSE)”，其中“表2”是素材中已经定义好的名称，覆盖区域是“编号对照表”工作表中的A3:C19单元格区域。

（3）在“订单明细表”工作表的F3单元格中输入公式“=VLOOKUP(D3, 表2, 3, FALSE)”。

（4）在“订单明细表”工作表的H3单元格中输入公式“=F3*G3”。

（5）在“统计报告”工作表的B3单元格中输入公式“=SUM(订单明细表!h3:h636”或“=SUM(表3[小计])”。特别注意“表3[小计]”这种表示形式的含义。

（6）删除“统计报告”工作表中B4、B5、B6单元格中的数据，在B4单元格中输入公式“=SUMIFS(表3[小计], 表3[图书编号], "BK-83028", 表3[日期], ">=2012-1-1", 表3[日期], "<=2012-12-31")”。

（7）在“统计报告”工作表的B5单元格中输入公式“=SUMIFS(表3[小计], 表3[书店名称], "隆华书店", 表3[日期], ">=2011-7-1", 表3[日期], "<=2011-9-30")”。

（8）在“统计报告”工作表的B6单元格中输入公式“=SUMIFS(表3[小计], 表3[书店名称], "隆华书店", 表3[日期], ">=2011-1-1", 表3[日期], "<=2011-12-31")/12”。

3. PowerPoint综合实验

刘老师正在准备有关《小企业会计准则》的培训课件，其助手搜集并整理了一份该准则的相关资料，它存放在Word文档“Z2-PPT素材.docx”中。按下列要求帮助刘老师完成PPT课件的整合制作：

（1）在素材文件夹下，创建一个名为“Z2-学号-姓名.pptx”（.pptx为扩展名）的新演示文稿，后续操作均基于此文件。该演示文稿需要包含Word文档“Z2-PPT素材.docx”中的所有内容，每张幻灯片对应Word文档中的一页，其中Word文档中应用了“标题1”“标题2”“标题3”样式的文本内容，分别对应演示文稿中每页幻灯片的标题文字、第一级文本内容、第二级文本内容。

（2）取消第2张幻灯片中文本内容前的项目符号，并将最后两行的落款和日期右对齐。将第3张幻灯片中用绿色标出的文本内容转换为“垂直框列表”类的SmartArt图形，并分别将每个列表框链接到对应的幻灯片。将第9张幻灯片中的版式设为“两栏内容”，并在右侧的内容框中插入对应素材文档第9页中的图形。将第14张幻灯片最后一段文字向右缩进两个级别，并链接到文件“小企业准则适用行业范围.docx”。

（3）将第15张幻灯片中自“（二）定性标准”开始的内容，拆分为标题同为“二、统一中小企业划分范畴”的两张幻灯片，并参考原素材文档中的第15页内容将前一张幻灯片中的红色文字转换为一个表格。

（4）将素材文档第 16 页中的图片插入到对应幻灯片中，并适当调整图片大小。将最后一张幻灯片的版式设为“标题和内容”，将图片 pic.gif 插入内容框中并适当调整其大小。将倒数第二张幻灯片的版式设为“内容与标题”，参考素材文档第 18 页中的样例，在幻灯片右侧的内容框中插入 SmartArt 不定向循环图，并为其设置一个逐项出现的动画效果。

（5）将演示文稿按下列要求分为 5 节，并为每节应用不同的设计主题和幻灯片切换方式。

节名	包含的幻灯片
小企业准则简介	1～3
准则的颁布意义	4～8
准则的制定过程	9
准则的主要内容	10～18
准则的贯彻实施	19～20

【操作提示】

（1）新建一个 PPT 文件，单击“文件”→“打开”，在“打开”对话框中将文件类型更改为“所有文件（*.*）”，打开“Z2-PPT_素材.docx”，然后另存为文件“Z1-学号-姓名.pptx”。

（2）选中所有绿色文本，单击右键，在弹出的菜单中选择“转换为 SmartArt”→“其他 SmartArt 图形”，在弹出的对话框的左侧，选择“列表”，在右侧选中“垂直框列表”（位于第二行第二列），单击“确定”按钮。

向右缩进两个级别的操作是，单击“开始”选项卡下“段落”功能区的“提高列表级别”两次。

（3）选择第 15 张幻灯片，切换到“大纲”视图，将光标定位到文字“（二）定性标准”之前，并按 Enter 键。然后单击“开始”选项卡下“段落”功能区的“降低列表级别”，即可实现拆分。将红色文字删除，然后把素材文件中的表格复制过来即可。

（4）略。

（5）参考综合实验一。

三、样张

参见素材文件夹中的答案文件。

第二部分

习题解析

一、公共基础知识

第一章　数据结构与算法

【例 1】下列叙述中，正确的是______。

A．一个算法的空间复杂度大，则其时间复杂度也必定大

B．一个算法的空间复杂度大，则其时间复杂度必定小

C．一个算法的时间复杂度大，则其空间复杂度必定小

D．算法的时间复杂度与空间复杂度没有直接关系

答案：D

解析：算法的空间复杂度是指算法在执行过程中所需要的内存空间，算法的时间复杂度是指执行算法所需要的计算工作量，两者之间并没有直接关系，所以答案选 D 项。

【例 2】下列叙述中，正确的是______。

A．算法的效率只与问题的规模有关，而与数据的存储结构无关

B．算法的时间复杂度是指执行算法所需要的计算工作量

C．数据的逻辑结构与存储结构是一一对应的

D．算法的时间复杂度与空间复杂度一定相关

答案：B

解析：算法的效率与问题的规模和数据的存储结构都有关，选项 A 错误。算法的时间复杂度，是指执行算法所需要的计算工作量，选项 B 正确。由于数据元素在计算机存储空间中的位置关系可能与逻辑关系不同，因此数据的逻辑结构和存储结构不是一一对应的，选项 C 错误。算法的时间复杂度和空间复杂度没有直接的联系，选项 D 错误。

【例 3】下列叙述中，正确的是______。

A．程序执行的效率与数据的存储结构密切相关

B．程序执行的效率只取决于程序的控制结构

C．程序执行的效率只取决于所处理的数据量

D．以上说法均错误

答案：A

解析：程序执行的效率与数据的存储结构、数据的逻辑结构、程序的控制结构、所处理的数据量等有关。

【例 4】下列关于栈的叙述中，正确的是______。

A．栈底元素一定是最后入栈的元素

B．栈顶元素一定是最先入栈的元素

C．栈操作遵循先进后出的原则

D．以上说法均错误

答案：C

解析：栈顶元素总是最后被插入的元素，从而也是最先被删除的元素。栈底元素总是最先被插入的元素，从而也是最后才能被删除的元素。栈的修改是按后进先出的原则进行的。因此，栈称为先进后出表，或（后进先出）表，所以选项 C 正确。

【例 5】一个栈的初始状态为空。现将元素 1，2，3，A，B，C 依次入栈，然后再依次出栈，则元素出栈的顺序是______。

A．1，2，3，A，B，C　　B．C，B，A，1，2，3

C．C，B，A，3，2，1　　D．1，2，3，C，B，A

答案：C

解析：栈的操作是按后进先出的原则进行的，所以顺序应与入栈顺序相反，故选 C。

【例 6】下列与队列结构有关联的是______。

A．函数的递归调用　　B．数组元素的引用

C．多重循环的执行　　D．先到先服务的作业调度

答案：D

解析：队列的操作是依先进先出的原则进行的，选项 D 正确。

【例 7】下列叙述中正确的是______。

A．循环队列中的元素个数随队头指针与队尾指针的变化而动态变化

B．循环队列中的元素个数随队头指针的变化而动态变化

C．循环队列中的元素个数随队尾指针的变化而动态变化

D．以上说法都不对

答案：A

解析：在循环队列中，用队尾指针 rear 指向队列中的队尾元素，用排头指针 front 指向排头元素的前一个位置。因此，从排头指针 front 指向的后一个位置直到队尾指针 rear 指向的位置之间所有的元素均为队列中的元素。所以循环队列中的元素个数随队头指针和队尾指针的变化而变化。选项 A 正确。

【例 8】设循环队列的存储空间为 Q(1:35)，初始状态为 front = rear = 35。现经过一系列入队与退队运算后，front = 15，rear = 15，则循环队列中的元素个数为______。

A．15　　B．16　　C．20　　D．0 或 35

答案：D

解析：在循环队列中，用队尾指针 rear 指向队列中的队尾元素，用排头指针 front 指向排头元素的前一个位置。在循环队列中进行出队、入队操作时，头尾指针仍要加 1，朝前移动。只不过当头尾指针指向向量上界时，其加 1 操作的结果是指向向量的下界 0。由于入队时尾指针向前追赶头指针，出队时头指针向前追赶尾指针，故队空和队满时，头尾指针均相等。所以选项 D 正确。

【例 9】下列叙述中，正确的是______。

A．线性表链式存储结构的存储空间一般要少于顺序存储结构

B．线性表链式存储结构与顺序存储结构的存储空间都是连续的

C．线性表链式存储结构的存储空间可以是连续的，也可以是不连续的

D．以上说法均错误

答案：C

解析：线性表的顺序存储结构具备如下两个基本特征：线性表中的所有元素所占的存储空间是连续的；线性表中各数据元素在存储空间中是按逻辑顺序依次存放的。用一组任意的存储单元来依次存放线性表的结点，这组存储单元既可以是连续的，也可以是不连续的，甚至是零散分布在内存中的任意位置上的。因此选项 C 正确。

【例 10】下列链表中，其逻辑结构属于非线性结构的是______。

A．二叉链表　　　　B．循环链表

C．双向链表　　　　D．带链的栈

答案：A

解析：在定义的链表中，若只含有一个指针域来存放下一个元素地址，称这样的链表为单链表或线性链表。带链的栈可以用来收集计算机存储空间中所有空闲的存储结点，是线性表。在单链表中的结点中增加一个指针域指向它的直接前件，这样的链表，就称为双向链表。循环链表具有单链表的特征，但又不需要增加额外的存储空间，仅对表的链接方式稍做改变，使得对表的处理更加方便灵活，属于线性链表。二叉链表是二叉树的物理实现，是一种存储结构，不属于线性结构。答案为 A 选项。

【例 11】一棵二叉树中共有 80 个叶子结点与 70 个度为 1 的结点，则该二叉树中的总结点数为______。

A．219　　B．229　　C．230　　D．231

答案：B

解析：二叉树中，度为 0 的结点数等于度为 2 的结点数加 1，即 $n_0 = n_2 + 1$，叶子结点即度为 0，则 $n_2 = 79$，总结点数为 $n_0 + n_1 + n_2 = 80 + 70 + 79 = 229$，答案为选项 B。

【例 12】某二叉树共有 12 个结点，其中叶子结点只有 1 个。则该二叉树的深度为（根结点在第 1 层）______。

A．3　　B．6　　C．8　　D．12

答案：D

解析：二叉树中，度为 0 的结点数等于度为 2 的结点数加 1，即 $n_2 = n_0 - 1$，叶子结点即度为 0，$n_0 = 1$，则 $n_2 = 0$，总结点数为 $12 = n_0 + n_1 + n_2 = 1 + n_1 + 0$，则度为 1 的结点数 $n_1 = 11$，故深度为 12。答案选 D 选项。

【例 13】 对下列二叉树进行前序遍历的结果为______。

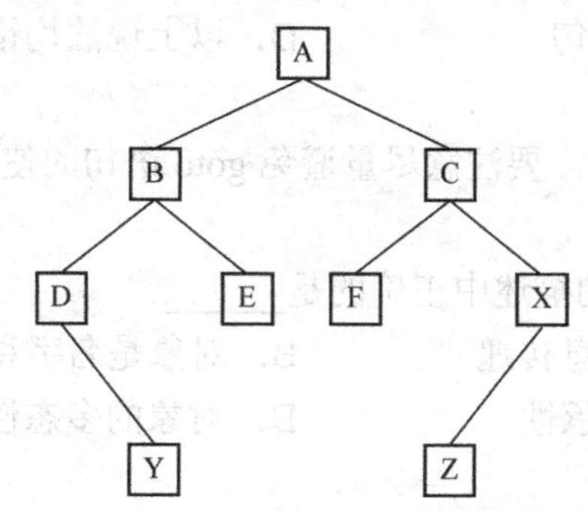

A. DYBEAFCZX　　　　B. YDEBFZXCA

C. ABDYECFXZ　　　　D. ABCDEFXYZ

答案：C

解析：前序遍历是指在访问根结点、遍历左子树与遍历右子树这三者中，首先访问根结点，然后遍历左子树，最后遍历右子树。并且，在遍历左右子树时，仍然先访问根结点，然后遍历左子树，最后遍历右子树。前序遍历描述为：若二叉树为空，则执行空操作。否则：①访问根结点；②前序遍历左子树；③前序遍历右子树。所以选项 C 正确。

【例 14】 对长度为 10 的线性表进行冒泡排序，最坏情况下需要比较的次数为______。

A. 9　　　　B. 10

C. 45　　　　D. 90

答案：C

解析：冒泡法是在扫描过程中逐次比较相邻两个元素的大小，最坏的情况是每次比较都要将相邻的两个元素互换，需要互换的次数为 $9+8+7+6+5+4+3+2+1=45$。答案选 C 选项。

【例 15】 对长度为 n 的线性表作快速排序，在最坏情况下，比较次数为______。

A. n　　　　B. $n-1$

C. $n(n-1)$　　　　D. $n(n-1)/2$

答案：D

解析：快速排序的最坏情况是，每次选的基准数都和其他数做过比较，共需比较 $(n-1)+(n-2)+\cdots+1=n(n-1)/2$。答案选 D 选项。

第二章 程序设计基础

【例 1】在结构化程序设计中，下面对 goto 语句的使用描述中正确的是______。

A．禁止使用 goto 语句　　B．使用 goto 语句程序效率高

C．应避免滥用 goto 语句　　D．以上说法均错误

答案：C

解析：结构化程序设计中，要注意尽量避免 goto 语句的使用，故选 C 选项。

【例 2】下面对对象概念的描述中正确的是______。

A．对象间的通信靠消息传递　　B．对象是名字和方法的封装体

C．任何对象必须有继承性　　D．对象的多态性是指一个对象有多个操作

答案：A

解析：对象之间进行通信的构造叫做消息，选项 A 正确。多态性是指同一个操作可以是不同对象的行为，选项 D 错误。对象不一定必须有继承性，选项 C 错误。封装性是指从外面看只能看到对象的外部特征，而不知道也无须知道数据的具体结构以及实现操作，选项 B 错误。

【例 3】结构化程序设计方法提出于______。

A．20 世纪 50 年代　　B．20 世纪 60 年代

C．20 世纪 70 年代　　D．20 世纪 80 年代

解析：20 世纪 70 年代提出了"结构化程序设计"（Structured Programming）的思想和方法。结构化程序设计方法引入了工程化思想和结构化思想，使大型软件的开发和编程得到了极大的改善。故选 C 选项。

答案：C

【例 4】下列关于结构化程序设计方法的主要原则中，不正确的是______。

A．自下向上　　B．逐步求精

C．模块化　　D．限制使用 goto 语句

解析：结构化程序设计方法的主要原则为：

（1）自顶向下：即先考虑总体，后考虑细节；先考虑全局目标，后考虑局部目标。

（2）逐步求精：对复杂问题，应设计一些子目标作过渡，逐步细化。

（3）模块化：把程序要解决的总目标分解为分目标，再进一步分解为具体的小目标，把每个小目标称为一个模块。

（4）限制使用 goto 语句。

答案：A

【例 5】面向对象的开发方法中，类与对象的关系是______。

A．抽象与具体　　B．具体与抽象

C．部分与整体　　D．整体与部分

解析：现实世界中的很多事物都具有相似的性质，把具有相似的属性和操作的对象归为类，也就是说类是具有共同属性、共同方法的对象的集合，是对对象的抽象。它描述了该对象类型的所有对象的性质，而一个对象则是对应类的一个具体实例。所以本题正确答案为 A 项。

答案：A

【例 6】结构化程序设计主要强调的是______。

A．程序的规模　　B．程序的易读性

C．程序的执行效率　　D．程序的可移植性

答案：B

解析：结构化程序设计主要强调的是结构化程序清晰易读，可理解性好，程序员能够进行逐步求精、程序证明和测试，以保证程序的正确性。

【例 7】对建立良好的程序设计风格，下面描述正确的是______。

A．程序应简单、清晰、可读性好　　B．符号名的命名要符合语法

C．充分考虑程序的执行效率　　D．程序的注释可有可无

答案：A

解析：建立良好的程序设计风格包括以下几点：

① 用最规范的、最清晰的、最容易理解的方式写程序。

② 应该特别注意程序的书写格式，让它的形式反映出其内在的意义结构。

③ 充分而合理地使用程序注释给函数和全局数据加注释。

【例 8】在面向对象方法中，一个对象请求另一对象为其服务的方式是通过发送______。

A．调用语句　　B．命令　　C．口令　　D．消息

答案：D

解析：对象之间的相互作用和通信是通过消息来完成的，当对象 A 要执行对象 B 的方法时，对象 A 发送一个消息到对象 B。接受对象需要有足够的信息，以便知道要它做什么。通常，一个消息由下述三部分组成：接收消息的对象的名称；消息标识符（消息名）；零个或多个参数。故选 D 选项。

【例 9】信息隐蔽的概念与下述哪一种概念直接相关______。

A．对象的继承　　B．对象的多态

C．对象的封装　　D．对象的分类

答案：C

解析：对象的基本特点：标识唯一性；分类性；多态性；封装性；模块独立性好。

继承是指能够直接获得已有的性质和特征，而不必重复定义它们。多态性是指同样的消

息被不同的对象接受时可导致完全不同的行动的现象。在面向对象程序设计中，从外面看只能看到对象的外部特征，而不知道也无须知道数据的具体结构及实现操作的算法，这称为对象的封装性。

【例 10】下列选项中不属于结构化程序设计方法的是______。

A．自顶向下　　　　B．逐步求精

C．模块化　　　　D．可复用

答案：D

解析：结构化程序设计方法的四条原则是：

自顶向下；逐步求精；模块化；限制使用 goto 语句。故选 D 选项。

【例 11】下列选项不符合良好程序设计风格的是______。

A．源程序要文档化　　　　B．数据说明的次序要规范化

C．避免滥用 goto 语句　　　　D．模块设计要保证高耦合、高内聚

答案：D

解析：优秀软件应高内聚，低耦合。

内聚性是用来度量一个模块功能强度的一个相对指标，一个内聚程序高的模块应当只做一件事。

耦合性用来度量模块之间的相互联系程序。耦合性与内聚性是相互关联的，在程序结构中各模块的内聚性越强，则耦合性越弱。故选 D 选项。

【例 12】下面选项中不属于面向对象程序设计特征的是______。

A．继承性　　B．多态性　　C．分类性　　D．封闭性

答案：D

解析：对象的基本特点：标识唯一性；分类性；多态性；封装性；模块独立性好。

继承是指能够直接获得已有的性质和特征，而不必重复定义它们。

多态性是指同样的消息被不同的对象接受时可导致完全不同的行动的现象。

封装性是指从外面看只能看到对象的外部特征，而不知道也无须知道数据的具体结构及实现操作的算法。故选 D 选项。

【例 13】源程序的文档化不包括______。

A．符号名的命名要有实际意义　　　　B．正确的文档格式

C．良好的视觉组织　　　　D．正确的程序注释

答案：B

解析：源程序的文档化主要包括：

① 符号名的命名应具有一定的实际含义，以便理解程序功能；

② 正确的程序注释：包括充分而合理地使用程序注释给函数和全局数据加注释。

③ 良好的视觉组织：在程序中利用空格、空行、缩进等技巧使程序层次清晰；

【例 14】结构化程序设计的三种基本控制结构是______。

A．过程、子程序和分程序　　B．顺序、选择和重复

C．递归、堆栈和队列　　D．调用、返回和转移

答案：B

解析：程序设计主要经历了结构化设计和面向对象的程序设计阶段，其中程序设计语言仅仅使用顺序、选择和重复三种基本控制结构就足以表达出各种其他形式结构的程序设计方法。故选 B 选项。

【例 15】采用面向对象技术开发的应用系统的特点是______。

A．重用性更强　　B．运行速度更快

C．占用存储量小　　D．维护更复杂

答案：A

解析：采用面向对象技术开发的应用系统的特点主要包括：与人类习惯的思维方法一致；稳定性好；可重用性好；易于开发大型软件产品；可维护性好。故选 A 选项。

第三章　软件工程基础

【例 1】构成计算机软件的是______。

A．源代码　　B．程序和数据

C．程序和文档　　D．程序、数据及相关文档

答案：D

解析：软件指的是计算机系统中与硬件相互依赖的另一部分，包括程序、数据和有关的文档。故选 D 选项。

【例 2】下面不属于软件需求分析阶段主要工作的是______。

A．需求变更申请　　B．需求分析

C．需求评审　　D．需求获取

答案：A

解析：需求分析阶段的工作可概括为 4 个方面：①需求获取。②需求分析。③编写需求规格说明书。④需求审评。故选 A 选项。

【例 3】下面不能作为结构化方法软件需求分析工具的是______。

A．系统结构图　　B．数据字典

C．数据流程图　　D．判定表

答案：A

解析：结构化方法软件需求分析工具主要有数据流程图、数据字典、判定树和判定表。故选 A 选项。

【例 4】数据字典所定义的对象都包含于______。

A．数据流程图　　B．程序流程图

C．软件结构图　　D．方框图

答案：A

解析：在数据流图中，对所有元素都进行了命名，所有名字的定义集中起来就构成了数据字典。因此选 A 选项，而选项 B、C、D 都不符合。

【例 5】软件生命周期可分为定义阶段、开发阶段和维护阶段，下面不属于开发阶段任务的是______。

A．测试　　B．设计

C．可行性研究　　D．实现

答案：C

解析：开发阶段包括分析、设计和实施两类任务。其中分析、设计包括需求分析、总体设计和详细设计 3 个阶段，实施则包括编码和测试两个阶段，选项 C 不属于开发阶段。

【例 6】软件需求规格说明书的作用不包括______。

A．软件验收的依据

B．用户与开发人员对软件要做什么的共同理解

C．软件设计的依据

D．软件可行性研究的依据

答案：D

解析：软件需求规格说明书是需求分析阶段的最后成果，是软件开发的重要文档之一。

软件需求规格说明书有以下几个方面的作用。①便于用户、开发人员进行理解和交流，选项 B 正确；②反映出用户问题的结构，可以作为软件开发工作的基础和依据，选项 C 正确；③作为确认测试和验收的依据，选项 A 正确。

【例 7】下面不属于软件设计阶段任务的是______。

A．软件总体设计　　B．算法设计

C．制定软件确认测试计划　　D．数据库设计

答案：C

解析：从技术观点上看，软件设计包括软件结构设计、数据设计、接口设计、过程设计。所以选项 A、B、D 正确，选项 C 为软件测试阶段的任务。

【例 8】软件设计中模块划分应遵循的准则是______。

A．低内聚低耦合　　B．高耦合高内聚

C．高内聚低耦合　　D．以上说法均错误

答案：C

解析：根据软件设计原理提出如下优化准则：①划分模块时，尽量做到高内聚、低耦合，保持模块相对独立性，并以此原则优化初始的软件结构。②一个模块的作用范围应在其控制范围之内，且判定所在的模块应与受其影响的模块在层次上尽量靠近。③软件结构的深度、宽度、扇入、扇出应适当。④模块的大小要适中。故选项 C 正确。

【例 9】下面属于黑盒测试方法的是______。

A．语句覆盖　　B．逻辑覆盖

C．边界值分析　　D．路径覆盖

答案：C

解析：黑盒测试不关心程序内部的逻辑，只是根据程序的功能说明来设计测试用例。在使用黑盒测试法时，手头只需要有程序功能说明就可以了。黑盒测试法分等价类划分法、边界值分析法和错误推测法。故选项 C 正确。而选项 A、B、D 均为白盒测试方法。

【例 10】下面属于白盒测试方法的是______。

A．等价类划分法　　B．逻辑覆盖

C．边界值分析法　　D．错误推测法

答案：B

解析：白盒测试法主要有逻辑覆盖、基本路径测试等。逻辑覆盖测试包括语句覆盖、路径覆盖、判定覆盖、条件覆盖。故选项 B 正确。其余为黑盒测试法。

【例 11】下面不属于软件测试实施步骤的是______。

A．集成测试　　B．回归测试

C．确认测试　　D．单元测试

答案：B

解析：软件测试主要包括单元测试、集成测试、确认测试和系统测试。

【例 12】对软件的特点，下面描述正确的是______。

A．软件是一种物理实体

B．软件在运行使用期间不存在老化问题

C．软件开发、运行对计算机没有依赖性，不受计算机系统的限制

D．软件的生产有一个明显的制作过程

答案：B

解析：软件在运行期间不会因为介质的磨损而老化，只可能因为适应硬件环境以及需求变化进行修改而引入错误，导致失效率升高从而软件退化，所以本题正确答案为 B。

【例 13】以下哪项是软件生命周期的主要活动阶段？______。

A．需求分析　　B．软件开发

C．软件确认　　D．软件演进

答案：A

解析：B、C、D 项都是软件工程过程的基本活动，还有一个是软件规格说明。

【例 14】从技术观点看，软件设计包括______。

A．结构设计、数据设计、接口设计、程序设计

B．结构设计、数据设计、接口设计、过程设计

C．结构设计、数据设计、文档设计、过程设计

D．结构设计、数据设计、文档设计、程序设计

答案：B

解析：技术角度，要进行结构、接口、数据、过程的设计。结构设计是定义系统各部件关系，数据设计是根据分析模型转化数据结构，接口设计是描述如何通信，过程设计是把系统结构部件转化为软件的过程性描述。

【例 15】以下哪个是软件测试的目的？______。

A．证明程序没有错误　　B．演示程序的正确性

C．发现程序中的错误　　D．改正程序中的错误

答案：C

解析：关于测试目的的基本知识，IEEE 的定义是：使用人工或自动手段来运行或测定某个系统的过程，其目的在于检验它是否满足规定的需求，或是弄清预期结果与实际结果之间的差别，所以正确答案是 C。

【例 16】以下哪个测试要对接口测试？______。

A．单元测试　　B．集成测试

C．验收测试　　D．系统测试

答案：B

解析：检查对测试实施各阶段的了解，集成测试时要进行接口测试、全局数据结构测试、边界条件测试和非法输入的测试等，所以正确答案是 B。

【例 17】程序调试的主要任务是______。

A．检查错误　　B．改正错误

C．发现错误　　D．以上都不是

答案：B

解析：程序的调试任务是诊断和改正程序中的错误。调试主要在开发阶段进行。

【例 18】以下哪些不是程序调试的基本步骤？______。

A．分析错误原因　　B．错误定位

C．修改设计代码以排除错误　　D．回归测试，防止引入新错误

答案：A

解析：程序调试的基本步骤：

（1）错误定位。从错误的外部表现形式入手，研究有关部分的程序，确定程序中出错位置，找出错误的内在原因。

（2）修改设计和代码，以排除错误。

（3）进行回归测试，防止引进新的错误。

【例 19】在修改错误时应遵循的原则有______。

A．注意修改错误本身而不仅仅是错误的征兆和表现

B．修改错误的是源代码而不是目标代码

C．遵循在程序设计过程中的各种方法和原则

D．以上 3 个都是

答案：D

解析：修改错误原则：

（1）在出现错误的地方，很可能有别的错误；

（2）修改错误的一个常见失误，是只修改了这个错误的征兆或这个错误的表现，而没有修改错误本身；

（3）注意修正一个错误的同时有可能会引入新的错误；

（4）修改错误的过程将迫使人们暂时回到程序设计阶段；

（5）修改源代码程序，不要改变目标代码。

第四章　数据库设计基础

【例 1】下面描述中不属于数据库系统特点的是______。

A．数据共享　　B．数据完整性

C．数据冗余度高　　D．数据独立性高

答案：C

解析：数据库系统的特点为高共享、低冗余、独立性高、具有完整性等。故选项 C 错误。

【例 2】若实体 A 和 B 是一对多的联系，实体 B 和 C 是一对一的联系，则实体 A 和 C 的联系是______。

A．一对一　　B．一对多

C．多对一　　D．多对多

答案：B

解析：A 和 B 为一对多的联系，则对于 A 中的每一个实体，B 中有多个实体与之联系，而 B 与 C 为一对一联系，则对于 B 中的每一个实体，C 中至多有一个实体与之联系，则可推出对于 A 中的每一个实体，C 中有多个实体与之联系，所以为一对多联系。故选 B 项。

【例 3】公司中有多个部门和多名职员，每个职员只能属于一个部门，一个部门可以有

多名职员。则实体部门和职员间的联系是______。

A．1:1 联系　　　　　B．*m*:1 联系

C．1:*m* 联系　　　　D．*m*:*n* 联系

答案：C

解析：两个实体集间的联系实际上是实体集间的函数关系，主要有一对一联系（1:1)、一对多联系（1:*m*)、多对一联系（*m*:1)、多对多联系（*m*:*n*)。对于每一个实体部门，都有多名职员，则其对应的联系为一对多联系（1:*m*)。故选项 C 正确。

【例 4】有表示公司和职员及工作的三张表，职员可在多家公司兼职。其中公司 C（公司号，公司名，地址，注册资本，法人代表，员工数），职员 S（职员号，姓名，性别，年龄，学历），工作 W（公司号，职员号，工资），则表 W 的键（码）为______。

A．公司号，职员号　　　　B．职员号，工资

C．职员号　　　　　　　　D．公司号，职员号，工资

答案：A

解析：由于职员可以在多加公司兼职，表 W 的键（码）应为公司关系和职员关系的主码，即公司号和职员号。故选项 A 正确。

【例 5】在关系模型中，每一个二维表称为一个______。

A．关系　　　　B．属性

C．元组　　　　D．主码（键）

答案：A

解析：关系模型采用二维表来表示，即每个二维表称为一个关系。故选项 A 正确。

【例 6】在关系数据库中，用来表示实体间联系的是______。

A．属性　　　　B．二维表

C．网状结构　　D．树状结构

答案：B

解析：关系模型实体间的联系采用二维表来表示，简称表。选项 C 为网状模型实体间的联系，选项 A 为层次模型实体间的联系，选项 A 属性刻画了实体。故选项 B 正确。

【例 7】有三个关系 R、S 和 T 如下：

R

A	B	C
a	1	2
b	2	1
c	3	1

S

A	B	C
d	3	2
c	3	1

T

A	B	C
a	1	2
b	2	1
c	3	1
d	3	2

则由关系 R 和 S 得到关系 T 的操作是______。

A．选择　　　　　　　　　　　　　　B．投影

C．交　　　　　　　　　　　　　　　D．并

答案：D

解析：关系 T 中的元素是与关系 R 和关系 S 中不同元素的总和，因此为并操作。故选项 D 正确。

【例 8】有三个关系 R、S 和 T 如下：

R

A	B	C
a	1	2
b	2	1
c	3	1

S

A	B	C
d	3	2
c	3	1

T

A	B	C
a	1	2
b	2	1

则由关系 R 和 S 得到关系 T 的操作是______。

A．选择　　　　　　　　　　　　　　B．差

C．交　　　　　　　　　　　　　　　D．并

答案：B

解析：关系 T 是关系 R 的一部分，并且是关系 R 去掉 R 和 S 相同的元素，符合差操作。故选项 B 正确。

【例 9】有两个关系 R 和 S 如下：

R

A	B	C
a	1	2
b	2	1
c	3	1

S

A	B	C
c	3	1

则由关系 R 得到关系 S 的操作是______。

A．选择　　　　　　　　　　　　　　B．投影

C．自然连接　　　　　　　　　　　　D．并

答案：D

解析：由关系 R 到关系 S 为一元运算，排除选项 C 和 A。

关系 S 是关系 R 的一部分，是通过选择之后的结果。故选项 D 正确。

【例 10】有三个关系 R、S 和 T 如下：

R

A	B	C
a	1	2
b	2	1
c	3	1

S

A	D
c	4
a	5

T

A	B	C	D
c	3	1	4
a	1	2	5

则由关系 R 和 S 得到关系 T 的操作是______。

A. 自然连接　　　　B. 交

C. 投影　　　　D. 并

答案： A

解析： 关系 R 和关系 S 有公共域，关系 T 是通过公共域的等值进行连接的结果，符合自然连接。故选项 A 正确。

【例 11】 一般情况下，当对关系 R 和 S 进行自然连接时，要求 R 和 S 含有一个或者多个共有的______。

A. 记录　　　　B. 行

C. 属性　　　　D. 元组

答案： C

解析： 自然连接是一种特殊的等值连接，它满足下面的条件：①两关系间有公共域；②通过公共域的等值进行连接。故选项 C 正确。

【例 12】 数据库设计过程不包括______。

A. 概念设计　　　　B. 逻辑设计

C. 物理设计　　　　D. 算法设计

答案： D

解析： 数据库设计过程主要包括需求分析、概念结构设计、逻辑结构分析、数据库物理设计、数据库实施、数据库运行和维护阶段。故选项 D 正确。

【例 13】 在数据库管理技术的发展过程中，经历了人工管理阶段、文件系统阶段和数据库系统阶段。在这几个阶段中，数据独立性最高的是______。

A. 数据库系统　　　　B. 文件系统

C. 人工管理　　　　D. 数据项管理

答案： A

解析： 在人工管理阶段，数据无法共享，冗余度大，不独立，完全依赖于程序。在文件系统阶段，数据共享性差，冗余度大，独立性也较差。所以 B 选项和 C 选项均是错误的。

【例 14】 在数据库系统中，当总体逻辑结构改变时，通过改变______，使局部逻辑结构不变，从而使建立在局部逻辑结构之上的应用程序也保持不变，称之为数据和程序的逻辑独立性。

A. 应用程序　　　　B. 逻辑结构和物理结构之间的映射

C. 存储结构　　　　D. 局部逻辑结构到总体逻辑结构的映射

答案： D

解析： 模式描述的是数据的全局逻辑结构，外模式描述的是数据的局部逻辑结构。当模式改变时，由数据库管理员对外模式/模式映射做相应改变，可以使外模式保持不变。应用程序是依据数据的外模式编写的，从而应用程序也不必改变。保证了数据与程序的逻辑独立性，即数据的逻辑独立性。

【例 15】数据库系统依靠______支持数据的独立性。

A．具有封装机制

B．定义完整性约束条件

C．模式分级，各级模式之间的映射

D．DDL 语言和 DML 语言互相独立

答案：C

解析：数据库的 3 级模式结构指数据库系统由外模式、模式和内模式 3 级构成。数据库管理系统在这 3 级模式之间提供了两层映射：外模式/模式映射，模式/内模式映射。这两层映射保证了数据库系统中的数据能够具有较高的逻辑独立性和物理独立性。故选项 C 正确。

【例 16】将 E-R 图转换到关系模式时，实体与联系都可以表示成______。

A．属性　　B．关系

C．键　　D．域

答案：B

解析：E-R 图由实体、实体的属性和实体之间的联系 3 个要素组成，关系模型的逻辑结构是一组关系模式的集合，将 E-R 图转换为关系模型：将实体、实体的属性和实体之间的联系转化为关系模式。故选项 B 正确。

【例 17】用树形结构来表示实体之间联系的模型称为______。

A．关系模型　　B．层次模型

C．网状模型　　D．数据模型

答案：B

解析：满足下面两个条件的基本层次联系的集合为层次模型：

（1）有且只有一个结点没有双亲结点，这个结点称为根结点；

（2）根以外的其他结点有且仅有一个双亲结点。

层次模型的特点：

（1）结点的双亲是唯一的；

（2）只能直接处理一对多的实体联系；

（3）每个记录类型定义一个排序字段，也称为码字段；

（4）任何记录值只有按其路径查看时，才能显出它的全部意义；

（5）没有一个子女记录值能够脱离双亲记录值而独立存在。

二、计算机基础知识

【例 1】世界上公认的第一台电子计算机诞生的年代是______。

A．20 世纪 30 年代　　B．20 世纪 40 年代

C．20 世纪 80 年代　　D．20 世纪 90 年代

答案：B

解析：世界上第一台现代电子计算机“电子数字积分计算机”（ENIAC，诞生于 1946 年 2 月 14 日的美国宾夕法尼亚大学，至今仍被人们公认）。

【例 2】下列不属于计算机人工智能应用领域的是______。

A．在线订票　　B．医疗诊断　　C．智能机器人　　D．机器翻译

答案：A

解析：人工智能是计算机科学发展以来一直处于前沿的研究领域，其主要研究内容包括自然语言理解、专家系统、机器人以及定理自动证明等。目前，人工智能已应用于机器人、医疗诊断、故障诊断、计算机辅助教育、案件侦破、经营管理等诸多方面。在线订票属于电子商务领域，故答案为 A。

【例 3】消费者与消费者之间通过第三方电子商务平台进行交易的电子商务模式是______。

A．C2C　　B．O2O　　C．B2B　　D．B2C

答案：A

解析：按照不同的标准，电子商务可划分为不同的类型。目前比较流行的标准是按照参加主体将电子商务进行分类，如企业间的电子商务（Business-to-Business，B2B），企业与消费者间的电子商务（Business-to-Customer，B2C），消费者与消费者之间的电子商务（Customer-to-Customer，C2C），线上与线下结合的电子商务（Online-to-Offline，O2O），代理商、商家和消费者三者之间的电子商务（Agents-Business-to-Customer，ABC）。故选项 A 正确。

【例 4】在计算机中，组成一个字节的二进制位位数是______。

A．1　　B．2　　C．4　　D．8

答案：D

解析：计算机存储器中，组成一个字节的二进制位数是 8。故选项 D 正确。

【例 5】将十进制数 35 转换成二进制数是______。

A．100011B　　B．100111B　　C．111001B　　D．110001B

答案：A

解析：十进制整数转换为二进制整数采用“除 2 取余，逆序排列”法。具体做法是：用 2 整除十进制整数，可以得到一个商和余数；再用 2 去除商，又会得到一个商和余数，如此进行，直到商为 0 为止，然后把先得到的余数作为二进制的低位有效位，后得到的余数作为二进制的高位有效位，依次排列起来。按照上述算法，最后得出答案为 A。

【例 6】已知英文字母 m 的 ASCII 码值是 109，那么英文字母 j 的 ASCII 码值是______。

A．111　　B．105　　C．106　　D．112

答案：C

解析：英文字母 m 的 ASCII 码值是 109，j 比 m 小 3，所以 j 的 ASCII 码值是 109－3＝106。故选项 C 正确。

【例 7】在微机中，西文字符所采用的编码是______。

A．EBCDIC 码　　B．ASCII 码　　C．国标码　　D．BCD 码

答案：B

解析：西文字符所采用的编码是 ASCII 码。故选项 B 正确。

【例 8】计算机对汉字信息的处理过程实际上是各种汉字编码间的转换过程，这些编码主要包括______。

A．汉字外码、汉字内码、汉字输出码等

B．汉字输入码、汉字区位码、汉字国标码、汉字输出码等

C．汉字外码、汉字内码、汉字国标码、汉字输出码等

D．汉字输入码、汉字内码、汉字地址码、汉字字形码等

答案：D

解析：从汉字编码的角度看，计算机对汉字信息的处理过程实际上是各种汉字编码间的转换过程。这些编码主要包括汉字输入码、汉字内码、汉字地址码、汉字字形码。故选项 D 正确。

【例 9】计算机中组织和存储信息的基本单位是______。

A．字长　　B．字节　　C．位　　D．编码

答案：B

解析：字节是信息组织和存储的基本单位，也是计算机体系结构的基本单位。一个字节由 8 位二进制数字组成。故选项 B 正确。

【例 10】某台微机安装的是 64 位操作系统，“64 位”指的是______。

A．CPU 的运算速度，即 CPU 每秒钟能计算 64 位二进制数据

B．CPU 的字长，即 CPU 每次能处理 64 位二进制数据

C．CPU 的时钟主频

D．CPU 的型号

答案：B

解析：通常将计算机一次能够并行处理的二进制数称为字节，也称为计算机的一个“字”。字长是计算机的一个重要指标，直接反映一台计算机的计算能力和精度。计算机的字长通常是字节的整数倍，如 8 位、16 位、32 位、64 位等。故选项 B 正确。

【例 11】20GB 的硬盘表示容量约为______。

A．20 亿个字节　　B．20 亿个二进制位

C．200 亿个字节　　D．200 亿个二进制位

答案：C

解析：根据换算公式 1GB = 1000MB = 1000×1000KB = 1000×1000×1000B，20GB = 2×10^{10}B。注：硬盘厂商通常以 1000 进位计算：1KB = 1000Byte，1MB = 1000KB，1GB = 1000MB，1TB = 1000GB；操作系统中，1KB = 1024Byte，1MB = 1024KB，1GB = 1024MB，1TB = 1024GB。

【例 12】小明的手机还剩余 6GB 存储空间，如果每个视频文件为 280MB，他可以下载到手机中的视频量为______。

A．60　　B．21　　C．15　　D．32

答案：B

解析：6GB = 6×1024MB，6×1024MB/280MB ≈ 21.9，故选项 B 正确。

【例 13】度量计算机运算速度常用的单位是______。

A．MIPS　　B．MHz　　C．MB/s　　D．Mbps

答案：A

解析：运算速度指的是微机每秒所能执行的指令条数，单位为 MIPS（百万条指令/秒）。故选项 A 正确。

【例 14】下列有关计算机系统的叙述中，错误的是______。

A．计算机系统由硬件系统和软件系统组成

B．计算机软件由各类应用软件组成

C．CPU 主要由运算器和控制器组成

D．计算机主要由 CPU 和内存储器组成

答案：B

解析：计算机软件分为系统软件和应用软件两大类。故选择 B 选项。

【例 15】计算机中控制器的功能主要是______。

A．指挥、协调计算机各相关硬件工作

B．指挥、协调计算机各相关软件工作

C．指挥、协调计算机各相关硬件和软件工作

D．控制数据的输入和输出

答案：A

解析：计算机中控制器的作用是指挥、协调计算机各相关硬件工作。它可以从存储器中取出指令并加以解释（译码），产生相应的控制信号，使各硬件有条不紊地工作。故选项 A 正确。

【例 16】一个完整的计算机系统应当包括______。

A．计算机与外设　　B．硬件系统与软件系统

C．主机、键盘与显示器　　D．系统硬件与系统软件

答案：B

解析：计算机系统由计算机硬件系统和软件系统两部分组成。硬件包括中央处理机、存储器和外部设备等；软件是计算机的运行程序和相应的文档。故选项 B 正确。

【例 17】在下列存储器中，访问周期最短的是______。

A．硬盘存储器　　B．外存储器　　C．内存储器　　D．软盘存储器

答案：C

解析：因为内存储器与 CPU 直接交换数据，它属于计算机内的缓冲存储器，计算机所处理的二进制数据都要先经过内存储器才能到达 CPU。所以，访问周期最短的为内存储器。故选项 C 正确。

【例 18】在控制器的控制下，接收数据并完成程序指令指定的基于二进制数的算术运算或逻辑运算的部件是______。

A．鼠标　　B．运算器　　C．显示器　　D．存储器

答案：B

解析：运算器是计算机中执行各种算术和逻辑运算操作的部件。运算器的基本操作包括加、减、乘、除四则运算，与、或、非、异或等逻辑操作，以及移位、比较和传送等操作，亦称算术逻辑部件（ALU）。故选项 B 正确。

【例 19】下列设备组中，完全属于计算机输出设备的一组是______。

A．喷墨打印机、显示器、键盘　　B．激光打印机、键盘、鼠标器

C．键盘、鼠标器、扫描仪　　D．打印机、绘图仪、显示器

答案：D

解析：本题可采用排除法，A、B、C 选项中都有键盘，而键盘是计算机输入设备，故可排除选项 A、B、C，选项 D 正确。

【例 20】下列设备组中，完全属于输入设备的一组是______。

A．CD-ROM 驱动器，键盘，显示器

B．绘图仪，键盘，鼠标器

C．键盘，鼠标器，扫描仪

D．打印机，硬盘，条码阅读器

答案：C

解析：A 选项中显示器是输出设备，B 选项中绘图仪是输出设备，D 选项中打印机是输出设备，故选项 C 正确。

【例 21】计算机的指令系统能实现的运算有______。

A．数值运算和非数值运算　　B．算术运算和逻辑运算

C．图形运算和数值运算　　D．算术运算和图像运算

答案：B

解析：不同计算机的指令系统包含的指令种类和数目是不同的，但一般均能够实现的运算有算术运算、逻辑运算、数据传送、判定和控制、移位操作等。故选项 B 正确。

【例 22】现代计算机普遍采用总线结构，包括数据总线、地址总线、控制总线，通常与数据总线位数对应相同的部件是______。

A．CPU　　B．存储器　　C．地址总线　　D．控制总线

答案：A

解析：数据总线用于传送数据信息。数据总线是双向三态形态的总线，即它既可以把 CPU 的数据传送到存储器或输入输出接口等其他部件，也可以将其他部件的数据传送到 CPU。数据总线的位数是微型计算机的一个重要指标，通常与微处理的字长相一致。例如，Intel 8086 微处理器字长 16 位，其数据总线宽度也是 16 位。故选项 A 正确。

【例 23】在 Windows 7 操作系统中，磁盘维护包括硬盘的检查、清理和碎片整理等功能，碎片整理的目的是______。

A．删除磁盘小文件　　B．获得更多磁盘可用空间

C．优化磁盘文件存储　　D．改善磁盘的清洁度

答案：C

解析：磁盘碎片整理。就是通过系统软件或者专业的磁盘碎片整理软件对电脑磁盘在长期使用过程中产生的碎片和凌乱文件重新整理，可提高电脑的整体性能和运行速度。故选项 C 正确。

【例 24】在 Windows 7 操作系统中，磁盘维护包括硬盘检查、磁盘清理和碎片整理等功能，磁盘清理的目的是______。

A．提高磁盘存取速度　　B．获得更多磁盘可用空间

C．优化磁盘文件存储　　D．改善磁盘的清洁度

答案：B

解析：磁盘清理的目的是清理磁盘中的垃圾文件，释放磁盘空间。故选项 B 正确。

【例 25】USB 3.0 接口的理论最快传输速率为______。

A．5.0Gbps　　B．3.0Gbps　　C．1.0Gbps　　D．800Mbps

答案：A

解析：USB 3.0 是一种 USB 规范，该规范由英特尔等公司发起，最大传输带宽高达 5.0Gbps（625MB/s）。故选项 A 正确。

【例 26】计算机操作系统的主要功能是______。

A．管理计算机系统的软硬件资源，以充分发挥计算机资源的效率，并为其他软件提供良好的运行环境

B．把高级程序设计语言和汇编语言编写的程序翻译到计算机硬件可以直接执行的目标程序，为用户提供良好的软件开发环境

C．对各类计算机文件进行有效的管理，并提交计算机硬件高效处理

D．为用户操作和使用计算机提供方便

答案：A

解析：操作系统作为计算机系统的资源的管理者，它的主要功能是对系统所有的软硬件资源进行合理而有效的管理和调度，提高计算机系统的整体性能。故选项 A 正确。

【例 27】下列软件中，属于系统软件的是______。

A．航天信息系统

B．Office 2003

C．Windows Vista

D．决策支持系统

答案：C

解析：系统软件是指控制和协调计算机及外部设备，支持应用软件开发和运行的系统，是无须用户干预的各种程序的集合，主要功能是调度、监控和维护计算机系统，负责管理计算机系统中各种独立的硬件，使得它们可以协调工作。选项 A、B、D 皆是应用软件，只有 Windows Vista 是系统软件。故选项 C 正确。

【例 28】编译程序的最终目标是______。

A．发现源程序中的语法错误

B．改正源程序中的语法错误

C．将源程序编译成目标程序

D．将某一高级语言程序翻译成另一高级语言程序

答案：C

解析：编译程序的基本功能以及最终目标便是把源程序（高级语言）翻译成目标程序。故选项 C 正确。

【例 29】下列各类计算机程序语言中，不是高级程序设计语言的是______。

A．Visual Basic　　B．Fortran　　C．Pascal 语言　　D．汇编语言

答案：D

解析：高级语言并不是特指的某一种具体的语言，而是包括很多编程语言，如目前流行的 Java、C、C++、Visual Basic、Fortran、C#、Pascal、Python、Lisp、Prolog、FoxPro、Visual C 等，这些语言的语法、命令格式都不相同。显然，答案 D 错误。

【例 30】全高清视频的分辨率为 1920×1080 像素，如果一张真彩色像素的 1920×1080 BMP 数字格式图像，所需存储空间是______。

A．1.98MB　　B．2.96MB　　C．5.93MB　　D．7.91MB

答案：C

解析：不压缩的情况下一个像素需要占用 24Bit（位）存储，因为一个 Byte（字节）为 8Bit，故每像素占用 3Byte。那么 1920×1080 个像素就会占用 1920×1080×(24/8)Byte = 6220800Byte = 6075KB≈5.93MB。故选项 C 正确。

【例 31】若对音频信号以 10kHz 采样率、16 位量化精度进行数字化，则每分钟的双声道数字化声音信号产生的数据量约为______。

A．1.2MB　　B．1.6MB　　C．2.4MB　　D．4.8MB

答案：C

解析：声音的计算公式为：(采样频率 Hz×量化位数 bit×声道数)/8，单位为字节/秒，(10000Hz×16 位×2 声道)/8×60 秒即 2400000 字节，再除以两个 1024 即 2.28MB，从本题答案选项来看，如果简化将 1K 按 1000 算即可得到 2.4MB。故选项 C 正确。

【例 32】数字媒体已经广泛使用，下列属于视频文件格式的是______。

A．MP3 格式　　B．WAV 格式　　C．RM 格式　　D．PNG 格式

答案：C

解析：WAV、MP3 格式是音频文件格式，PNG 格式是图像文件格式，RM 格式是 Real Networks 公司开发的一种流媒体视频文件格式，可以根据网络数据传输的不同速率制定不同的压缩比率，从而实现低速率的 Internet 上进行视频文件的实时传送和播放。故选项 C 正确。

【例 33】在声音的数字化过程中，采样时间、采样频率、量化位数和声道数都相同的情况下，所占存储空间最大的声音文件格式是______。

A．WAV 波形文件　　B．MPEG 音频文件

C．RealAudio 音频文件　　D．MIDI 电子乐器数字接口文件

答案：A

解析：WAV 为微软公司开发的一种声音文件格式，它符合 RIFF（Resource Interchange File Format）文件规范，用于保存 Windows 平台的音频信息资源，被 Windows 平台及其应用程序所广泛支持，该格式也支持 MSADPCM、CCITTALAW 等多种压缩运算法，支持多种音频数字、取样频率和声道。WAV 是最接近无损的音乐格式，所以文件大小相对也比较大。故

选项 A 正确。

【例 34】造成计算机中存储数据丢失的原因主要是______。

A. 病毒侵蚀、人为窃取　　B. 计算机电磁辐射

C. 计算机存储器硬件损坏　　D. 以上全部

答案：D

解析：造成计算机中存储数据丢失的原因主要是：病毒入侵、人为窃取、计算机电磁辐射、计算机存储器硬件损坏等。故选项 D 正确。

【例 35】计算机安全是指计算机资产安全，即______。

A. 计算机信息系统资源不受自然有害因素的威胁和危害

B. 信息资源不受自然和人为有害因素的威胁和危害

C. 计算机硬件系统不受人为有害因素的威胁和危害

D. 计算机信息系统资源和信息资源不受自然和人为有害因素的威胁和危害

答案：D

解析：我国公安部计算机管理监察司的定义是，计算机安全是指计算机资产安全，即计算机信息系统资源和信息资源不受自然和人为有害因素的威胁和危害。故选项 D 正确。

【例 36】计算机病毒是指“能够侵入计算机系统并在计算机系统中潜伏、传播、破坏系统正常工作的一种具有繁殖能力的______”。

A. 特殊程序　　B. 源程序　　C. 特殊微生物　　D. 流行性感冒病毒

答案：A

解析：计算机病毒是指能够侵入计算机系统并在计算机系统中潜伏、传播，破坏系统正常工作的一种具有繁殖能力的特殊程序。故选项 A 正确。

【例 37】下列不是计算机病毒预防的方法是______。

A. 及时更新系统补丁　　B. 定期升级杀毒软件

C. 开启 Windows 7 防火墙　　D. 清理磁盘碎片

答案：D

解析：磁盘碎片整理，就是通过系统软件或者专业的磁盘碎片整理软件对电脑磁盘在长期使用过程中产生的碎片和凌乱文件重新整理，可提高电脑的整体性能和运行速度。清理磁盘碎片和预防计算机病毒无关。故选择选项 D。

【例 38】先于或随着操作系统的系统文件装入内存储器，从而获得计算机特定控制权并进行传染和破坏的病毒是______。

A. 文件型病毒

B. 引导区型病毒

C. 宏病毒

D. 网络病毒

答案：B

解析：引导型病毒指寄生在磁盘引导区或主引导区的计算机病毒。此种病毒利用系统引导时不对主引导区的内容正确与否进行判别的缺点，在引导型系统的过程中侵入系统、驻留内存、监视系统运行、待机传染和破坏。故选项B正确。

【例39】以下不属于计算机网络的主要功能的是______。

A. 专家系统　　B. 数据通信　　C. 分布式信息处理　　D. 资源共享

答案：A

解析：计算机网络的主要功能有数据通信、资源共享以及分布式信息处理等，而专家系统是一个智能计算机程序系统，它应用人工智能技术和计算机技术，根据某领域一个或多个专家提供的知识和经验，进行推理和判断，模拟人类专家的决策过程，以便解决那些需要人类专家处理的复杂问题，因此，不属于计算机网络的主要功能。所以，选择A选项。

【例40】某企业为了构建网络办公环境，每位员工使用的计算机上应当具备什么设备______。

A. 网卡　　B. 摄像头　　C. 无线鼠标　　D. 双显示器

答案：A

解析：计算机与外界局域网的连接是通过主机箱内插入一块网络接口板（或者是在笔记本电脑中插入一块 PCMCIA 卡）。网络接口板又称为通信适配器或网络适配器（Network Adapter）或网络接口卡 NIC（Network Interface Card），但是更多的人愿意使用更为简单的名称"网卡"。故选项A正确。

【例41】在 Internet 中实现信息浏览查询服务的是______。

A. DNS　　B. FTP　　C. WWW　　D. ADSL

答案：C

解析：WWW 是一种建立在 Internet 上的全球性的、交互的、动态的、多平台的、分布式的、超文本超媒体信息查询系统，也是建立在 Internet 上的一种网络服务。故选项C正确。

【例42】在 Internet 中完成从域名到 IP 地址或者从 IP 地址到域名转换服务的是______。

A. DNS　　B. FTP　　C. WWW　　D. ADSL

答案：A

解析：DNS 是计算机域名系统或域名解析服务器（Domain Name System 或 Domain Name Service）的缩写，它是由解析器以及域名服务器组成的。域名服务器是指保存有该网络中所有主机的域名和对应 IP 地址，并将域名转换为 IP 地址功能的服务器，解析器则具有相反的功能。因此，在 Internet 中完成从域名到 IP 地址或者从 IP 地址到域名转换服务的是 DNS。故选项A正确。

【例 43】______拓扑结构是将网络的各个结点通过中继器连接成一个闭合环路。

A．星形　　B．树形　　C．总线形　　D．环形

答案：D

解析：环形拓扑结构是使用中继器组成一个封闭的环，各结点直接连到环上，信息沿着环按一定方向从一个结点传送到另一个结点的拓扑结构。故选项 D 正确。

【例 44】某家庭采用 ADSL 宽带接入方式连接 Internet，ADSL 调制解调器连接一个无线路由器，家中的电脑、手机、电视机、PAD 等设备均可通过 Wi-Fi 实现无线上网，该网络拓扑结构是______。

A．环形拓扑　　B．总线形拓扑　　C．网状拓扑　　D．星形拓扑

答案：D

解析：常见的网络拓扑结构主要有星形、环形、总线形、树形和网状等。在星形拓扑结构中，每个结点与中心结点连接，中心结点控制全网的通信，任何两结点之间的通信都要经过中心结点。故选项 D 正确。

【例 45】关于电子邮件，下列说法错误的是______。

A．必须知道收件人的 E-mail 地址　　B．发件人必须有自己的 E-mail 账户

C．收件人必须有自己的邮政编码　　D．可以使用 Outlook 管理联系人信息

答案：C

解析：在电子邮件的收发过程中，必须要有收件人的 E-mail 地址，发件人也必须要有自己的 E-mail 账户，除此之外，用户还可以使用 Outlook 管理联系人信息，但自己的邮政编码并不是必须存在的。答案选 C。

三、Office 高级应用

第一章　Word 的功能和使用

【例 1】在 Word 文档编辑过程中，如需将特定的计算机应用程序窗口画面作为文档的插图，最优的操作方法是______。

A．使所需画面窗口处于活动状态，按 PrintScreen 键，再粘贴到 Word 文档指定位置

B．使所需画面窗口处于活动状态，按下 Alt + PrintScreen 组合键，再粘贴到 Word 文档指定位置

C．利用 Word 插入“屏幕截图”功能，直接将所需窗口画面插入到 Word 文档指定位置

D．在计算机系统中安装截屏工具软件，利用该软件实现屏幕画面的截取

答案：C

解析：Word 提供了“屏幕截图”功能，能直接将所需窗口画面插入到 Word 文档指定位置。具体操作方法为：在“插入”选项卡的“插图”选项组中单击“屏幕截图”下拉按钮，选择“屏幕剪辑”选项后，即可将截取图片插入到文档指定位置。故选项 C 正确。

【例 2】在 Word 文档中，学生“张小民”的名字被多次错误地输入为“张晓明”“张晓敏”“张晓民”“张晓名”，纠正该错误的最优操作方法是______。

A．从前往后逐个查找错误的名字，并更正

B．利用 Word“查找”功能搜索文本“张晓”，并逐一更正

C．利用 Word“查找和替换”功能搜索文本“张晓*”，并将其全部替换为“张小民”

D．利用 Word“查找和替换”功能搜索文本“张晓?”，并将其全部替换为“张小民”

答案：D

解析：Word 为用户提供了强大的查找和替换功能，可以帮助用户从烦琐的人工修改中解脱出来，从而实现高效率地工作。在进行替换时，通配符用来实现模糊搜索，其中“*”代替 0 个或多个字符，“?”代替一个字符，本题要将输错的“张晓明”“张晓敏”“张晓民”统一改为“张小民”，应使用通配符“?”。故选项 D 正确。

【例 3】小王利用 Word 撰写专业学术论文时，需要在论文结尾处罗列出所有参考文献或书目，最优的操作方法是______。

A．直接在论文结尾处输入所参考文献的相关信息

B．把所有参考文献信息保存在一个单独表格中，然后复制到论文结尾处

C．利用 Word 中“管理源”和“插入书目”功能，在论文结尾处插入参考文献或书

目列表

D．利用 Word 中“插入尾注”功能，在论文结尾处插入参考文献或书目列表

答案：D

解析：尾注一般用于在文档和书籍中显示引用资料的来源，或者用于输入说明性或补充性的信息。尾注位于文档的结尾处或者指定的结尾。故正确答案为 D 选项。

【例 4】小明需要将 Word 文档内容以稿纸格式输出，最优的操作方法是______。

A．适当调整文档内容的字号，然后将其直接打印到稿纸上

B．利用 Word 中“稿纸设置”功能即可

C．利用 Word 中“表格”功能绘制稿纸，然后将文字内容复制到表格中

D．利用 Word 中“文档网络”功能即可

答案：B

解析：Word 提供了“稿纸设置”功能用于设置文档以稿纸格式输出。具体操作方法为：单击“页面布局”选项卡下“稿纸”选项组中的“稿纸设置”按钮，在“稿纸设置”对话框中选择稿纸类型，然后设置相应的参数，单击“确定”按钮。故正确答案为 B 选项。

【例 5】小王需要在 Word 文档中将应用了“标题 1”样式的所有段落格式调整为“段前、段后各 12 磅，单倍行距”，最优的操作方法是______。

A．将每个段落逐一设置为“段前、段后各 12 磅，单倍行距”

B．将其中一个段落设置为“段前、段后各 12 磅，单倍行距”，然后利用格式刷功能将格式复制到其他段落

C．修改“标题 1”样式，将其段落格式设置为“段前、段后各 12 磅，单倍行距”

D．利用查找替换功能，将“样式：标题 1”替换为“行距：单倍行距，段落间距段前：12 磅，段后：12 磅”

答案：C

解析：修改“标题 1”样式后，文档中凡是使用了“标题 1”样式的段落均做了修改。修改标题样式的具体操作方法为：在“开始”选项卡的“样式”选项组中右击要修改的标题样式，在弹出的快捷菜单中选择“修改”命令，在打开的“修改样式”对话框中可以修改字体、段落格式。故正确答案为 C 选项。

【例 6】如果希望为一个多页的 Word 文档添加页面图片背景，最优的操作方法是______。

A．在每页中分别插入图片，并设置图片的环绕方式为衬于文字下方

B．利用水印功能，将图片设置为文档水印

C．利用页面填充效果功能，将图片设置为页面背景

D．执行“插入”选项卡中的“页面背景”命令，将图片设置为页面背景

答案：C

解析：用户可以通过页面颜色设置，为背景应用渐变、图案、图片、纯色或纹理等填充效果。为 Word 文档添加页面图片背景的具体操作步骤为：在“页面布局”选项卡的“页面

背景”选项组中单击“页面颜色”按钮，在弹出的下拉列表中选择“填充效果”命令，在打开的“填充效果”对话框中选择“图片”选项卡，选择需要设置为背景的图片，单击“确定”按钮。故正确答案为C选项。

【例7】在Word中，不能作为文本转换为表格的分隔符是______。

A. 段落标记　　B. 制表符　　C. @　　D. ##

答案：D

解析：在Word中，作为文本转换为表格的分隔符有段落标记、逗号、空格、制表符和其他字符（单个字符），不能为两个字符的情况。故选择D选项。

【例8】将Word文档中的大写英文字母转换为小写，最优的操作方法是______。

A. 执行“开始”选项卡“字体”组中的“更改大小写”命令
B. 执行“审阅”选项卡“格式”组中的“更改大小写”命令
C. 执行“引用”选项卡“格式”组中的“更改大小写”命令
D. 单击鼠标右键，执行快捷菜单中的“更改大小写”命令

答案：A

解析：“审阅”和“引用”选项卡下无“格式”组，无法执行“更改大小写”命令；单击鼠标右键，弹出的快捷菜单中无“更改大小写”命令。故正确答案为A选项。

【例9】某Word文档中有一个5行×4列的表格，如果要将另外一个文本文件中的5行文字拷贝到该表格中，并且使其正好成为该表格一列的内容，最优的操作方法是______。

A. 在文本文件中选中这5行文字，将其复制到剪贴板；然后回到Word文档中，将光标置于指定列的第一个单元格，将剪贴板内容粘贴过来
B. 将文本文件中的5行文字，逐行地复制、粘贴到Word文档表格对应列的5个单元格中
C. 在文本文件中选中这5行文字，将其复制到剪贴板，然后回到Word文档中，选中对应列的5个单元格，将剪贴板内容粘贴过来
D. 在文本文件中选中这5行文字，将其复制到剪贴板，然后回到Word文档中，选中该表格，将剪贴板内容粘贴过来

答案：C

解析：A选项，执行该操作后，5行文字都复制到了指定列的第一个单元格中；B选项，逐行复制操作比较烦琐；D选项，执行该操作，表格中的5列均出现该5行文字。故正确答案为C选项。

【例10】张经理在对Word文档格式的工作报告修改过程中，希望在原始文档显示其修改的内容和状态，最优的操作方法是______。

A. 利用“审阅”选项卡的批注功能，为文档中每处需要修改的地方添加批注，将自己的意见写到批注框中

B．利用“插入”选项卡的文本功能，为文档中的每处需要修改的地方添加文档部件，将自己的意见写到文档部件中

C．利用“审阅”选项卡的修订功能，选择带“显示标记”的文档修订查看方式后按下“修订”按钮，然后在文档中直接修改内容

D．利用“插入”选项卡的修订标记功能，为文档中每处需要修改的地方插入修订符号，然后在文档中直接修改内容

答案：C

解析：当用户在修订状态下修改文档时，Word 应用程序将跟踪文档中所有内容的变化情况，同时会把用户在当前文档中修改、删除、插入的每项内容标记下来。批注与修订不同，批注并不在原文的基础上进行修改，而是在文档页面的空白处添加相关的注释信息。故正确答案为 C 选项。

【例 11】小华利用 Word 编辑一份书稿，出版社要求目录和正文的页码分别采用不同的格式，且均从第 1 页开始，最优的操作方法是______。

A．将目录和正文分别存在两个文档中，分别设置页码

B．在目录与正文之间插入分节符，在不同的节中设置不同的页码

C．在目录与正文之间插入分页符，在分页符前后设置不同的页码

D．在 Word 中不设置页码，将其转换为 PDF 格式时再增加页码

答案：B

解析：在文档中插入分节符，不仅可以将文档内容划分为不同的页面，而且还可以分别针对不同的节进行页面设置操作。插入的分节符，不仅将光标位置后面的内容分为新的一节，还会使该节从新的一页开始，实现了既分节又分页的目的。故正确答案为 B 选项。

【例 12】小明的毕业论文分别请两位老师进行了审阅。每位老师分别通过 Word 的修订功能对该论文进行了修改。现在，小明需要将两份经过修订的文档合并为一份，最优的操作方法是______。

A．小明可以在一份修订较多的文档中，将另一份修订较少的文档修改内容手动对照补充进去

B．请一位老师在另一位老师修订后的文档中再进行一次修订

C．利用 Word 比较功能，将两位老师的修订合并到一个文档中

D．将修订较少的那部分舍弃，只保留修订较多的那份论文作为终稿

答案：C

解析：利用 Word 的合并功能，可以将多个作者的修订合并到一个文档中，具体操作方法为：在“审阅”选项卡下的“比较”选项组中单击“比较”下拉按钮，选择“合并”选项，在打开的“合并文档”对话框中选择要合并的文档后单击“确定”按钮。故正确答案为 C 选项。

【例 13】张编辑休假前正在审阅一部 Word 书稿，他希望回来上班时能够快速找到上次编辑的位置，在 Word 2010 中最优的操作方法是______。

A．下次打开书稿时，直接通过滚动条找到该位置

B．记住一个关键词，下次打开书稿时，通过“查找”功能找到该关键词

C．记住当前页码，下次打开书稿时，通过“查找”功能定位页码

D．在当前位置插入一个书签，通过“查找”功能定位书签

答案：D

解析：在 Word 中，书签是用于定位的。例如，在编辑或阅读一篇较长的文档时，想在某一处或几处留下标记，以便以后查找、修改，便可以在该处插入一书签（书签仅会显示在屏幕上，但不会打印出来，就像 Word 的水印背景一样）。故选择 D 选项。

【例 14】在 Word 中编辑文稿时，纵向选择一块文本区域的最快捷操作方法是______。

A．按下 Ctrl 键不放，拖动鼠标分别选择所需的文本

B．按下 Alt 键不放，拖动鼠标选择所需的文本

C．按下 Shift 键不放，拖动鼠标选择所需的文本

D．按 Ctrl + Shift + F8 组合键，然后拖动鼠标选择所需的文本

答案：B

解析：在 Word 中，选择垂直文本的方式是：首先按住键盘上的 Alt 键，将鼠标指针移动到想要选择文本的开始字符，按下鼠标左键，然后拖动鼠标，直到要选择文本的结尾处，松开鼠标和 Alt 键。故选择 B 选项。

【例 15】在 Word 中编辑一篇文稿时，如要快速选取一个较长段落文字区域，最快捷的操作方法是______。

A．直接用鼠标拖动选择整个段落

B．在段首单击，按下 Shift 键不放再单击断尾

C．在段落的左侧空白处双击鼠标

D．在段首单击，按下 Shift 键不放再按 End 键

答案：C

解析：将鼠标指针移动到某一段落的左侧，当鼠标指针变成一个指向右边的箭头时，双击鼠标左键即可选定该段落。故选择 C 选项。

【例 16】小刘使用 Word 编写与互联网相关的文章时，文中频繁出现“@”符号，他希望能够输入“(A.”后自动变为“@”，最优的操作方法是______。

A．将“(A.”定义为自动更正选项

B．先全部输入为“(A.”，最后再一次性替换为“@”

C．将“(A.”定义为自动图文集

D．将“(A.”定义为文档部件

答案：A

解析：自动更正是 Word 等文字处理软件的一项功能，可用“自动更正”功能自动检测并更正键入错误、误拼的单词、词法错误和错误的大小写。例如，如果键入“the”及空格，

则“自动更正”会将键入内容替换为“the”。还可以使用“自动更正”快速插入文字、图形或者符号。例如，可通过键入“(e)”来插入“？”，或通过键入“ac”来插入“AcmeCorporation”。故答案为A。

第二章　Excel的功能和使用

【例 1】在 Excel 工作表的多个不相邻的单元格中输入相同的数据，最优的操作方法是______。

A．在其中一个位置输入数据，然后逐次将其复制到其他单元格

B．在输入区域最左上方的单元格中输入数据，双击填充柄，将其填充到其他单元格

C．在其中一个位置输入数据，将其复制后，利用 Ctrl 键选择其他全部输入区域，再粘贴内容

D．同时选中所有不相邻的单元格，在活动单元格中输入数据，然后按 Ctrl + Enter 组合键

答案：D

解析：若要在 Excel 工作表多个不相邻的单元格中输入相同的数据，最优的操作方法是同时选中这些不相邻的单元格，在活动单元格中输入数据，然后按 Ctrl + Enter 组合键。故正确答案为 D 选项。

【例 2】Excel 工作表 B 列保存了 11 位手机号码信息，为了保护个人隐私，需将手机号码的后 4 位均用“*”表示，以 B2 单元格为例，最优的操作方法是______。

A．=REPLACE(B2, 7, 4, "****")

B．=REPLACE(B2, 8, 4, "****")

C．=MID(B2, 7, 4, "****")

D．=MID(B2, 8, 4, "****")

答案：B

解析：REPLACE 函数是用新字符串替换旧字符串，而且替换的位置和数量都是指定的。其格式为 REPLACE(old_text, start_num, num_chars, new_text)。old_text 是要替换的字符串，start_num 是开始位置，num_chars 是替换个数，new_text 是新的文本。故正确答案为 B 选项。

【例 3】小李在 Excel 中整理职工档案，希望“性别”一列只能从“男”“女”两个值中进行选择，否则系统提示错误信息，最优的操作方法是______。

A．通过 if 函数进行判断，控制“性别”列的输入内容

B．请同事帮忙进行检查，错误内容用红色标记

C．设置条件格式，标记不符合要求的数据

D．设置数据有效性，控制“性别”列的输入内容

答案：D

解析：在 Excel 中，为了避免在输入数据时出现过多错误，可以通过在单元格中设置数据有效性来进行相关的控制，从而保证数据输入的准确性，提高工作效率。数据有效性，用于定义可以在单元格中输入或应该在单元格中输入的数据类型、范围、格式等。可以通过配置数据有效性以防止输入无效数据，或者在录入无效数据时自动发出警告。故正确答案为 D 选项。

【例 4】小谢在 Excel 工作表中计算每个员工的工作年限，每满一年计一年工作年限，最优的操作方法是______。

A．根据员工的入职时间计算工作年限，然后手动录入到工作表中

B．直接用当前日期减去入职日期，然后除以 365，并向下取整

C．使用 TODAY 函数返回值减去入职日期，然后除以 365，并向下取整

D．使用 YEAR 函数和 TODAY 函数获取当前年份，然后减去入职年份

答案：C

解析：TODAY 函数用于返回当前的日期。使用 TODAY 函数返回值减去入职日期，然后除以 365，并使用 INT 函数向下取整，即可得出员工的工作年限，故正确答案为 C 选项。注意：入职日期列单元格格式应为常规格式。

【例 5】在 Excel 中，如需对 A1 单元格数值的小数部分进行四舍五入运算，最优的操作方法是______。

A．=INT(A1)

B．=INT(A1+0.5)

C．=ROUND(A1, 0)

D．=ROUNDUP(A1, 0)

答案：C

解析：ROUND 函数的格式为：ROUND(number, num_digits)，将指定数值 number 按指定的位数 num_digits 进行四舍五入。如果希望始终进行向上舍入，可使用 ROUNDUP 函数；如果希望始终进行向下舍入，则应使用 ROUNDDOWN 函数。INT 函数只能向下取整。故正确答案为 C 选项。

【例 6】Excel 工作表 D 列保存了 18 位身份证号码信息，为了保护个人隐私，需将身份证信息的第 3、4 位和第 9、10 位用“*”表示，以 D2 单元格为例，最优的操作是______。

A．=REPLACE(D2, 9, 2, "**") + REPLACE(D2, 3, 2 "**")

B．=REPLACE(D2, 3, 2, "**", 9, 2, "**")

C．=REPLACE(REPLACE(D2, 3, 2, "**"), 9, 2, "**")

D．=MID(D2, 3, 2, "**" 9, 2, "**")

答案：C

解析：REPLACE 函数是用新字符串替换旧字符串，而且替换的位置和数量都是指定的。其格式为 REPLACE(old_text, start_num, num_chars, new_text)。old_text 是要替换的字符串，

start_mum 是开始位置，num_chars 是替换个数，new_text 是新的文本。B、D 两项参数个数不符合函数要求，故正确答案为 C 选项。

【例 7】将 Excel 工作表 A1 元格中的公式 SUM(B$2:C$4)复制到 B18 单元格后，原公式将变为______。

A．SUM(C$19:D$19)

B．SUM(C$2:D$4)

C．SUM(B$19:C$19)

D．SUM(B$2:C$4)

答案：B

解析：在复制公式时，如果不希望所引用的位置发生变化，那么就要用到绝对引用、绝对应用是在引用的地址前插入符号$。本题中，列为相对引用，行为绝对引用。故正确答案为 B 选项。

【例 8】不可以在 Excel 工作表中插入的迷你图类型是______。

A．迷你折线图　　B．迷你柱形图

C．迷你散点图　　D．迷你盈亏图

答案：C

解析：可以在 Excel 工作表中插入的迷你图类型有折线图、柱形图和盈亏图。故正确答案为 C 选项。

【例 9】在 Excel 工作表中存放了第一中学和第二中学所有班级总计 300 个学生的考试成绩，A 列到 D 列分别对应“学校”“班级”“学号”“成绩”，利用公式计算第一中学 3 班的平均分，最优的操作方法是______。

A．=SUMIFS(D2:D301, A2:A301, "第一中学", B2:B301, "3")/COUNTIFS(A2:A301, "第一中学", B2:B301, "3 班"）

B．=SUMIFS(D2:D301, B12:B301, "3 班")/COUNTIFS(B12:B301, "3 班")

C．=AVERAGEIFS(D2:D301, A2:A301, "第一中学", B2:B301, "3 班")

D．=AVERAGEIF(D2:D301, A2:A301, "第一中学", B2:B301, "3 班")

答案：C

解析：多条件求平均值可直接使用 AVERAGEIFS 函数。AVERAGEIFS 函数用于对指定区满足多个条件的所有单元格中的数值求算术平均值，其格式为 AVERAGEIF (average_range, criteria_range1, criteria1, crileria_range2, criteria2, ...)。average-range 为要计算平均值的实际单元格区域；

criteria_range1、crileria_range2 为在其中计算关联条件的区域：criteria1、criteria2 为求平均值的条件；每个 criteria_range 的大小和形状必须与 average-range 相同。故正确答案为 C 选项

【例 10】Excel 工作表 D 列保存了 18 位身份证号码信息，为了保护个人隐私，需将身份证信息的第 9 到 12 位用“*”表示，以 D2 单元格为例，最优的操作方法是______。

A．=MID(D2, 1, 8) + "****" + MID(D2, 13, 6)

B．=CONCATENATE(MID(D2, 1, 8), "****", MID(D2, 13, 6))

C．=REPLACE(D2, 9, 4. "****")

D．=MID(D2, 9, 4, "****")

答案：C

解析：A 选项中，“+”无法实现文本连接；C 选项中函数格式对，MID 函数只有三个参数。B、C 两项均能实现题目要求的操作结果，但相对于 B 选项，C 选项要简单得多。故正确答案为 C 选项。

【例 11】小金从网站上查到了最近一次全国人口普查的数据表格，他准备将这份表格中的数据引用到 Excel 中以便进一步分析，最优的操作方法是______。

A．对照网页上的表格，直接将数据输入到 Excel 工作表中

B．通过复制、粘贴功能，将网页上的表格复制到 Excel 工作表中

C．通过 Excel 中的“自网站获取外部数据”功能，直接将网页上的表格导入 Excel 工作表中

D．先将包含表格的网页保存为.html 或.html 格式文件，然后在 Excel 中直接打开该文件

答案：C

解析：各类网站上有大量已编辑好的表格数据，可以将其导入 Excel 工作表中用于统计分析。这可通过“数据”选项卡下的“获取外部数据”选项组来实现。故正确答案为 C 选项。

【例 12】小胡利用 Excel 对销售人员的销售额进行统计，销售工作表中已包含每位销售人员对应的产品销量、且产品销售单价为 308 元，计算每位销售人员销售额的最优操作方法是______。

A．直接通过公式=“销量*308”计算销售额

B．将单价 308 定义名称为“单价”、然后在计算销售额的公式中引用该名称

C．将单价 308 输入到某个单元格中，然后在计算销售额的公式中绝对引用该单元格

D．将单价 308 输入到某个单元格中，然后在计算销售额的公式中相对引用该单元格

答案：B

解析：为单元格或区域指定一个名称，是实现绝对引用的方法之一。可以在公式中使用定义的名称以实现绝对引用。可以定义为名称的对象包括：常量、单元格或单元格区域、公式。故正确答案为 B 选项。

【例 13】老王正在 Excel 中计算员工本年度的年终奖金，他希望与存放在不同工作簿中的前三年奖金发放情况进行比较，最优的操作方法是______。

A．分别打开前三年的奖金工作簿，将它们复制到同一个工作表中进行比较

B．通过全部重排功能，将四个工作簿平铺在屏幕上进行比较

C. 通过并排查看功能，分别将今年与前三年的数据两两进行比较

D. 打开前三年的奖金工作簿，需要比较时在每个工作簿窗口之间进行切换查看

答案：B

解析：要想同时查看所有打开的窗口，可在“视图”选项卡的“窗口”组中，单击“全部重排”按钮，在弹出的对话框中选择一种排列方式，即可将所有打开的工作簿排列在一个窗口上进行比较。C 选项中“并排查看”功能每次只能比较两个工作窗口中的内容。故答案为 B。

【例 14】钱经理正在审阅借助 Excel 统计的产品销售情况，他希望能够同时查看这个千行千列的超大工作表的不同部分，最优的操作方法是______。

A. 将该工作簿另外保存几个副本，然后打开并重排这几个工作簿以分别查看不同的部分

B. 在工作表合适的位置冻结拆分窗格，然后分别查看不同的部分

C. 在工作表合适的位置拆分窗口，然后查看不同的部分

D. 在工作表中新建几个窗口，重排窗口后在每个窗口中查看不同的部分

答案：C

解析：在工作表的某个单元格中单击鼠标，在“视图”选项卡的“窗口”组中，单击“拆分”按钮，将以单元格为坐标，将窗口拆分为四个，每个窗口中均可进行编辑查看。故答案为 C。

【例 15】小王要将通过 Excel 整理的调查问卷统计结果送交经理审阅，这份调查表包含统计结果和中间数两个工作表。他希望经理无法看到其存放中间数据的工作表，最优的操作方法是______。

A. 将存放中间数据的工作表删除

B. 将存放中间数据的工作表移动到其他工作簿保存

C. 将存放中间数据的工作表隐藏，然后设置保护工作表隐藏

D. 将存放中间数据的工作表隐藏，然后设置保护工作簿结构

答案：D

解析：若要隐藏某个工作表，可在该工作表标签上单击鼠标右键，从弹出的快捷菜单中选择“隐藏”命令。设置隐藏后，如果不希望他人对工作簿的结构或窗口进行改变时，可以设置工作簿保护，方法是在“审阅”选项卡的“更改”组中，单击“保护工作簿”按钮，在打开的“保护结构和窗口”对话框中勾选“结构”复选框。故答案为 D 选项。

【例 16】小韩在 Excel 中制作了一份通讯录，并为工作表数据区域设置了合适的边框和底纹，她希望工作表中认的灰色网格线不再显示，最快捷的操作方法是______。

A. 在“页面设置”对话框中设置不显示网格线

B. 在“页面布局”选项卡上的“工作表选项”组中设置不显示网格线

C. 在后台视图的高级选项下，设置工作表不显示网格线

D．在后台视图的高级选项下，设置工作表网格线为白色

答案：B

解析：在工作表中，在为工作表数据区域设置了合适的边框和底纹后，如果希望工作表中默认的灰色网格线不再显示，可在“页面布局”选项卡上的“工作表选项”组中取消勾选网格线下的“查看”复选框。故答案为 B 选项。

第三章　PowerPoint 的功能和使用

【例 1】李老师制作完成了一个带有动画效果的 PowerPoint 教案，她希望在课堂上可以按照自己讲课的节奏自动播放，最优的操作方法是______。

A．为每张幻灯片设置特定的切换持续时间，并将演示文稿设置为自动播放

B．在练习过程中，利用“排练计时”功能记录适合的幻灯片切换时间，然后播放即可

C．根据讲课节奏，设置幻灯片中每个对象的动画时间，以及每张幻灯片的自动换片时间

D．将 PowerPoint 教案另存为视频文件

答案：B

解析：在放映每张幻灯片时，必须要有适当的时间供演示者充分表达自己的思想，以供观众领会该幻灯片所要表达的内容。利用 PowerPoint 的排练计时功能，演示者可在准备演示文稿的同时，通过排练为每张幻灯片确定适当的放映时间，这也是自动放映幻灯片的要求。故正确答案为 B 选项。

【例 2】若需在 PowerPoint 演示文稿的每张幻灯片中添加包含单位名称的水印效果，最优的操作方法是______。

A．制作一个带单位名称的水印背景图片，然后将其设置为幻灯片背景

B．添加包含单位名称的文本框，并置于每张幻灯片的底层

C．在幻灯片母版的特定位置放置包含单位名称的文本框

D．利用 PowerPoint 插入“水印”功能实现

答案：A

解析：B 选项，在幻灯片张数较多时，操作烦琐；C 选项，应将文本框置于底层；D 选项，PowerPoint 中没有插入“水印”功能。故正确答案为 A 选项。

【例 3】邱老师在学期总结 PowerPoint 演示文稿中插入了一个 SmartArt 图形，她希望将该 SmartArt 图形的动画效果设置为逐个形状播放，最优的操作方法是______。

A．为该 SmartArt 图形选择一个动画类型，然后再进行适当的动画效果设置

B．只能将 SmartArt 图形作为一个整体设置动画效果，不能分开指定

C．先将该 SmartArt 图形取消组合，然后再为每个形状依次设置动画

D．先将该 SmartArt 图形转换为形状，再取消组合，再为每个形状依次设置动画

答案：A

解析：在“动画”选项卡下“动画”组中为 SmartArt 图形设置一种动画效果后，单击“效果选项”按钮并选择“逐个”选项，这样在播放时将逐个形状播放。故正确答案为 A 选项。

【例 4】小江在制作公司产品介绍的 PowerPoint 演示文稿时，希望每类产品可以通过不同的演示主题进行展示，最优的操作方法是______。

A．为每类产品分别制作演示文稿，每份演示文稿均应用不同的主题

B．为每类产品分别制作演示文稿，每份演示文稿均应用不同的主题，然后将这些演示文稿合并

C．在演示文稿中选中每类产品所包含的所有幻灯片，分别为其应用不同的主题

D．通过 PowerPoint 中“主题分布”功能，直接应用不同的主题

答案：C

解析：PowerPoint 提供了主题功能，用户可以根据不同的需求选择不同的主题，若要对部分幻灯片设置主题，可在选中幻灯片后，右键单击某主题，在弹出的快捷菜单中选择“应用于选定幻灯片”命令。故正确答案为 C 选项。

【例 5】设置 PowerPoint 演示文稿中的 SmartArt 图形动画，要求一个分支形状展示完成后再展示下一分支形状内容，最优的操作方法是______。

A．将 SmartArt 动画效果设置为“整批发送”

B．将 SmartArt 动画效果设置为“一次按级别”

C．将 SmartArt 动画效果设置为“逐个按分支”

D．将 SmartArt 动画效果设置为“逐个按级别”

答案：C

解析：在为 SmartArt 图形设置动画后，要使一个分支形状展示完成后再展示下一分支形状内容，可在“动画”选项卡下“动画”组中将“效果选项”设置为“逐个按分支”。故正确答案为 C 选项。

【例 6】在 PowerPoint 演示文稿中通过分节组织幻灯片，如果要求一节内的所有幻灯片切换方式一致，最优的操作方法是______。

A．分别选项中该节的每张幻灯片，逐个设置其切换方式

B．选中该节的一张幻灯片，然后按住 Ctrl 键，逐个选中该节的其他幻灯片，再设置切换方式

C．选中该节的一张幻灯片，然后按住 Shift 键，单击该节的最后一张幻灯片，再设置切换方式

D．单击节标题，再设置切换方式

答案：D

解析：单击节标题，可选中该节中的所有幻灯片，然后在“切换”选项卡下“切换到此幻灯片”组中选择一种切换方式，则该节中的所有幻灯片均使用了该切换方式。故正确答案

为D选项。

【例7】可以在PowerPoint同一窗口显示多张幻灯片，并在幻灯片下方显示编号的视图是______。

A．普通视图　　B．幻灯片浏览视图

C．备注页视图　　D．阅读视图

答案：B

解析：幻灯片浏览视图可在同一窗口显示多张幻灯片，并在幻灯片下方显示编号，可对演示文稿的顺序进行排列和组织。故正确答案为B选项。

【例8】针对PowerPoint幻灯片中图片对象的操作，描述错误的是______。

A．可以在PowerPoint中直接删除图片对象的背景

B．可以在PowerPoint中直接将彩色图片转换为黑白图片

C．可以在PowerPoint中直接将图片转换为铅笔素描效果

D．可以在PowerPoint中将图片另存为.psd格式文件

答案：D

解析：另存PowerPoint幻灯片中的图片对象时，可存储的格式为gif、jpg、png、tif、bmp等，无法存储为.psd格式的文件。故正确答案为D选项。

【例9】如需将PowerPoint演示文稿中的SmartArt图形列表内容通过动画效果一次性展现出来，最优的操作方法是______。

A．将SmartArt动画效果设置为“整批发送”

B．将SmartArt动画效果设置为“一次按级别”

C．将SmartArt动画效果设置为“逐个按分支”

D．将SmartArt动画效果设置为“逐个按级别”

答案：A

解析：如需将PowerPoint演示文稿中的SmartArt图形列表内容通过动画效果一次性展现出来，最优的操作方法是将SmartArt动画效果设置为“整批发送”。设置方法是在“动画”选项卡的“动画”组中单击“效果选项”按钮，在下拉列表中选择“整批发送”选项。故正确答案为A选项。

【例10】在PowerPoint演示文稿中通过分节组织幻灯片，如果要选中某一节内的所有幻灯片，最优的操作方法是______。

A．按Ctrl+A组合键

B．选中该节的一张幻灯片，然后按住Ctrl键，逐个选中该节的其他幻灯片

C．选中该节的第一张幻灯片，然后按住Shift键，单击该节的最后一张幻灯片

D．单击节标题

答案：D

解析：在对幻灯片进行分节的演示文稿中，单击节标题，即可选择该节下的所有幻灯片。故正确答案为D选项。

【例11】小梅需将PowerPoint演示文稿内容制作成一份Word版本讲义，以便后续可以灵活编辑及打印，最优的操作方法是______。

A．将演示文稿另存为“大纲/RTF文件”格式，然后在Word中打开

B．在PowerPoint中利用“创建讲义”功能，直接创建Word讲义

C．将演示文稿中的幻灯片以粘贴对象的方式一张张复制到Word文档中

D．切换到演示文稿的“大纲”视图，将大纲内容直接复制到Word文档中

答案：B

解析：在PowerPoint中利用“创建讲义”功能，可将演示文稿内容制作成一份Word版本讲义，以便后续可以灵活编辑及打印。具体操作方法是：选择“文件”选项卡中的“保存并发送”命令，双击“创建”讲义按钮，在弹出的“发送到Microsoft Word”对话框中选择使用的版式，单击“确定”按钮。故正确答案为B选项。

【例12】小刘正在整理公司各产品线介绍的PowerPoint演示文稿，因幻灯片内容较多，不易于对各产品线演示内容进行管理。快速分类和管理幻灯片的最优操作方法是______。

A．将演示文稿拆分成多个文档，按每个产品线生成一份独立的演示文稿

B．为不同的产品线幻灯片分别指定不同的设计主题，以便浏览

C．利用自定义幻灯片放映功能，将每个产品线定义为独立的放映单元

D．利用节功能，将不同的产品线幻灯片分别定义为独立节

答案：D

解析：有时，演示文稿会有大量的幻灯片，不便于管理，这时可以使用分节的功能来进行快速分类。具体操作办法是：在幻灯片浏览视图中需要进行分节的幻灯片之间右击，选择“新增节”命令，这时就会出现一个无标题节，右击后选择“重命名节”命令，将其重新命名。

【例13】在PowerPoint中可通过多种方法创建新幻灯片，下列操作方法错误的是______。

A．在普通视图的幻灯片缩略图窗格中，定位光标后按Enter键

B．在普通视图的幻灯片缩略图窗格中单击鼠标右键，从快捷菜单中选择“新建幻灯片”命令

C．在普通视图的幻灯片缩略图窗格中定位光标，在“开始”选项卡上单击“新建幻灯片”按钮

D．在普通视图的幻灯片缩略图窗格中定位光标，在“插入”选项卡上单击“幻灯片”按钮

答案：D

解析：A、B、C三项均可新建一张幻灯片；D项中“插入”选项卡上无“幻灯片”按钮，该方法无法创建幻灯片。故答案为D选项。

【例14】如果希望每次打开PowerPoint演示文稿时，窗口中都处于幻灯片浏览视图，最

优的操作方法是______。

A．通过“视图”选项卡上的“自定义视图”按钮进行指定

B．每次打开演示文稿后，通过“视图”选项卡切换到幻灯片浏览视图

C．每次保存并关闭演示文稿前，通过“视图”选项卡切换到幻灯片浏览视图

D．在后台视图中，通过高级选项设置用幻灯片浏览视图打开全部文档

答案：D

解析：单击“文件”选项卡下的“选项”，在弹出的“PowerPoint 选项”对话框中选择“高级”选项卡，在“显示”组的“用此视图打开全部文档”下拉列表中选择“幻灯片浏览”命令，这样设置后，每次打开 PowerPoint 演示文稿时，窗口中都处于幻灯片浏览视图。故答案为 D 选项。

【例 15】小马正在制作有关员工培训的新演示文稿，他想借鉴自己以前制作的某个培训文稿中的部分幻灯片，最优的操作方法是______。

A．将原演示文稿中有用的幻灯片一一复制到新文稿

B．放弃正在编辑的新文稿，直接在原演示文稿中进行增删修改，并另行保存

C．通过“重用幻灯片”功能将原文稿中有用的幻灯片引用到新文稿中

D．单击“插入”选项卡上的“对象”按钮，插入原文稿中的幻灯片

答案：C

解析：在 PowerPoint 中，通过“重用幻灯片”功能可将原文稿中有用的幻灯片引用到新文稿中。具体操作方法是：在“开始”选项卡的“幻灯片”组中，单击“新建幻灯片”下拉按钮，在下拉列表中选择“重用幻灯片”命令，在打开的“重用幻灯片”窗格中选择原文稿，然后再选择该文稿中需要用到的幻灯片。故答案为 C 选项。

【例 16】在 PowerPoint 演示文稿中利用“大纲”窗格组织、排列幻灯片的文字时，输入幻灯片标题后进入下一组文本输入状态的最快捷方法是______。

A．按 Ctrl + Enter 组合键

B．按 Shift + Enter 组合键

C．按 Enter 键后，从右键菜单中选择“降级”

D．按 Enter 键后，再按 Tab 键

答案：A

解析：在“大纲”缩览窗口内选择一张需要编辑的幻灯片图标，可直接输入幻灯片标题，此时，若按 Ctrl + Enter 组合键，可进入下一级文本输入状态；若按 Enter 键可插入一张新幻灯片。故答案为 A 选项。

第三部分

自测习题与历年真题

一、公共基础知识自测习题

【单选题】

1．算法的时间复杂度是指______。

A．执行算法程序所需要的时间　　B．算法程序的长度

C．算法执行过程中所需要的基本运算次数　　D．算法程序中的指令条数

2．算法的空间复杂度是指______。

A．算法程序的长度　　B．算法程序中的指令条数

C．算法程序所占的存储空间　　D．算法执行过程中所需的存储空间

3．下列叙述中正确的是_____。

A．线性表是线性结构　　B．栈与队列是非线性结构

C．线性链表是非线性结构　　D．二叉树是线性结构

4．下列关于队列的叙述中，正确的是______。

A．在队列中只能插入数据　　B．在队列中只能删除数据

C．队列是先进先出的线性表　　D．队列是先进后出的线性表

5．设有一个栈，元素依次进栈的顺序为 f, h, i, j, k。若进栈过程中可出栈，则下面_____是不可能的出栈序列。

A．f, h, i, j, k　　B．h, i, j, k, f

C．k, f, h, i, j　　D．k, j, i, h, f

6．在深度为 5 的满二叉树中，叶子结点的个数为______。

A．32　　B．31　　C．16　　D．15

7．设树 T 的度为 4，其中度为 1, 2, 3, 4 的结点个数分别为 4, 2, 1, 1，则 T 的叶子结点数为______。

A．8　　B．7　　C．6　　D．5

8．有三个关系 R、S 和 T 如下：

R

A	B	C
a	1	2
b	2	1
c	3	1

S

A	B	C
d	3	2

T

A	B	C
a	1	2
b	2	1
c	3	1
d	3	2

其中关系 T 由关系 R 和 S 通过某种操作得到，该操作称为______。

A．选择　　B．投影　　C．交　　D．并

9. 下面对对象概念描述错误的是______。

A. 任何对象都必须有继承性　　B. 对象是属性和方法的封装体

C. 对象间的通信靠消息传递　　D. 操作是对象的动态属性

10. 在软件生命周期中，能准确地确定软件系统必须做什么和必须具备哪些功能的阶段是______。

A. 概要设计　B. 详细设计　C. 可行性研究　D. 需求分析

11. 下面不属于软件工程3要素的是_____。

A. 工具　B. 过程　C. 方法　D 环境

12. 检查软件产品是否符合需求定义的过程称为_____。

A. 确认测试　B. 集成测试　C. 验证测试　D. 验收测试

13. 数据流图用于抽象描述一个软件的逻辑模型，数据流图由一些特定的图符构成。下列图符名标识的图符不属于数据流图合法图符的是_____。

A. 控制流　B. 加工　C. 数据存储　D. 数据流

14. 下面不属于软件设计原则的是_____。

A. 抽象　B. 模块化　C. 自底向上　D. 信息隐蔽

15. 程序流程图（PFD）中的箭头代表的是_____。

A. 数据流　B. 控制流　C. 调用关系　D. 组成关系

16. 下列工具中为需求分析常用工具的是_____。

A. PAD　B. PFD　C. N-S　D. DFD

17. 在结构化方法中，软件功能分解属于软件开发中的_______阶段。

A. 详细设计　B. 需求分析　C. 总体设计　D. 编程调试

18. 下列不属于静态测试方法的是_____。

A. 代码检查　　B. 白盒法

C. 静态结构分析　　D. 代码质量度量

19. 软件需求分析阶段的工作，可以分为四个方面：需求获取、需求分析、编写需求规格说明书，以及_____。

A. 阶段性报告　B. 需求评审　C. 总结　D. 都不正确

20. 在数据管理技术的发展过程中，经历了人工管理阶段、文件系统阶段和数据库系统阶段，其中数据独立性最高的阶段是_____。

A. 数据库系统　B. 文件系统　C. 人工管理　D. 数据项管理

21. 下述关于数据库系统的叙述中，正确的是_____。

A. 数据库系统减少了数据冗余

B. 数据库系统避免了一切冗余

C. 数据库系统中数据的一致性是指数据类型一致

D. 数据库系统比文件系统能管理更多的数据

22. 关系表中的每一横行称为一个_____。

A. 元组　B. 字段　C. 属性　D. 码

23. 按条件 f 对关系 R 进行选择，其关系代数表达式是_____。

A．R|×|R　　B．R|×|R　　C．$\sigma f(R)$　　D．$\pi f(R)$

24．在关系数据库中，用来表示实体之间联系的是______。

A．树结构　　B．网结构　　C．线性表　　D．二维表

25．数据库设计包括两个方面的设计内容，它们是______。

A．概念设计和逻辑设计　　B．模式设计和内模式设计

C．内模式设计和物理设计　　D．结构特性设计和行为特性设计

26．将 E-R 图转换为关系模式时，实体与联系都可表示成______。

A．属性　　B．关系　　C．键　　D．域

27．下列有关数据库的描述中，正确的是______。

A．数据处理是将信息转化为数据的过程

B．数据的物理独立性是指当数据的逻辑结构改变时，数据的存储结构不变

C．关系中的每列称为元组，一个元组是一个字段

D．若一个关系中的属性或属性组并非该关系的关键字，但它是另一个关系的关键字，则称其为本关系的外关键字

28．下列有关数据库的描述中，正确的是______。

A．数据库是一个 DBF 文件　　B．数据库是一个关系

C．数据库是一个结构化的数据集合　　D．数据库是一组文件

29．软件调试的目的是______。

A．发现错误　　B．改正错误

C．改善软件的性能　　D．挖掘软件的潜能

30．在 E-R 图中，用来表示联系的图形是______。

A．矩形　　B．椭圆形　　C．菱形　　D．三角形

公共基础知识自测习题答案

1. C	2. D	3. A	4. C	5. C
6. C	7. A	8. D	9. A	10. D
11. D	12. A	13. A	14. C	15. B
16. D	17. C	18. B	19. B	20. A
21. A	22. A	23. C	24. D	25. A
26. B	27. D	28. C	29. B	30. C

二、计算机基础知识自测习题

【单选题】

1．世界上公认的第一台电子计算机诞生在______。

A．中国　　B．美国　　C．英国　　D．日本

2．下列关于 ASCII 编码的叙述中，正确的是______。

A．一个字符的标准 ASCII 码占一个字节，其最高二进制位总为 1

B．所有大写英文字母的 ASCII 码值都小于小写英文字母 a 的 ASCII 码值

C．所有大写英文字母的 ASCII 码值都大于小写英文字母 a 的 ASCII 码值

D．标准 ASCII 码表有 256 个不同的字符编码

3．CPU 的主要技术性能指标有______。

A．字长、主频和运算速度　　B．可靠性和精度

C．耗电量和效率　　D．冷却效率

4．计算机系统软件中，最基本、最核心的软件是______。

A．操作系统　　B．数据库管理系统

C．程序语言处理系统　　D．系统维护工具

5．下列关于计算机病毒的叙述中，正确的是______。

A．反病毒软件可以查杀任何种类的病毒

B．计算机病毒是一种被破坏了的程序

C．反病毒软件必须随着新病毒的出现而升级，提高查、杀病毒的功能

D．感染过计算机病毒的计算机具有对该病毒的免疫性

6．在计算机中，组成一个字节的二进制位位数是______。

A．1　　B．2　　C．4　　D．8

7．下列选项属于"计算机安全设置"的是______。

A．定期备份重要数据　　B．不下载来路不明的软件及程序

C．停掉 Guest 账号　　D．安装杀（防）毒软件

8．下列设备组中，完全属于输入设备的一组是______。

A．CD-RD 驱动器，键盘，显示器　　B．绘图仪，键盘，鼠标器

C．键盘，鼠标器，扫描仪　　D．打印机，硬盘，条码阅读器

9．下列软件中，属于系统软件的是______。

A．航天信息系统　　B．Office 2003

C．Windows Vista　　D．决策支持系统

10．若删除一个非零无符号二进制偶整数后的 2 个 0，则此数的值为原数的______。

A．4倍　B．2倍　C．1/2　D．1/4

11．在微机中，西文字符所采用的编码是______。

A．EBCDIC码　B．ASCII码
C．国标码　D．BCD码

12．度量计算机运算速度的常用单位是_______。

A．MIPS　B．MHz　C．MB/s　D．Mbps

13．计算机操作系统的主要功能是_______。

A．管理计算机系统的软/硬件资源，以充分发挥计算机资源的效率，并为其他软件提供良好的运行环境
B．把用高级程序设计语言和汇编语言编写的程序翻译为计算机硬件可以直接执行的目标程序，为用户提供良好的软件开发环境
C．对各类计算机文件进行有效的管理，并提交计算机硬件高效处理
D．为用户使用计算机提供方便的操作

14．下列关于计算机病毒的叙述中，错误的是______。

A．计算机病毒具有潜伏性
B．计算机病毒具有传染性
C．感染过计算机病毒的计算机具有对该病毒的免疫性
D．计算机病毒是一个特殊的寄生程序

15．以下关于编译程序的说法中，正确的是______。

A．编译程序属于计算机应用软件，所有用户都需要编译程序
B．编译程序不会生成目标程序，而是直接执行源程序
C．编译程序完成高级语言程序到低级语言程序的等价翻译
D．编译程序构造比较复杂，一般不进行出错处理

16．一个完整计算机系统的组成部分的确切提法应该是______。

A．计算机主机、键盘、显示器和软件　B．计算机硬件和应用软件
C．计算机硬件和系统软件　D．计算机硬件和软件

17．20GB的硬盘表示容量约为______。

A．20亿字节　B．20亿个二进制位
C．200亿字节　D．200亿个二进制位

18．计算机安全是指计算机资产安全，即______。

A．计算机信息系统资源不受自然有害因素的威胁与危害
B．信息资源不受自然和人为有害因素的威胁与危害
C．计算机硬件系统不受人为有害因素的威胁与危害
D．计算机信息系统资源和信息资源不受自然和人为有害因素的威胁与危害

19．计算机软件的确切含义是______。

A．计算机程序、数据与相应文档的总称
B．系统软件与应用软件的总和
C．操作系统、数据库管理软件与应用软件的总和

D．各类应用软件的总称

20．用高级程序设计语言编写的程序______。

A．计算机能直接执行　　B．具有良好的可读性和可移植性

C．执行效率高　　D．依赖于具体机器

21．运算器的完整功能是进行______。

A．逻辑运算　　B．算术运算和逻辑运算

C．算术运算　　D．逻辑运算和微积分运算

22．按电子计算机传统的分代方法，第一代至第四代计算机依次是______。

A．机械计算机，电子管计算机，晶体管计算机，集成电路计算机

B．晶体管计算机，集成电路计算机，大规模集成电路计算机，光器件计算机

C．电子管计算机，晶体管计算机，小中规模集成电路计算机，大规模和超大规模集成电路计算机

D．手摇机械计算机，电动机械计算机，电子管计算机，晶体管计算机

23．在ASCII码表中，根据码值由小到大的排列顺序是______。

A．空格字符、数字符、大写英文字母、小写英文字母

B．数字符、空格字符、大写英文字母、小写英文字母

C．空格字符、数字符、小写英文字母、大写英文字母

D．数字符、大写英文字母、小写英文字母、空格字符

24．字长是CPU的主要性能指标之一，它表示______。

A．CPU一次能处理二进制数据的位数

B．CPU最长的十进制整数的位数

C．CPU最大的有效数字位数

D．CPU计算结果的有效数字长度

25．计算机操作系统通常具有的五大功能是______。

A．CPU管理、显示器管理、键盘管理、打印机管理和鼠标器管理

B．硬盘管理、U盘管理、CPU的管理、显示器管理和键盘管理

C．处理器（CPU）管理、存储管理、文件管理、设备管理和作业管理

D．启动、打印、显示、文件存取和关机

26．假设某台式计算机的内存储器容量为256MB，硬盘容量为40GB。硬盘的容量是内存容量的______。

A．200倍　　B．160倍　　C．120倍　　D．100倍

27．在微机的硬件设备中，有一种设备在程序设计中既可以当作输出设备，又可以当作输入设备，这种设备是______。

A．绘图仪　　B．网络摄像头　　C．手写笔　　D．磁盘驱动器

28．在所列出的如下六个软件中：1. 字处理软件，2. Linux，3. UNIX，4. 学籍管理系统，5. Windows XP和6. Office 2003，属于系统软件的有______。

A．1, 2, 3　　B．2, 3, 5　　C．1, 2, 3, 5　　D．全部都不是

29．十进制数18转换成二进制数是______。

A. 010101　　B. 101000　　C. 010010　　D. 001010

30. 下列叙述中，正确的是______。

A. CPU 直接读取硬盘上的数据

B. CPU 直接存取内存储器上的数据

C. CPU 由存储器、运算器和控制器组成

D. CPU 主要用来存储程序和数据

31. 下列关于指令系统的描述，正确的是______。

A. 指令由操作码和控制码两部分组成

B. 指令的地址码部分可能是操作数，也可能是操作数的内存单元地址

C. 指令的地址码部分是不可缺少的

D. 指令的操作码部分描述了完成指令所需要的操作数类

32. 下列英文缩写和中文名字的对照中，正确的是_______。

A. CAD: 计算机辅助设计　　B. CAM：计算机辅助教育

C. CIMS：计算机集成管理系统　　D. CAI：计算机辅助制造

33. 汇编语言程序______。

A. 相对于高级程序设计语言程序具有良好的可移植性

B. 相对于高级程序设计语言程序具有良好的可读性

C. 相对于机器语言程序具有良好的可移植性

D. 相对于机器语言程序具有较高的执行效率

34. 用来存储当前正运行应用程序及其相应数据的存储器是______。

A. RAM　　B. 硬盘　　C. ROM　　D. CD-ROM

35. 根据域名代码规定，表示政府部门网站的域名代码是______。

A. .net　　B. .com　　C. .gov　　D. .org

36. 1946 年诞生的世界上公认的第一台电子计算机是______。

A. UNIVAC-1　　B. EDVAC　　C. ENIAC　　D. IBM560

37. 已知英文字母 m 的 ASCII 码值是 109，那么英文字母 j 的 ASCII 码值是______。

A. 111　　B. 105　　C. 106　　D. 112

38. 用 8 位二进制数能表示的最大无符号整数等于十进制整数______。

A. 255　　B. 256　　C. 128　　D. 127

39. 下列叙述中，正确的是_______。

A. Word 文档不会带计算机病毒

B. 计算机病毒具有自我复制的能力，能迅速扩散到其他程序上

C. 清除计算机病毒的最简办法是删除所有感染了病毒的文件

D. 计算机杀病毒软件可以查出和清除任何已知或未知的病毒

40. 下列叙述中，错误的是_______。

A. 高级语言编写的程序的可移植性最差

B. 不同型号的计算机具有不同的机器语言

C. 机器语言是由一串二进制数 0, 1 组成的

D．用机器语言编写的程序执行效率最高

41．冯·诺依曼结构计算机的五大基本构件包括控制器、存储器、输入设备、输出设备和_______。

A．显示器　　B．运算器　　C．硬盘存储器　　D．鼠标器

42．通常所说的计算机的主机是指_______。

A．CPU 和内存　　B．CPU 和硬盘

C．CPU、内存和硬盘　　D．CPU、内存和 CD-ROM

43．下列四种存储器中，存取速度最快的是_______。

A．硬盘　　B．RAM　　C．U 盘　　D．CD-ROM

44．从用户的观点看，操作系统是_______。

A．用户与计算机之间的接口

B．控制和管理计算机资源的软件

C．合理地组织计算机工作流程的软件

D．由若干层次的程序按一定的结构组成的有机体

45．下列各进制的整数中，值最小的是_______。

A．十进制数 11　　B．八进制数 11

C．十六进制数 11　　D．二进制数 11

46．编译程序的最终目标是_______。

A．发现源程序中的语法错误

B．改正源程序中的语法错误

C．将源程序编译成目标程序

D．将某一高级语言程序翻译成另一高级语言程序

47．在 CD 光盘上标记有“CD-RW”字样，“RW”标记表明该光盘是_______。

A．只能写入一次，可以反复读出的一次性写入光盘

B．可多次擦除型光盘

C．只能读出，不能写入的只读光盘

D．其驱动器单倍速为 1350EB/S 的高密度可读写光盘

48．微型计算机完成一次基本运算或判断的前提是，中央处理器执行一条_______。

A．命令　　B．指令　　C．程序　　D．语句

49．在冯·诺依曼型体系结构的计算机中引入了两个重要概念，一个是二进制，另一个是_______。

A．内存储器　　B．存储程序

C．机器语言　　D．ASCII 编码

50．计算机软件分系统软件和应用软件两大类，其中系统软件的核心是_______。

A．数据库管理系统　　B．操作系统

C．程序语言系统　　D．财务管理系统

51．以下不属于计算机网络的主要功能的是_______。

A．专家系统　　B．数据通信

C．分布式信息处理　　D．资源共享

52．在下列存储器中，访问周期最短的是________。

A．硬盘存储器　　B．外存储器

C．内存储器　　D．软盘存储器

53．在 Internet 中完成从域名到 IP 地址或从 IP 地址到域名转换服务的是________。

A．DNS　　B．FTP　　C．WWW　　D．ADSL

54．汉字国标码与其内码的关系是，汉字的内码 = 汉字的国标码 + ________。

A．1010H　　B．8081H　　C．8080H　　D．8180H

55．计算机病毒是指能够侵入计算机系统并在计算机系统中潜伏、破坏系统正常工作的一种具有繁殖能力的________。

A．特殊程序　　B．源程序　　C．特殊微生物　　D．流行性感冒病毒

计算机基础知识自测习题答案

1．B	2．B	3．A	4．A	5．C
6．D	7．C	8．C	9．C	10．D
11．B	12．A	13．A	14．C	15．C
16．D	17．C	18．D	19．A	20．B
21．B	22．C	23．A	24．A	25．C
26．B	27．D	28．B	29．C	30．B
31．B	32．A	33．C	34．A	35．C
36．C	37．C	38．A	39．B	40．A
41．B	42．A	43．B	44．A	45．D
46．C	47．B	48．B	49．B	50．B
51．A	52．C	53．A	54．C	55．A

三、Office 高级应用自测习题

【单选题】

1. Word 文档中包含了文档目录，将文档目录转换为纯文本格式的最优操作方法是______。
   A. 文档目录本身就是纯文本格式，不需要再进行下一步操作
   B. 使用 Ctrl + Shift + F9 组合键
   C. 在文档目录上单击鼠标右键，然后执行“转换”命令
   D. 复制文档目录，然后通过选择性粘贴功能以纯文本方式显示
2. 在 Excel 的某列单元格中，快速填充 2011—2013 年每月最后一天日期的最优操作方法是______。
   A. 在第一个单元格中输入“2011-1-31”，然后使用 MONTH 函数填充其余 35 个单元格
   B. 在第一个单元格中输入“2011-1-31”，按住鼠标右键拖动填充柄，然后使用智能标记自动填充其余 35 个单元格
   C. 在第一个单元格中输入“2011-1-31”，然后使用格式刷直接填充其余 35 个单元格
   D. 在第一个单元格中输入“2011-1-31”，然后执行“开始”选项卡中的“填充”命令
3. 若 Excel 中的单元格值大于 0，则在本单元格中显示“已完成”；若单元格值小于 0，则在本单元格中显示“还未开始”；若单元格值等于 0，则在本单元格中显示“正在进行中”。最优的操作方法是______。
   A. 使用 IF 函数
   B. 通过自定义单元格格式设置数据的显示
   C. 使用条件格式命令
   D. 使用自定义函数
4. 小李利用 PowerPoint 制作产品宣传方案，并希望在演示时能够满足不同对象的需要，处理该演示文稿的最优操作方法是______。
   A. 制作一份包含所有人群的全部内容的演示文稿，每次放映时按需要进行删减
   B. 制作一份包含所有人群的全部内容的演示文稿，放映前隐藏不需要的幻灯片
   C. 制作一份包含所有人群的全部内容的演示文稿，然后利用自定义幻灯片放映功能创建不同的演示方案
   D. 针对不同的人群，分别制作不同的演示文稿
5. 若需要在一个演示文稿的每页幻灯片左下角相同位置插入学校的校徽图片，最优的操作方法是______。

A．打开幻灯片母版视图，将校徽图片插入到母版中
B．打开幻灯片普通视图，将校徽图片插入到幻灯片中
C．打开幻灯片放映视图，将校徽图片插入到幻灯片中
D．打开幻灯片浏览视图，将校徽图片插入到幻灯片中

6．在 Word 文档中，不可直接操作的是______。
A．录制屏幕操作视频　　B．插入 Excel 图表
C．插入 SmartArt　　D．屏幕截图

7．以下 Excel 公式中，错误的是______。
A．=SUM(B3:E3)*$F$3　　B．=SUM(B3:3E)*F3
C．=SUM(B3:$E3)*F3　　D．=SUM(B3:E3)*F$3

8．以下关于 Excel 的高级筛选功能，说法正确的是______。
A．高级筛选通常需要在工作表中设置条件区域
B．利用“数据”选项卡中“排序和筛选”组内的“筛选”命令可进行高级筛选
C．高级筛选之前必须对数据进行排序
D．高级筛选就是自定义筛选

9．可以在 PowerPoint 内置主题中设置的内容是______。
A．字体、颜色和表格　　B．效果、背景和图片
C．字体、颜色和效果　　D．效果、图片和表格

10．在 PowerPoint 演示文稿中，不可以使用的对象是______。
A．图片　　B．超链接　　C．视频　　D．书签

11．小张的毕业论文设置为 2 栏页面布局，现需要在分栏之上插入一横跨两栏内容的论文标题，最优的操作方法是______。
A．在两栏内容之前空出几行，打印出来后手动写上标题
B．在两栏内容之上插入一个分节符，然后设置论文标题位置
C．在两栏内容之上插入一个文本框，输入标题，并设置文本框的环绕方式
D．在两栏内容之上插入一个艺术字标题

12．初二年级各班的成绩单分别保存在独立的 Excel 工作簿文件中，李老师需要将这些成绩单合并到一个工作簿文件中进行管理，最优的操作方法是______。
A．将各班成绩单中的数据分别通过复制、粘贴命令整合到一个工作簿中
B．通过移动或复制工作表功能，将各班成绩单整合到一个工作簿中
C．打开一个班的成绩单，将其他班级的数据录入到同一个工作簿的不同工作表中
D．通过插入对象功能，将各班成绩单整合到一个工作簿中

13．某公司需要统计各类商品的全年销量冠军。在 Excel 中，最优的操作方法是______。
A．在销量表中直接找到每类商品的销量冠军，并用特殊的颜色标记
B．分别对每类商品的销量进行排序，将销量冠军用特殊的颜色标记
C．通过自动筛选功能，分别找出每类商品的销量冠军，并用特殊的颜色标记
D．通过设置条件格式，分别标出每类商品的销量冠军

14．小姚负责新员工的入职培训，在培训演示文稿中需要制作公司的组织结构图。在

PowerPoint 中最优的操作方法是______。

A．先在幻灯片中分级输入组织结构图的文字内容，然后将文字转换为 SmartArt 组织结构图

B．直接在幻灯片的适当位置通过绘图工具绘制出组织结构图

C．通过插入图片或对象的方式，插入在其他程序中制作好的组织结构图

D．通过插入 SmartArt 图形制作组织结构图

15．李老师在用 PowerPoint 制作课件，她希望将学校的徽标图片放在除标题页之外的所有幻灯片的右下角，并为其指定一个动画效果。最优的操作方法是______

A．先在一张幻灯片上插入徽标图片，并设置动画，然后将该徽标图片复制到其他幻灯片上

B．分别在每张幻灯片上插入徽标图片，并分别设置动画

C．先制作一张幻灯片并插入徽标图片，为其设置动画，然后多次复制该张幻灯片

D．在幻灯片母版中插入徽标图片，并为其设置动画

16．在 Word 中，邮件合并功能支持的数据源不包括______。

A．Word 数据源　　B．Excel 工作表

C．PowerPoint 演示文稿　　D．HTML 文件

17．在 Excel 中，要显示公式与单元格之间的关系，可使用______实现。

A．“公式”选项卡“函数库”组中的有关功能

B．“公式”选项卡“公式审核”组中的有关功能

C．“审阅”选项卡“校对”组中的有关功能

D．“审阅”选项卡“更改”组中的有关功能

18．在 Excel 中，设定与使用“主题”的功能是指______。

A．标题　　B．一段标题文字

C．一个表格　　D．一组格式集合

19．在 PowerPoint 中，幻灯片浏览视图主要用于______。

A．对所有幻灯片进行整理编排或次序调整

B．对幻灯片的内容进行编辑修改及格式调整

C．对幻灯片的内容进行动画设计

D．观看幻灯片的播放效果

20．在 PowerPoint 中，旋转图片最快捷的方法是______。

A．拖动图片四个角的任一控制点　　B．设置图片格式

C．拖动图片上方的绿色控制点　　D．设置图片效果

21．Word 文档的结构层次为“章-节-小节”，如章“1”为一级标题、节“1.1”为二级标题、小节“1.1.1”为三级标题。假设已采用多级列表的方式完成了对第一章中章、节、小节的设置，如果要完成剩余几章内容的多级列表设置，那么最优的操作方法是______。

A．复制第一章中的“章、节、小节”段落，分别粘贴到其他章节的对应位置，然后替换标题内容

B．将第一章中的“章、节、小节”格式保存为标题样式，并将其应用到其他章节的对应段落

C．利用格式刷功能，分别复制第一章中的“章、节、小节”格式，并应用到其他章节对应段落

D．逐个对其他章节对应的“章、节、小节”标题应用“多级列表”格式，并调整段落结构层次

22. 在 Excel 成绩单工作表中包含了 20 名同学的成绩，C 列为成绩值，第一行为标题行，在不改变行列顺序的情况下，在 D 列统计成绩排名。最优的操作方法是______。

A．在 D2 单元格中输入“=RANK(C2, $C2:$C21)”，然后向下拖动该单元格的填充柄到 D21 单元格

B．在 D2 单元格中输入“=RANK(C2, C$2:C$21)”，然后向下拖动该单元格的填充柄到 D21 单元格

C．在 D2 单元格中输入“=RANK(C2, $C2:$C21)”，然后双击该单元格的填充柄

D．在 D2 单元格中输入“=RANK(C2, C$2:C$21)”，然后双击该单元格的填充柄

23. 在 Excel 工作表的 A1 单元格中存放了 18 位二代身份证号码，在 A2 单元格中利用公式计算该人的年龄，最优的操作方法是______。

A．=YEAR(TODAY())-MID(A1, 6, 8)　　B．=YEAR(TODAY())-MID(A1, 6, 4)

C．=YEAR(TODAY())-MID(A1, 7, 8)　　D．=YEAR(TODAY())-MID(A1, 7, 4)

24. PowerPoint 演示文稿包含了 20 张幻灯片，需要放映奇数页幻灯片，最优的操作方法是______。

A．将演示文稿的偶数张幻灯片删除后再放映

B．将演示文稿的偶数张幻灯片设置为隐藏后再放映

C．将演示文稿的所有奇数张幻灯片添加到自定义放映方案中，然后再放映

D．将演示文稿偶数张幻灯片的换片持续时间设为 0.01 秒，将自动换片时间设为 0 秒，然后再放映

25. 将一个 PowerPoint 演示文稿保存为放映文件，最优的操作方法是______。

A．在“文件”后台视图中选择“保存并发送”，将演示文稿打包成可自动放映的 CD

B．将演示文稿另存为.PPSX 文件格式

C．将演示文稿另存为.POTX 文件格式

D．将演示文稿另存为.PPTX 文件格式

26. 在 Word 文档中，学生“张小民”的名字被多次错误地输入为“张晓明”“张晓敏”“张晓民”“张晓名”，纠正该错误的最优操作方法是______。

A．从前往后逐个查找错误的名字，并更正

B．利用 Word 的“查找”功能搜索文本“张晓”，并逐一更正

C．利用 Word 的“查找和替换”功能搜索文本“张晓*”，并将其全部替换为“张小民”

D．利用 Word 的“查找和替换”功能搜索文本“张晓?”，并将其全部替换为“张小民”

27. 在 Excel 工作表多个不相邻的单元格中输入相同的数据，最优的操作方法是______。

A．在其中一个位置输入数据，然后逐次将其复制到其他单元格

B. 在输入区域左上方的单元格中输入数据，双击填充柄，将其填充到其他单元格
C. 在其中一个位置输入数据，将其复制后，利用 Ctrl 键选择其他全部输入区域，再粘贴内容
D. 同时选中所有不相邻单元格，在活动单元格中输入数据，然后按 Ctrl + Enter 组合键

28. Excel 工作表 B 列保存了 11 位手机号码信息，为保护个人隐私，需将手机号码的后 4 位均用“*”表示，以 B2 单元格为例，最优的操作方法是______。
A. =REPLACE(B2, 7, 4, "****")　　B. =REPLACE(B2, 8, 4, "****")
C. =MID(B2, 7, 4, "****")　　D. =MID(B2, 8, 4, "****")

29. 李老师制作完成了一个带有动画效果的 PowerPoint 教案，她希望在课堂上可以按照自己讲课的节奏自动播放，最优的操作方法是______。
A. 为每张幻灯片设置特定的切换持续时间，并将演示文稿设置为自动播放
B. 在练习过程中，利用“排练计时”功能记录适合的幻灯片切换时间，然后播放
C. 根据讲课节奏，设置幻灯片中每个对象的动画时间，以及每张幻灯片的自动换片时间
D. 将 PowerPoint 教案另存为视频文件

30. 若需在 PowerPoint 演示文稿的每张幻灯片中添加包含单位名称的水印效果，最优的操作方法是______。
A. 制作一个带单位名称的水印背景图片，然后将其设置为幻灯片背景
B. 添加包含单位名称的文本框，并置于每张幻灯片的底层
C. 在幻灯片母版的特定位置放置包含单位名称的文本框
D. 利用 PowerPoint 的插入“水印”功能实现

31. 小刘手头上有一份 Word 文档，为了让页面排版更加美观和紧凑，需要将当前页面的上半部分设置为一栏显示，将下半部分设置为两栏显示。小刘打算使用 Word 中的分隔符进行排版，最优的操作方式是______。
A. 将光标置于需要分栏的位置，使用“页面布局”选项卡下的“分隔符/分页符”，对文档的下半部分设置“分栏/两栏”
B. 将光标置于需要分栏的位置，使用“页面布局”选项卡下的“分隔符/分栏符”，对文档的下半部分设置“分栏/两栏”
C. 将光标置于需要分栏的位置，使用“页面布局”选项卡下的“分隔符/（分节符）下一页”，对文档的下半部分设置“分栏/两栏”
D. 将光标置于需要分栏的位置，使用“页面布局”选项卡下的“分隔符/（分节符）连续”，对文档的下半部分设置“分栏/两栏”

32. 现有一个学生成绩工作表，工作表中有 4 列数据，分别为学号、姓名、班级、成绩，其中班级列中有三种取值，分别为一班、二班和三班。如果需要在工作表中筛选出三班学生的信息，那么最优的操作方法是______
A. 鼠标单击数据表外的任一单元格，执行“数据”选项卡下“排序和筛选”功能组中的“筛选”命令，单击“班级”列的向下箭头，从下拉列表中选择筛选项

B．鼠标单击数据表中的任一单元格，执行“数据”选项卡下“排序和筛选”功能组中的“筛选”命令，单击“班级”列的向下箭头，从下拉列表中选择筛选项

C．执行“开始”选项卡下“编辑”功能组中的“查找和选择”命令，在“查找”对话框的“查找内容”框输入“三班”，单击“关闭”按钮

D．执行“开始”选项卡下“编辑”功能组中的“查找和选择”命令，在查找对话框的“查找内容”框中输入“三班”，单击“查找下一个”按钮

33．在 Excel 工作表中快速选中单元格 B370，最优的操作方法是______

A．拖动滚动条

B．执行“开始”→“编辑”→“查找和选择”命令，在“查找”对话框的“查找内容”框中输入“B370”，单击“查找下一个”按钮

C．先使用 Ctrl + 右箭头键移到 B 列，再使用 Ctrl + 下箭头键移动到 370 行

D．在名称框中输入 B370，输入完成后按 Enter 键

34．小李使用 PowerPoint 2010 创建了一份关于公司新业务推广的演示文稿，现在发现第 3 张幻灯片的内容太多，需将该张幻灯片分成两张显示，最优的操作方法是______。

A．选中第 3 张幻灯片，使用“复制粘贴”，生成一张新的幻灯片，然后将原来幻灯片的后一部分内容删除，将新幻灯片的前一部分内容删除

B．选中第 3 张幻灯片，单击“开始”选项卡下“幻灯片”功能组中的“新建幻灯片”按钮，产生一张新的幻灯片，接着将第 3 张幻灯片中的部分内容“复制粘贴”到新幻灯片中

C．将幻灯片切换到大纲视图，将光标置于需要分页的段落末尾处，按回车键产生一个空段落，此时再切换回幻灯片设计视图即可分为两张幻灯片

D．将幻灯片切换到大纲视图，将光标置于需要分页的段落末尾处，按回车键产生一个空段落，再单击“开始”选项卡下“段落”功能组中的“降低列表级别”按钮，此时再切换回幻灯片设计视图即可分为两张幻灯片

35．王老师是初三班的物理老师，为便于教学，他使用 PowerPoint 2010 制作了相关课程的课件，其中文件“1-2 节 pptx”中保存了 1～2 节的内容，文件“3-7 节 ppt”中保存了 3～7 节的内容。现在需要将这两个演示文稿文件合并为一个文件，以下最优的操作方法是______。

A．分别打开两个文件，先复制“3-7 节 pptx”中的所有幻灯片，然后到“1-2 节 pptx”中进行粘贴

B．打开文件“1-2 节 pptx”，再单击“文件”选项卡下的“打开”命令，找到文件“3-7 节 pptx”，单击“打开”按钮，即可将“3-7 节 pptx”中的幻灯片放到“1-2 节 pptx 文件中

C．打开文件“1-2 节 pptx”，再单击“开始”选项卡下“幻灯片”功能组中的“新建幻灯片”按钮，从下拉列表中选择“重用幻灯片”，单击“浏览”按钮，找到文件“3-7 节 pptx”，最后单击右侧的执行按钮

D．分别打开两个文件并切换至“大纲视图”，在大纲视图下复制“3-7 节 pptx”中

的所有内容，然后到“1-2 节 pptx”文件中进行粘贴

36. 某份 Word 文档设置为每页两栏，现在要求在每栏的下面都插入相应的页码，即将原来的第一页设置为 1、2 页，第二页设置为 3、4 页，以此类推。下列操作中最优的操作方法是______。

A. 在页脚左侧和右侧位置，单击“插入”选项卡下“页眉和页脚”功能组中的“页码”按钮，在当前位置插入页码

B. 在页脚左侧位置，单击“插入”选项卡下“文本”功能组中的“文档部件域”，在“域”对话框中选择“等式和公式”，在页脚左侧插入域代码“{={page}*2-1}”，在页脚右侧位置插入域代码“{={page}*2}”，最后使用 Alt + F9 组合键隐藏域代码，显示页码

C. 在页脚左侧位置，单击“插入”选项卡下“文本”功能组中的“文档部件域”，在“域”对话框中选择“等式和公式”，在页脚左侧插入域代码“{={page}*2-1}”，在页脚右侧插入域代码“{={page}*2}”，最后使用 Shift + F9 组合键隐藏域代码，显示页码

D. 在页脚左侧位置，单击“插入”选项卡下“文本”功能组中的“文档部件域”，在“域”对话框中选择“等式和公式”，在页脚左侧插入域代码“{={page}*2-1}”，在页脚右侧插入域代码“{={page}*2}”，最后使用 Ctrl + F9 组合键隐藏域代码，显示页码

37. 小李使用 Excel 2010 制作了一份“产品销量统计表”，并为该表创建了一张柱形分析图，制作完成后发现该表格缺少一种产品的销售数据，现在需要将缺少的数据添加到分析图中，以下最优的操作方法是______。

A. 向工作表中添加销售记录，选中柱状分析图，单击“设计”选项卡下“类型”功能组中的“更改图表类型”按钮

B. 直接向工作表中添加销售记录，因为图表和数据产生了关联，在图表中会自动产生一个新的数据系列

C. 向工作表中添加销售记录，选中柱状分析图，按 Delete 键将其删除，然后重新插入一个柱状分析图

D. 向工作表中添加销售记录，选中柱状分析图，单击“设计”选项卡下“数据”功能组中的“选择数据”按钮，重新选择数据区域

38. 在 Excel 2010 中，仅把 A1 单元格的批注复制到 B1 单元格中，以下最优的操作方法是______。

A. 复制 A1 单元格，到 B1 单元格中执行粘贴命令

B. 复制 A1 单元格，到 B1 单元格中执行选择性粘贴命令

C. 选中 A1 单元格，单击“格式刷”按钮，接着在 B1 单元格上单击

D. 复制 A1 单元格中的批注内容，在 B1 单元格中执行“插入批注”，然后将从 A1 单元格中复制的批注内容粘贴过来

39. 假如你是某公司销售部的文员，现在正在制作一份关于公司新产品的推广宣传演示文稿，而宣传场地的计算机并未安装 PowerPoint 软件，为确保不影响推介会的顺利

开展，以下最优的操作方法是______。

A．必须在另外一台计算机上安装好 PowerPoint 软件才能播放文件

B．需要把演示文稿和 PowerPoint 软件都复制到另一台计算机上去

C．使用 PowerPoint 的“打包”工具并包含全部 PowerPoint 程序

D．将演示文稿转换成直接放映格式（*pptx）文件类型

40．如果想更改正编辑演示文稿中所有幻灯片标题的字体，最优的操作方法是______。

A．打开“开始”选项卡，逐一更改字体

B．全选所有幻灯片再统一更改字体

C．在幻灯片模板里面更改字体

D．在幻灯片母版里面更改字体

41．在 Word 2010 中打开一个有 100 页的文档文件，能够快速准确地定位到 98 页的最优操作方法是______。

A．利用 PageUp 键或 PageDown 键及光标上下移动键，定位到 98 页

B．拖拉垂直滚动条中的滚动块，快速移动文档，定位到 98 页

C．点击垂直滚动条的上下按钮，快速移动文档，定位到 98 页

D．单击“开始”选项卡下“编辑”功能组中的“查找转到”，在对话框中输入页号 98，定位到 98 页

42．小王是某公司销售部的文员，使用 Excel 2010 对单位第一季度的销售数据进行统计分析，其中工作表“销售额”中的 B2:E309 单元格区域中包含所有销售数据，现在需要在工作表“汇总”中计算销售总额，以下最优的操作方法是______。

A．在工作表“汇总”中输入公式“=销售额!(B2:E309)”，对“销售额”中的数据进行统计

B．在工作表“汇总”中输入公式“=sum(B2E309)”，对“销售额”中的数据进行统计

C．在工作表“销售额”中，选中 B2E309 区域，并在名称框中输入“sales”，然后在工作表“汇总”中输入公式“=sales”

D．在工作表“销售额”中，选中 B2:E309 区域，并在名称框中输入“sales”，然后在工作表“汇总”中输入公式“=sum(sales)”

43．张老师使用 Excel 2010 软件统计班级学生考试成绩，工作表的第一行为标题行，第一列为考生姓名。由于考生较多，在 Excel 的一个工作表中无法完全显示所有行和列的数据。为方便查看数据，现需要对工作表的首行和首列进行冻结操作，以下最优的操作方法是______。

A．选中工作表的 A1 单元格，单击“视图”选项卡下“窗口”功能组中的“冻结窗格”按钮，在下拉列表中选择“冻结拆分窗格”

B．选中工作表的 B2 单元格，单击“视图”选项卡下“窗口”功能组中的“冻结窗格”按钮，在下拉列表中选择“冻结拆分窗格”

C．首先选中工作表的 A 列，单击“视图”选项卡下“窗口”功能组中的“冻结窗格”按钮，在下拉列表中选择“冻结首列”，再选中工作表的第 1 行，单击“视图”选项卡下“窗口”功能组中的“冻结窗格”按钮，在下拉列表中选择“冻结首行”

D．首先选中工作表的第 1 行，单击“视图”选项卡下“窗口”功能组中的“冻结窗格”按钮，在下拉列表中选择“冻结首行”，再选中工作表的 A 列，单击“视图”选项卡下“窗口”功能组中的“冻结窗格”按钮，在下拉列表中选择“冻结首列”

44．假设一个演示文稿有 100 张幻灯片，根据实际情况现在第 51 至 55 张幻灯片不需要播放，以下最优的操作方法是______。

A．选中第 51～55 张幻灯片，单击鼠标右键，选择“隐藏幻灯片”

B．选中第 51～55 张幻灯片，单击鼠标右键，选择“删除幻灯片”

C．单击“幻灯片放映”选项卡下“设置”功能组中的“设置幻灯片放映”按钮，设置放映第 1～49 张幻灯片，放映完成后，再设置放映第 56～100 张幻灯片

D．单击“幻灯片放映”选项卡下“开始放映幻灯片”功能组中的“自定义幻灯片放映”按钮，在“自定义幻灯片放映”对话框中单击“新建”按钮，依次添加第 1～49 张幻灯片和第 56～100 张幻灯片，播放时使用自定义方案进行播放

45．初三的小周完成了一个 PowerPoint 幻灯片作品的制作，作品内容编排得非常不错，可是制作时使用的颜色太杂乱，使用的字体、字号也很多，给人以非常凌乱的视觉感受，老师看到此情形后，给予了小周指导和帮助，以下最优的操作方法是______。

A．统一使用字体，字体颜色尽量少

B．每张幻灯片采用预先制作的同一张图片作为背景

C．制作幻灯片模板并应用

D．推翻原方案，重新进行设计

Office 高级应用自测习题答案

1．B	2．B	3．B	4．C	5．A
6．A	7．B	8．A	9．C	10．D
11．B	12．B	13．D	14．A	15．D
16．C	17．B	18．D	19．A	20．C
21．B	22．D	23．D	24．C	25．B
26．D	27．D	28．B	29．B	30．C
31．D	32．B	33．D	34．D	35．C
36．C	37．D	38．B	39．D	40．D
41．D	42．D	43．B	44．D	45．C

四、历年真题

真题一

1．一个栈的初始状态为空。现将元素 1, 2, 3, 4, 5, A, B, C, D, E 依次入栈，然后再依次出栈，则元素出栈的顺序是______。

A．12345ABCDE　　B．EDCBA54321

C．ABCDE12345　　D．54321EDCBA

2．下列叙述中，正确的是______。

A．循环队列有队头和队尾两个指针，因此循环队列是非线性结构

B．在循环队列中，只需要队头指针就能反映队列中元素的动态变化情况

C．在循环队列中，只需要队尾指针就能反映队列中元素的动态变化情况

D．循环队列中元素的个数由队头指针和队尾指针共同决定

3．在长度为 n 的有序线性表中进行二分查找，最坏情况下需要比较的次数是______。

A．$O(n)$　　B．$O(n^2)$　　C．$O(\log_2 n)$　　D．$O(n\log_2 n)$

4．下列叙述中，正确的是______。

A．顺序存储结构的存储一定是连续的，链式存储结构的存储空间不一定是连续的

B．顺序存储结构只针对线性结构，链式存储结构只针对非线性结构

C．顺序存储结构能存储有序表，链式存储结构不能存储有序表

D．链式存储结构比顺序存储结构节省存储空间

5．数据流图中带有箭头的线段表示的是______。

A．控制流　　B．事件驱动

C．模块调用　　D．数据流

6．在软件开发中，需求分析阶段可以使用的工具是______。

A．N-S 图　　B．DFD 图

C．PAD 图　　D．程序流程图

7．在面向对象方法中，不属于“对象”基本特点的是______。

A．一致性　　　　　　　　　　　　B．分类性
C．多态性　　　　　　　　　　　　D．标识唯一性

8．一间宿舍可住多名学生，则实体宿舍和学生之间的联系是______。
A．一对一　　　　　　　　　　　　B．一对多
C．多对一　　　　　　　　　　　　D．多对多

9．在数据管理技术发展的三个阶段中，数据共享最好的是______。
A．人工管理阶段　　　　　　　　　B．文件系统阶段
C．数据库系统阶段　　　　　　　　D．三个阶段相同

10．有三个关系 R、S 和 T 如下：

R

A	B
m	1
n	2

S

B	C
1	3
3	5

T

A	B	C
m	1	3

由关系 R 和 S 通过运算得到关系 T，则所使用的运算为______。
A．笛卡儿积　　B．交　　C．并　　D．自然连接

11．某企业为了建设一个可供客户在互联网上浏览的网站，需要申请一个______。
A．密码　　B．邮编　　C．门牌号　　D．域名

12．为保证公司网络的安全运行，预防计算机病毒，可在计算机上采取______。
A．磁盘扫描　　　　　　　　　　　B．安装浏览器加载项
C．开启防病毒软件　　　　　　　　D．修改注册表

13．1MB 的存储容量相当于______。
A．100 万个字节　　　　　　　　　B．2 的 10 次方个字节
C．2 的 20 次方个字节　　　　　　D．1000KB

14．Internet 的四层结构分别是______。
A．应用层、传输层、通信子网层和物理层
B．应用层、表示层、传输层和网络层
C．物理层、数据链路层、网络层和传输层
D．网络接口层、网络层、传输层和应用层

15．在 Word 文档中有一个占用 3 页篇幅的表格，要使这个表格的标题行出现在各页面的首行，最优的操作方法是______。

A．将表格的标题行复制到另外 2 页中
B．利用“重复标题行”功能
C．打开“表格属性”对话框，在列属性中进行设置
D．打开“表格属性”对话框，在行属性中进行设置

16．在 Word 文档中包含了文档目录，将文档目录转换为纯文本格式的最优操作方法是______。
A．文档目录本身就是纯文本格式，不需要再进行进一步操作
B．使用 Ctrl + Shift + F9 组合键
C．在文档目录上单击鼠标右键，然后执行“转换”命令
D．复制文档目录，然后通过选择性粘贴功能以纯文本方式显示

17．在 Excel 某列单元格中，快速填充 2011—2013 年每月最后一天日期的最优操作方法是______。
A．在第一个单元格中输入“2011-1-31”，然后使用 MONTH 函数填充其余 35 个单元格
B．在第一个单元格中输入“2011-1-317”，拖动填充柄，然后使用智能标记自动填充其余 35 个单元格
C．在第一个单元格中输入“2011-1-31”，然后使用格式刷直接填充其余 35 个单元格
D．在第一个单元格中输入“2011-1-31”，然后执行“开始”选项卡中的“填充”命令

18．若 Excel 中的单元格值大于 0，则在本单元格中显示“已完成”；若单元格值小于 0，则在本单元格中显示“还未开始”；若单元格值等于 0，则在本单元格中显示“正在进行中”。最优的操作方法是______。
A．使用函数
B．通过自定义单元格格式，设置数据的显示方式
C．使用条件格式命令
D．使用自定义函数

19．小李利用 PowerPoint 制作产品宣传方案，希望在演示时能够满足不同对象的需要，处理该演示文稿的最优操作方法是______。
A．制作一份包含适合所有人群的全部内容的演示文稿，每次放映时按需要进行删减
B．制作一份包含适合所有人群的全部内容的演示文稿，放映前隐藏不需要的幻灯片
C．制作一份包含适合所有人群的全部内容的演示文稿，然后利用自定义幻灯片放映功能创建不同的演示方案
D．针对不同的人群，分别制作不同的演示文稿

20．要在一个演示文稿的每页幻灯片左下角相同位置插入学校的校徽图片，最优的操作

方法是______。

A. 打开幻灯片母版视图，将校徽图片插入到母版中

B. 打开幻灯片普通视图，将校徽图片插入到幻灯片中

C. 打开幻灯片放映视图，将校徽图片插入到幻灯片中

D. 打开幻灯片浏览视图，将校徽图片插入到幻灯片中

21. 在考生文件夹下打开文档 Word.docx。某高校学生会计划举办“大学生网络创业交流会”活动，拟邀请部分专家和老师给在校学生进行演讲。因此，校学生会外联部需制作一批邀请函，并分别递送给相关的专家和老师。请按如下要求，完成邀请函的制作。

（1）调整文档版面，要求页面高度为 18 厘米、宽度为 30 厘米，页边距（上、下）为 2 厘米，页边距（左、右）为 3 厘米。

（2）将考生文件夹下的图片“背景图片.jpg”设置为邀请函背景。

（3）根据“Word-邀请函参考样式.docx”文件，调整邀请函中文字的字体、字号和颜色。

（4）调整邀请函中文字段落的对齐方式。

（5）根据页面布局需要，调整邀请函中“大学生网络创业交流会”和“邀请函”两个段落的间距。

（6）在“尊敬的”和“（老师）”文字之间，插入拟邀请的专家和老师姓名，拟邀请的专家和老师姓名在考生文件夹下的“通讯录.xlsx”文件中。每页邀请函中只能包含 1 位专家或老师的姓名，所有的邀请函页面请另外保存在一个名为“Word-邀请函.docx”文件中。

（7）邀请函文档制作完成后，请保存“Word.docx”文件。

22. 小李今年毕业后，在一家计算机图书销售公司担任市场部助理，主要工作职责是为部门经理提供销售信息分析和汇总的结果。请你根据销售数据报表（“Excel.xlsx”文件），按照如下要求完成统计和分析工作。

（1）请对“订单明细表”工作表进行格式调整，采用套用表格格式方法将所有的销售记录调整为一致的外观格式，并将“单价”列和“小计”列所包含的单元格调整为“会计专用”（人民币）数字格式。

（2）根据图书编号，在“订单明细表”工作表的“图书名称”列中，使用 VLOOKUP 函数完成图书名称的自动填充。“图书名称”和“图书编号”的对应关系在“编号对照”工作表中。

（3）根据图书编号，在“订单明细表”工作表的“单价”列中，使用 VLOOKUP 函数完成图书单价的自动填充。“单价”和“图书编号”的对应关系在“编号对照”工作表中。

（4）在“订单明细表”工作表的“小计”列中，计算每笔订单的销售额。

（5）根据“订单明细表”工作表中的销售数据，统计所有订单的总销售金额，并将

其填写在“统计报告”工作表的B3单元格中。

（6）根据“订单明细表”工作表中的销售数据，统计《Microsoft Office高级应用》图书在2012年的总销售额，并将其填写在“统计报告”工作表的B4单元格中。

（7）根据“订单明细表”工作表中的销售数据，统计隆华书店在2011年第3季度的总销售额，并将其填写在“统计报告”工作表的B5单元格中。

（8）根据“订单明细表”工作表中的销售数据，统计隆华书店在2011年的每月平均销售额（保留2位小数），并将其填写在“统计报告”工作表的B6单元格中。

（9）保存“Excel.xlsx”文件。

23. 为了更好地控制教材编写的内容、质量和流程，小李负责起草了图书策划方案（请参考“图书策划方案.docx”文件）。他需要将图书策划方案Word文档中的内容制作为可以向教材编委会进行展示的PowerPoint演示文稿。

现在，请你根据图书策划方案中的内容，按照如下要求完成演示文稿的制作。

（1）创建一个新演示文稿，内容需要包含“图书策划方案.docx”文件中所有讲解的要点。具体包括：

① 演示文稿中的内容编排，需要严格遵循Word文档中的内容顺序，并仅需要包含Word文档中应用了“标题1”“标题2”、“标题3”样式的文字内容。

② Word文档中应用了“标题1”样式的文字，需要成为演示文稿中每页幻灯片的标题文字。

③ Word文档中应用了“标题2”样式的文字，需要成为演示文稿中每页幻灯片的第一级文本内容。

④ Word文档中应用了“标题3”样式的文字，需要成为演示文稿中每页幻灯片的第二级文本内容。

（2）将演示文稿中的第一页幻灯片，调整为“标题幻灯片”版式。

（3）为演示文稿应用一个美观的主题样式。

（4）在标题为“2012年同类图书销量统计”的幻灯片页中，插入一个6行、5列的表格，列标题分别为“图书名称”“出版社”“作者”“定价”“销量”。

（5）在标题为“新版图书创作流程示意”的幻灯片页中，将文本框中包含的流程文字利用SmartArt图形展现。

（6）在该演示文稿中创建一个演示方案，该演示方案包含第1、2、4、7页幻灯片，并将该演示方案命名为“放映方案1”。

真题二

1. 下列叙述中正确的是______。

A. 栈是“先进先出”的线性表

B．队列是“先进后出”的线性表
C．循环队列是非线性结构
D．有序线性表既可以采用顺序存储结构，也可以采用链式存储结构

2．支持子程序调用的数据结构是______。
A．栈　　B．树
C．队列　　D．二叉树

3．某二叉树有 5 个度为 2 的结点，则该二叉树中的叶子结点数是______。
A．10　　B．8　　C．6　　D．4

4．下列排序方法中，最坏情况下比较次数最少的是______。
A．冒泡排序　　B．简单选择排序
C．直接插入排序　　D．堆排序

5．软件按功能可以分为应用软件、系统软件和支撑软件（或工具软件）。下面属于应用软件的是______。
A．编译程序　　B．操作系统
C．教务管理系统　　D．汇编程序

6．下列叙述中，错误的是______。
A．软件测试的目的是发现错误并改正错误
B．对被调试的程序进行“错误定位”是程序调试的必要步骤
C．程序调试通常也称为 Debug
D．软件测试应严格执行测试计划，排除测试的随意性

7．耦合性和内聚性是对模块独立性度量的两个标准。下列叙述中，正确的是______。
A．提高耦合性降低内聚性有利于提高模块的独立性
B．降低耦合性提高内聚性有利于提高模块的独立性
C．耦合性是指一个模块内部各个元素间彼此结合的紧密程度
D．内聚性是指模块间互相连接的紧密程度

8．数据库应用系统中的核心问题是______。
A．数据库设计　　B．数据库系统设计
C．数据库维护　　D．数据库管理员培训

9．有两个关系 R、S 如下：

R

A	B	C
a	3	2
b	0	1
c	2	1

S

A	B
a	3
b	0
c	2

由关系 R 通过运算得到关系 S，则所使用的运算为______。

A．选择　B．投影　C．插入　D．连接

10．将 E-R 图转换为关系模式时，实体和联系都可以表示为______。

A．属性　B．键　C．关系　D．域

11．微机中访问速度最快的存储器是______。

A．CD-ROM　B．硬盘　C．U 盘　D．内存

12．计算机能直接识别和执行的语言是______。

A．机器语言　B．高级语言

C．汇编语言　D．数据库语言

13．某企业要为普通员工每人购置一台计算机，专门用于日常办公，通常选购的机型是______。

A．超级计算机　B．大型计算机

C．微型计算机（PC）　D．小型计算机

14．Java 属于______。

A．操作系统　B．办公软件

C．数据库系统　D．计算机语言

15．小张完成了毕业论文，现需要在正文前添加论文目录以便检索和阅读，最优的操作方法是______。

A．利用 Word 提供的“手动目录”功能创建目录

B．直接输入作为目录的标题文字和相对应的页码创建目录

C．将文档的各级标题设置为内置标题样式，然后基于内置标题样式自动插入目录

D．不使用内置标题样式，而直接基于自定义样式创建目录

16．小王计划邀请 30 家客户参加答谢会，并为客户发送邀请函。快速制作 30 份邀请函的最优操作方法是______。

A．发动同事帮忙制作邀请函，每人写几份

B．利用 Word 的邮件合并功能自动生成

C．先制作好一份邀请函，然后复印 30 份，在每份上添加客户名称

D．先在 Word 中制作一份邀请函，通过复制、粘贴功能生成 30 份，然后分别添加客户名称

17. 小刘用 Excel 2010 制作了一份员工档案表，但经理的计算机中只安装了 Office 2003，能让经理正常打开员工档案表的最优操作方法是______。

A．将文档另存为 Excel 97-2003 文档格式

B．将文档另存为 PDF 格式

C．建议经理安装 Office 2010

D．小刘自行安装 Office 2003，并重新制作一份员工档案表

18. 在 Excel 工作表中，编码与分类信息以“编码分类”的格式显示在一个数据列内，若将编码与分类分为两列显示，最优的操作方法是______。

A．重新在两列中分别输入编码列和分类列，将原来的编码与分类列删除

B．将编码与分类列在相邻位置复制一列，将一列中的编码删除，将另一列中的分类删除

C．使用文本函数将编码与分类信息分开

D．在编码与分类列右侧插入一个空列，然后利用 Excel 的分列功能将其分开

19. 在一次校园活动中拍摄了很多数码照片，现需将这些照片整理到一个 PowerPoint 演示文稿中，快速制作的最优操作方法是______。

A．创建一个 PowerPoint 相册文件

B．创建一个 PowerPoint 演示文稿，然后批量插入图片

C．创建一个 PowerPoint 演示文稿，然后在每页幻灯片中插入图片

D．在文件夹中选中所有照片，然后单击鼠标右键，选择直接发送到 PowerPoint 演示文稿中

20. 江老师使用 Word 编写了课程教案，需根据该教案创建 PowerPoint 课件，最优的操作方法是______。

A．参考 Word 教案，直接在 PowerPoint 中输入相关内容

B．在 Word 中直接将教案大纲发送到 PowerPoint

C．从 Word 文档中复制相关内容到幻灯片中

D．通过插入对象方式将 Word 文档内容插入到幻灯片中

21. 在考生文件夹下打开文档 Word.docx，按要求完成下列操作并以该文件名（Word.docx）保存文档。某高校为了使学生更好地进行职场定位和职业准备，提高就业能力，校学工处将于 2013 年 4 月 29 日（星期五）19:30—21:30 在校国际会议中心举办题为“领慧讲堂——大学生人生规划”的就业讲座，特别邀请资深媒体人、著名艺术评

论家赵覃先生担任演讲嘉宾。请根据上述活动的描述，利用 Word 制作一份宣传海报（宣传海报的参考样式请参考“Word-海报参考样式.docx”文件），要求如下：

（1）调整文档版面，要求页面高度为 35 厘米，页面宽度为 27 厘米。页边距（上、下）为 5 厘米，页边距（左、右）为 3 厘米，并将考生文件夹下的图片“Word-海报背景图片.jpg”设置为海报背景。

（2）根据“Word-海报参考样式.docx”文件调整海报内容文字的字号、字体和颜色。

（3）根据页面布局需要，调整海报内容中“报告题目”“报告人”“报告日期”“报告时间”“报告地点”信息的段落间距。

（4）在“报告人：”位置后面输入报告人姓名（赵覃）。

（5）在“主办：校学工处”位置后另起一页，并设置第 2 页的页面纸张大小为 A4 篇幅，设置纸张方向为“横向”，设置页边距为“普通”。

（6）在新页面的“日程安排”段落下面，复制本次活动的日程安排表（参考“Word-活动日程安排.xlsx”文件），要求表格内容引用 Excel 文件中的内容，若 Excel 文件中的内容发生变化，Word 文档中的日程安排信息随之发生变化。

（7）在新页面的“报名流程”段落下面，利用 SmartArt 制作本次活动的报名流程（学工处报名、确认坐席、领取资料、领取门票）。

（8）设置“报告人介绍”段落下面的文字排版布局为参考示例文件中所示的样式。

22. 小蒋是一位中学教师，在教务处负责初一年级学生的成绩管理。由于学校地处偏远地区，缺乏必要的教学设施，只有一台配置不太高的 PC 可用。他在这台计算机中安装了 Microsoft Office，决定通过 Excel 来管理学生成绩，以弥补学校缺少资源数据管理系统的不足。现在，第一学期期末考试刚刚结束，小蒋将初一年级三个班的成绩均录入了文件名为“学生成绩单.xlsx”的 Excel 工作簿文档中。

请你根据下列要求帮助蒋老师对该成绩单进行整理和分析。

（1）对工作表“第一学期期末成绩”中的数据列表进行格式化操作，将第一列“学号”设为文本，将所有成绩列设为保留两位小数的数值；适当加大行高列宽，改变字体、字号，设置对齐方式，增加适当的边框和底纹使工作表更加美观。

（2）利用“条件格式”功能进行如下设置：将语文、数学、英语三科中不低于 110 分的成绩所在的单元格以一种颜色填充，其他四科中高于 95 分的成绩以另一种字体颜色标出，所用颜色深浅以不遮挡数据为宜。

（3）利用 sum 和 average 函数计算每名学生的总分及平均成绩。

（4）学号第 3、4 位代表学生所在的班级，如“120105”代表 12 级 1 班 5 号。请通过函数提取每名学生所在的班级，并按下列对应关系填写在“班级”列中：

“学号”的 3、4 位	对应班级
01	1班
02	2班

23．文慧是新东方学校的人力资源培训讲师，负责对新入职的教师进行入职培训，其PowerPoint演示文稿的制作水平广受好评。最近，她应北京节水展馆的邀请，为展馆制作一份宣传水知识及节水工作重要性的演示文稿。节水展馆提供的文字资料及素材参见文件“水资源利用与节水（素材）.docx”，制作要求如下：

（1）标题页包含演示主题、制作单位（北京节水展馆）和日期（××××年××月××日）。

（2）演示文稿须指定一个主题，幻灯片不少于5页，且版式不少于3种。

（3）演示文稿中除文字外，要有2张以上的图片，并有2个以上的超链接进行幻灯片之间的跳转。

（4）动画效果要丰富，幻灯片切换效果要多样。

（5）演示文稿播放的全程需要有背景音乐。

（6）将制作完成的演示文稿以“水资源利用与节水.pptx”为文件名进行保存。

参考文献

[1] 蔡平．办公软件高级应用．北京：高等教育出版社，2014.

[2] 吴卿．办公软件高级应用（Office 2010）．杭州：浙江大学出版社，2012.

[3] 张鹏飞，欧阳国军．Office 高级应用．广州：中山大学出版社，2014.

[4] 李花，梁辉，于宁．Excel 高级数据处理，北京：电子工业出版社，2015.

[5] 杜茂康，李昌兵，王永等．Excel 与数据处理（第 5 版）．北京：电子工业出版社，2014.

[6] 张丽玮，周晓磊．Office 2010 高级应用教程．北京：清华大学出版社，2014.

[7] 沈玮，周克兰，钱毅湘等．Office 高级应用案例教程．北京：人民邮电出版社，2015.

[8] 谢宇，任华．Office 2010 办公软件高级应用立体化教程．北京：人民邮电出版社，2014.

[9] 周凤石，周如意．MS Office 2010 高级应用案例教程．南京：南京大学出版社，2018.

[10] 张丽玮，周晓磊．Office 2010 高级应用教程．北京：清华大学出版社，2014.

[11] 吴卿．办公软件高级应用：Office 2010．杭州：浙江大学出版社，2012.

[12] 许芸．计算机应用技术（Office 2010）实验指导．杭州：浙江工商大学出版社，2014.

[13] 汪虹．大学计算机基础实验指导（Windows 7 + Office 2010）．北京：清华大学出版社，2015.